21 世纪高职高专规划教材

高等职业教育规划教材编委会专家审定

网页设计实用教程

向　隅　编著

北京邮电大学出版社

·北京·

内 容 简 介

本书是一本介绍网页设计与制作技术的基础教程,它以目前最流行的网页设计软件 Dreamweaver CS3 作为技术支持,由浅入深,系统地介绍了网页制作的过程,在编写上采用理论介绍和案例讲解相结合的方式。

全书共 12 章,通过案例的方式详细地介绍了网页设计基本知识、建立网站、在网页中插入文本和图像等基本元素,运用表格、框架、层等工具对网页进行排版,利用层和时间轴来制作滚动文本、动态图像等动画效果,运用 HTML 样式、CSS 样式对网页的版面进行控制和美化,以及使用模板和库来简化网页的制作过程。本书内容安排循序渐进,讲解通俗易懂,操作步骤介绍清楚,且把基础知识与实践操作紧密联系在一起,达到即学即用的目的。每章后面还给出了习题和实训内容,便于读者巩固所学内容。

本书既可以作为高职高专院校"网页设计与制作"课程的教材,也可作为相关培训班的培训教材,还适合于初学者作为参考用书。

图书在版编目(CIP)数据

网页设计实用教程/向隅编著. --北京:北京邮电大学出版社,2009.12

ISBN 978-7-5635-2138-8

Ⅰ.网… Ⅱ.向… Ⅲ.主页制作—高等学校—教材 Ⅳ.TP393.092

中国版本图书馆 CIP 数据核字(2009)第 196515 号

书　　名:网页设计实用教程
作　　者:向　隅
责任编辑:周　堃
出版发行:北京邮电大学出版社
社　　址:北京市海淀区西土城路 10 号(邮编:100876)
发 行 部:电话:010-62282185　传真:010-62283578
E-mail:publish@bupt.edu.cn
经　　销:各地新华书店
印　　刷:北京源海印刷有限责任公司
开　　本:787 mm×1 092 mm　1/16
印　　张:18.5
字　　数:459 千字
印　　数:1—3 000 册
版　　次:2009 年 12 月第 1 版　2009 年 12 月第 1 次印刷

ISBN 978-7-5635-2138-8　　　　　　　　　　　　　　定　价:32.00 元

· 如有印装质量问题,请与北京邮电大学出版社发行部联系 ·

前　言

一、关于本书

互联网的飞速发展,使当今人们在工作、生活等各方面都离不开网络。因此,网页设计制作已成为一个非常热门的行业,许多电脑爱好者也加入到网页设计制作队伍中来。Dreamweaver CS3 是 Adobe 公司推出的一款功能强大、所见即所得的网页设计工具,它既可以完成静态网页设计,也可以完成动态网页设计。

本书以 Adobe Dreamweaver CS3 中文版为基础,以"必须、够用"为原则,采用项目驱动、案例式教学的编写方式,用通俗易懂的语言介绍了网页基础知识和网页制作工具 Dreamweaver CS3 在网页制作中的应用,并始终贯彻一个完整的网页设计案例。

二、本书结构

全书共 12 章。具体内容安排如下:

第 1 章:网页设计基础。主要介绍网页设计的基本知识、Dreamweaver CS3 的新增功能和界面,并详细介绍了使用 Dreamweaver CS3 创建站点的方法。

第 2 章:网页中的文字和图像。介绍网页中插入和格式化文本、插入和调整图像、设置图像属性等。

第 3 章:超链接。介绍网页中添加超链接和导航工具条的方法。包括超链接的概念和路径、超链接的使用、锚点的使用以及导航工具条的使用等。

第 4 章:网页中的多媒体。介绍在网页中插入各种多媒体组件的方法。如插入 Flash 动画、Shockwave 电影、Applet 程序、ActiveX 控件及插件等。

第 5 章:使用表格布局网页。介绍在网页中使用表格的方法和技巧。包括创建表格、调整表格结构、表格的嵌套及利用表格布局页面等。

第 6 章:用 CSS 美化网页。介绍 CSS 层叠样式表的概念、组成及 CSS 样式的创建、编辑和应用,外部 CSS 样式文件的创建及外部 CSS 样式文件的链接等。

第 7 章:布局对象的使用。介绍 AP Div 元素的使用、AP Div 与表格的相互转换、利用 AP Div 和 AP Div+CSS 制作主页、Spry 框架的使用。

第 8 章：使用框架布局网页。介绍网页框架的使用方法。包括创建框架网页、设置框架属性、编辑框架网页等。

第 9 章：交互页面。介绍行为和时间轴的使用，使用行为和时间轴，不需安装插件就可实现动画。

第 10 章：模板与库。介绍库项目的创建和使用、库项目的管理、模板的创建和使用、模板的管理。使用库与模板，可使网站中的页面统一化。

第 11 章：表单及 ASP 动态网页的制作。主要介绍安装和配置 Web 服务器、表单的制作、Spry 验证、连接数据库及 Dreamweaver＋ASP 制作动态网页等。

第 12 章：开发和管理网站。主要介绍网站空间及域名的申请、站点的测试、站点的发布和站点的管理与维护。

三、本书特点

（1）以 Adobe Dreamweaver CS3 中文版为基础，用案例的方式介绍使用网页制作工具 Dreamweaver CS3 软件完成网页的设计，便于读者的学习。

（2）内容丰富，实用性突出，结构合理，强调理论与实践的结合，注重对学生创新能力、自学能力和动手能力的培养。

（3）内容安排符合循序渐进的要求。

（4）为使读者巩固和加深所学的知识，每章后均附有相关习题和实训。

四、适用对象

本书既可作为大学、高职高专计算机专业和非计算机专业网页设计课程的教材，也可以作为 Dreamweaver CS3 的培训教材，同样适用于广大计算机爱好者自学使用。

本书由向隅编写。在编写过程中，始终得到了北京邮电大学出版社王晓丹编辑的大力支持，在此表示感谢！

由于时间仓促，水平有限，书中错漏之处在所难免，恳请读者批评指正。读者如果有好的意见或建议，可以发 E-mail 到 xiangyu200364@163.com。

本书配有电子教案及本书的辅导资料，可到相关网站下载。

编　者

目　录

第 1 章

网页设计基础

本章将学习以下内容：

☞ 什么是 HTML

☞ 网页的基本结构

☞ 网页的组成元素

☞ 认识 Dreamweaver CS3

☞ 配置 IIS

☞ 创建站点

☞ 创建网页

网站是由网页构成的，而 HTML 语言是网页制作的基础。HTML 语言是一种标记语言，由许多标记符构成，其文件格式是标准的 ASCII 文本格式，不能直接显示，需借助浏览器解析。在设计网页时，通常使用 Dreamweaver 软件。Dreamweaver CS3 是 Dreamweaver 的最新版本，具有所见即所得功能，用户使用它不仅能很方便地完成网页设计，也可完成网站的创建。

1.1　HTML 基础

1.1.1　什么是 HTML

HTML 是 Hyper Text Markup Language(超文本标记语言)的缩写，它是一种标记语言，通过各种标记元素(或者说标记符)来定义文档内容的格式。HTML 语言不像其他高级语言(如 C、VB、Java 等)那样需要编译连接后运行，而是由客户端的浏览器解释执行。用户在浏览器窗口任一空白处单击鼠标右键，从弹出的快捷菜单中选择"查看源文件"选项，系统会启动记事本程序，打开网页的源程序。

HTML 文件是标准的 ASCII 文本文件，与平台无关，可被任何文本编辑器编辑。文件的扩展名为.html 或.htm。

【案例 1.1】 查看 www.163.com（网易）主页的源代码。

1. 要求

在记事本中显示 www.163.com 主页的源代码，显示结果如图 1-1 所示。

图 1-1 查看源文件

2. 案例实现

步骤 1：启动浏览器，在浏览器窗口的地址栏中输入 www.163.com。

步骤 2：在浏览窗口的任一空白处单击鼠标右键，弹出如图 1-2 所示的快捷菜单。

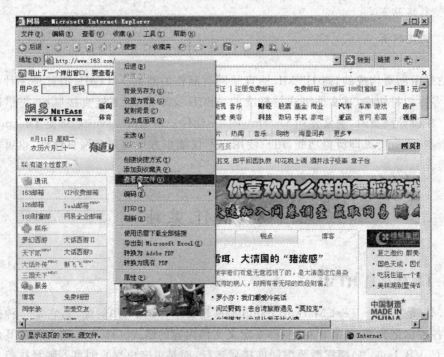

图 1-2 网页中空白处的右击快捷菜单

步骤 3：选择"查看源文件"命令，打开记事本，显示"www.163.com"的源文件，如图 1-1 所示。

注意：在步骤 1 下选择"查看"菜单下的"源文件"命令，也可以得到图 1-1 的结果。

1.1.2　HTML 的基本结构

HTML 文件的语法结构十分简单。HTML 语言的基本结构如下：

```
<! DOCTYPE html PUBLIC"-//W3C//DTD XHTML 1.0 Transitional//EN"
"http://www.w3.org/TR/xhtml1/DTD/xhtml1-transitional.dtd">
<html xmlns = "http://www.w3.org/1999/xhtml">
<head>
<meta http-equiv = "Content-Type" content = "text/html;
charset = utf-8"/>
<title>这是第一个网页</title>
<script src = "Scripts/AC_RunActiveContent.js"
type = "text/javascript"></script>
<link href = "wysj_.css" rel = "stylesheet" type = "text/css" />
</head>
<body>          <! --HTML 的正文开始-->
HTML 正文          <! --HTML 正文-->
</body>          <! --HTML 正文结束-->
</html>
```

从上面给出的 HTML 结构可以看出：

（1）HTML 文档包括 3 个主要标记。

① 文档标记<html>…</html>。标示 HTML 文档的开头和结尾。

② 头部标记<head>…</head>。用来定义整个文档的属性和文档的标题,这部分的标题信息在浏览器的窗口中显示出来。可以包括标题(<title>)、头元素(<meta>)、代码(<script>)等。

③ 主体标记<body>…</body>。是指<body>与</body>之间的部分,是文档的主要部分,在浏览器中显示的内容和显示内容的格式标记都放在这里,如文字、图像、动画、表格等。

（2）标记不区分大小写。

（3）标记名与“<”、“>”之间不能有空格。

（4）HTML 中有两种注释方法：

① <! 注释内容 >:常用于说明标记里的内容。

② <! --注释内容-->:常用于注释一段内容。

注释内容只为阅读者提供阅读代码的方便,在浏览器窗口中不显示。

1.1.3　网页的基本构成元素

网页是由什么组成的? 它包含哪些元素? 在回答此问题前,先来看一个网站。图 1-3 是 www.hao123.com 网站的主页。

从图 1-3 可以看出,网页中除了使用文本和图像外,还可以使用多媒体及 Flash 动画等。但要注意的是：不同性质的网站，构成网页的基本元素是不同的。

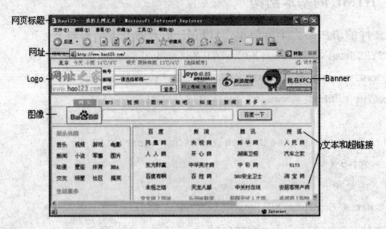

图 1-3　www.hao123.com 网站主页

1. 文本

文本是网页中最主要的元素，它能向人们准确地表达信息的内容和含义。在网页设计中，人们可通过设置文本的属性，如字体、字号、颜色等，使网页风格更具独特性，突出显示重要的内容，吸引浏览者的注意。在设置网页属性时，应注意以下几个问题：

(1) 为了能在网页上清楚地看到文本，文本颜色要与背景颜色区分开。

(2) 同版面的文本样式最好不要超过 3 种。

(3) 每行的文字不宜太长（最好在 30 个中文字内或 60 个英文字内）。

(4) 行与行之间应有一定的距离。

(5) 段落与段落间应空一行并首行缩进，便于阅读。

2. 图像

图像是网页中另一重要元素，通常配合文字使用。网页中使用图像不仅可以更直观地表达文本的意思，而且可以使网页更加美观。在网页中可以使用 GIF、JPEG 和 PNG 等多种格式的图像，其中用得最为广泛的是 GIF 和 JPEG 两种格式。

3. 多媒体

为了制作赏心悦目的网页，有时根据网页内容的需要，在网页中加入音乐、视频、Flash 动画等多媒体元素，使网页更加丰富多彩。但是网页中多媒体内容太多，会影响网络速度，所以不宜多用。

4. 导航栏

导航栏其实就是一组超链接，用来帮助网站访问者浏览站点。在网页设计中，导航栏既是重要部分，又是整个网站设计中的一个较独立的部分。一般来说网站中的导航栏在各个页面中出现的位置是比较固定的，而且风格也较为一致。导航栏的位置对网站的结构与各个页面的整体布局起到举足轻重的作用。

导航栏的常见显示位置一般有 4 种，分别显示在页面的左侧、右侧、顶部和底部。有的在同一个页面中运用了多种导航栏，如有的在顶部设置了主菜单，而在页面的左侧又设置了折叠式的折叠菜单，同时又在页面的底部设置了多种链接，这样增强了网站的可访问性。当然并不是导航栏在页面中出现的次数越多越好，而是要合理地运用页面达到总体的协调一致。如图 1-4 所示是本书配套学习资料的一个导航栏。

| 关于本书 | 电子教案 | 电子教材 | 电子课件 | 教学教纲 | 实践教学 | 课程设计 | 习题答案 | 补充习题 | 综合练习 | 模拟试卷 |

图 1-4　导航栏

5. 网站 Banner

网站 Banner 又称横幅广告，它是以 GIF、JPG 等格式建立的图像文件，或 SWF 格式的 Flash 动画，是互联网广告中最基本的广告形式。Banner 可以位于网页顶部、中部或底部任意一处，一般横向贯穿整个或大半个页面。常见的尺寸是 480 像素×60 像素或 233 像素×30 像素。如图 1-5 所示为 www.hao123.com 网站的 Banner。

 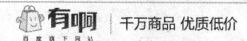

图 1-5　网站 Banner

6. 网站 Logo

网站 Logo 也称为网站标志或者"站标"，在网站设计中 Logo 的设计是不可缺少的一个重要环节。网站标志是一个站点的象征，也是一个站点是否正规的标志之一。Logo 设计将具体的事物、事件、场景和抽象的精神、理念、方向等通过特殊的图形固定下来，使人们在看到 Logo 的同时，自然地产生联想，从而对企业产生认同。网站的标志应体现该网站的特色、内容以及其内在的文化内涵和理念。成功的网站标志有着独特的形象标识，在网站的推广和宣传中将起到事半功倍的效果。网站标志一般放在网站的左上角，访问者一眼就能看到它。网站标志通常有 3 种尺寸，分别是 88 像素×31 像素、120 像素×60 像素和 120 像素×9 像素。如图 1-6 是 www.hao123.com 网站的 Logo。

图 1-6　网站 Logo

1.1.4　网页的分类

在网站中，按照网页的表现形式可以将网页分为静态网页和动态网页两种，而按网页的位置又可分为主页（首页）和内页两种。

1. 静态网页

静态网页是采用传统的 HTML 编写的网页，其文件名后缀一般为 .htm、.html、.shtml 和 .xml 等。静态网页并不是指页面中的元素是静止的，而是指浏览的页面不与服务器端发生交互。在静态网页中可能会包含 GIF 动画、鼠标经过图像、Flash 动画等。静态网页的主要特点如下：

（1）静态网页的每个页面都有一个固定的 URL。

（2）静态网页的内容相对稳定，因此容易被搜索引擎检索。

（3）静态网页没有数据库的支持，当网站信息量很大时，完全依靠静态网页来实现比较困难。

（4）静态网页交互性比较差，在功能方面有较大的限制。

2. 动态网页

动态网页是指使用 ASP、PHP、JSP 等程序生成的网页，它可以与浏览者进行交互，因此也称为交互式网页。动态网页的主要特点如下：

（1）动态网页以数据库技术为基础，可以大大降低网站维护的工作量。

（2）采用动态网页技术的网站可以实现更多的功能，如用户注册、用户登录、在线调查、用户管理、订单管理等。

（3）动态网页实际上并不是独立存在于服务器上的网页文件，只有当用户请求时服务器才返回一个完整的网页。

（4）动态网页中的"？"对搜索引擎检索存在一定的问题，搜索引擎一般不可能从一个网站的数据库中访问全部网页，或者出于技术方面的考虑，搜索引擎不去抓取网址中"？"后面的内容，因此采用动态网页的网站在进行搜索引擎推广时需要做一定的技术处理才能适应搜索引擎的要求。

3. 主页

指打开网站时看到的第一个页面，也称为首页。

4. 内页

指与主页相连的页面，也就是网站的内部页面。

1.1.5　创建和测试第一个网页

【案例 1.2】　创建和测试第一个网页。

1. 要求

（1）创建一个网页，网页标题为"这是我的第一个网页"。

（2）网页中显示如下文字：

<pre>
                    沙扬娜拉一首
                        ——赠日本女郎
                            徐志摩
                最是那一低头的温柔，
                    像一朵水莲花不胜凉风的娇羞，
                道一声珍重，道一声珍重，
                    那一声珍重里有蜜甜的忧愁——
                        沙扬娜拉！
</pre>

（3）背景图放在本书素材的 image 目录中，文件名为：beijin4.jpg。

（4）效果如图 1-7 所示。

2. 案例实现

步骤 1：打开记事本。

步骤 2：输入如下代码：

```
<html>
<head>
<title>这是我的第一个网页</title>
</head>
<body background = 'beijin4.jpg'>
<pre>
```

```
                     沙扬娜拉一首
                          ——赠日本女郎
                               徐志摩
                     最是那一低头的温柔，
                          像一朵水莲花不胜凉风的娇羞，
                       道一声珍重，道一声珍重，
                            那一声珍重里有蜜甜的忧愁——
                                         沙扬娜拉！
</pre>
</body>
</html>
```

步骤 3:将文件另存为 index.htm。

步骤 4:双击保存的文件名，显示效果如图 1-7 所示。

图 1-7　案例 1.2 效果图

1.1.6　认识 HTML 标记符

在 1.1.5 的实例中用到了一些标记，具有不同的意义，下面来认识它们。

1. body 标记

body 标记的语法格式如下：

<body>…</body>

说明：标记符<body>和</body>构成了 Web 页的主体，Web 页的所有内容，如文字、图形、链接以及其他页面元素都包含在该标记符内。

body 标记符中主要包含与页面整体效果有关的一些属性。body 标记的常用属性如表 1-1 所示。

表 1-1 body 标记的常用属性

属　　性	说　　明
<body background=" ">	设置网页的背景图案
<body bgcolor=" ">	设置网页的背景颜色，默认值为白色
<body text=" ">	设置网页中文字的颜色，默认值为黑色
<body link=" ">	设置网页中超链接文本的颜色，默认值为蓝色
<body alink=" ">	设置网页中当前被选中的超链接文本的颜色，默认值为红色
<body vlink=" ">	设置网页中已经被访问过的超链接文本的颜色，默认值为紫色

在定义颜色属性时，颜色取值有以下两种格式：
- 颜色的英文名称。如：<body bgcolor="Navy">，将网页背景定义为藏青色。
- RGB 格式。R、G、B 分别用来表示颜色中红、绿、蓝成分的多少。如：<body bgcolor="#000080">，将网页定义为藏青色。

网页中常见颜色如表 1-2 所示。

表 1-2 网页中常见的 16 种背景颜色

颜色	英文表示	RGB 表示	颜色	英文表示	RGB 表示
水蓝色	Aqua	#00FFFF	藏青色	Navy	#000080
黑色	Black	#000000	茶青色	Olive	#808000
蓝色	Blue	#0000FF	紫色	Purple	#800080
樱桃色	Fuchsia	#FF00FF	红色	Red	#FF0000
灰色	Gray	#808080	银色	Sliver	#C0C0C0
绿色	Green	#008000	茶色	Teal	#008080
石灰色	Lime	#00FF00	白色	White	#FFFFFF
褐红色	Maroon	#800000	黄色	Yellow	#FFFF00

2. 文本标记

（1）文字标记<font>…</font>

HTML 语言提供了一些用来修饰文字的标记，利用这些标记可以设置文字的字体、颜色、尺寸和样式等属性。

文字标记的语法格式如下：

<font> … </font>

文字标记的常用属性如表 1-3 所示。

表 1-3 文字标记的常用属性

属　　性	说　　明
<font size=" ">	设置字号。如<font size=1>(最小)、<font size=7>(最大)
<font face=" ">	设置字体。如<font face="黑体">
<font color=" ">	设置文字的颜色

（2）文本样式标记

文本样式标记用于设置网页中文字格式转化为特殊的形式，如加粗、倾斜等。

文本样式标记如表 1-4 所示。

表 1-4　文本样式标记的常用属性

属　性	说　明
`<hn>…</hn>`	定义标题级别，并以黑体显示。其中 n＝1～6。`<h1>`最大，`<h6>`最小
`<b>…</b>`	设置粗体字
`<i>…</i>`	设置斜体字
`<u>…</u>`	设置下划级
`<sup>…</sup>`	设置文本为上标格式
`<sub>…</sub>`	设置文本为下标格式
`<tt>…</tt>`	设置打字机风格字体的文本
`<cite>…</cite>`	以引用或参考的形式格式化文本，通常显示为斜体
`<em>…</em>`	以强调形式格式化文本，通常显示为斜体＋粗体
`<address>…</address>`	格式化地址信息，将文本设置为斜体
`<strong>…</strong>`	格式化需强调显示效果的文本，通常显示为斜体＋粗体

（3）文本分隔标记

由于 HTML 不识别 Enter 和空格键，为解决此问题，HTML 提供了相应的文本分隔标记。

文本分隔标记如表 1-5 所示。

表 1-5　文本分隔标记

标　记	说　明	标　记	说　明
`<hr>`	产生一条横向水平线（单标记）	`<p>…</p>`	段落标记
` `	强制换行符（单标记）	`<pre>…</pre>`	预格式化标记

代码解释：

① 水平线`<hr>`的常用属性如表 1-6 所示。

表 1-6　文本分隔标记

标　记	说　明
`<hr color=" ">`	设置水平线的颜色
`<hr width=" ">`	设置水平线的宽度，默认单位为像素，也可以用百分比设定
`<hr size=" ">`	设置水平线的高度
`<hr align=" ">`	设置水平线的水平对齐位置，可设定的值有："left、center、right"
`<hr noshade>`	设置水平线的阴影效果，设置水平线为一条实线

② 段落标记`<p>…</p>`

段落标记`<p>…</p>`用来划分段落，不同的段落之间会自动换行并有一定的距离。浏览器默认段落为左对齐。若要改变段落的对齐方式，可以利用`<p>`标记的"align"

属性,其属性的取值可以是"left(左对齐)"、"right(右对齐)"、"center(居中对齐)"和"justi-fy(两端对齐)"。

③ 预格式化标记<pre>…</pre>

预格式化标记使浏览器按照编辑文档时<pre>…</pre>标记符之间字符的位置将内容毫无变动地显示出来,即在 HTML 文档中,<pre>…</pre>间写的是什么,在浏览器中将显示什么。

(4) 滚动文本标记<marquee>…</marquee>

在网页设计中,为使文本在网页中移动,可使用滚动文本标记。

滚动文本标记的常用属性如表 1-7 所示。

表 1-7 滚动文本标记的常用属性

属 性	说 明
<marquee bgcolor=" ">	设置文字滚动区域的背景颜色
<marquee height=" ">	设置文字滚动区域的高度
<marquee width=" ">	设置文字滚动区域的宽度
<marquee align=" ">	设置文字滚动区域和文本的对齐方式,可取值为:left、right、top、bottom、middle 等
<marquee hspace=" ">	以像素为单位设置文本和文字滚动区域左右两边的空白大小
<marquee vspace=" ">	以像素为单位设置文本和文字滚动区域上下的空白大小
<marquee behavior=" ">	确定文本的滚动形式,可取值为:alternate(文本在相反两个方向滚动)、scroll(文本向同一个方向滚动)、slide(文本接触到滚动区域的边框时停止滚动)
<marquee direction=" ">	设置文字滚动的方向,可取值为:left、right、up、down
<marquee scrollamount=" ">	设置文本滚动的速度,默认单位为像素(px),取值越大,速度越快
<marquee scrolldelay=" ">	设置文本滚动时停顿的时间(毫秒),取值越小,文本滚动越快

3. 图像标记

制作网页时,图像是必不可少的网页元素,在 HTML 语言中使用<img>标记在网页中插入图像,并且运用相应的属性设置图像的显示尺寸和对齐方式等。HTML 中使用的图像格式有 GIF、JPG 和 PNG 等。

图像标记<img>的常用属性如表 1-8 所示。

表 1-8 图像标记的常用属性

标 记	说 明
<img src=" ">	指定图像路径和图像文件名
<img height=" ">	设置图像的高度,默认单位是像素(px)
<img width=" ">	设置图像的宽度,默认单位是像素(px)
<img border=" ">	设置图像边框的粗细,默认单位是像素(px)
<img align=" ">	设置图像与文字间的对齐方式,可取值:left、right、top、middle、bottom,默认为 bottom
<img alt=" ">	设置当鼠标移入图片时显示的文字说明

4. 列表标记

列表是一种常用的组织信息的方式。HTML 提供了 3 种列表方式,分别是:"有序列表"、"无序列表"和"定义列表"。

（1）有序列表（<ol>…</ol>）

"有序列表"是指列出的每一列表项间有先后顺序。每一列表项必须用<li>…</li>标记标识，其语法格式如下：

<ol>

   <li>…</li>

   <li>…</li>

</ol>

有序列表常用属性如表 1-9 所示。

表 1-9　有序列表标记的常用属性

属　　性	说　　明
<ol type=" ">	type 属性可改变序列号类型：1(数字，默认)、A(大写英文字母)、a(小写英文字母)、I(大写罗马字母)、i(小写罗马字母)
<ol start=" ">	指定序列起始的数目

（2）无序列表（<ul>…</ul>）

"无序列表"是指列出的每一列表项间无顺序关系，只是用条列式方法显示出来，各项目前均有一符号。每一列表项必须用<li>…</li>标记标识。

无序列表常用属性如表 1-10 所示。

表 1-10　无序列表标记的常用属性

标　　记	说　　明
<ul type=" ">	type 属性可改变项目符号的形状：DISK(实心圆)、SQUARE(正方形)、CIRCLE(空心圆)，默认情况下为实心圆

【案例 1.3】　有序列表和无序列表的应用。

1. 要求

① 创建一个网页，网页标题为"有序列表和无序列表的应用"。

② 网页中的内容显示如图 1-8 所示。

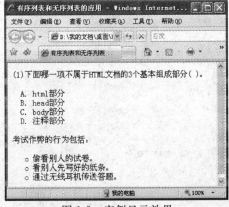

图 1-8　实例显示效果

2. 案例实现

步骤 1：打开记事本。

步骤 2：输入如下代码：

```
<html>
  <head>
    <title>有序列表和无序列表的应用</title>
  </head>
  <body>
```

（1）下面哪一项不属于 HTML 文档的 3 个基本组成部分（ ）。

```
<ol type = "A">
  <li> html 部分 </li>
  <li> head 部分 </li>
  <li> body 部分 </li>
  <li> 注释部分 </li>
</ol>
```

考试作弊的行为包括：

```
<ul type = "circle">
    <li>偷看别人的试卷。</li>
    <li>看别人先写好的纸条。</li>
    <li>通过无线耳机传送答题。</li>
</ul>
  </body>
</html>
```

步骤 3：将文件另存为 exam01_1. htm。

步骤 4：双击保存的文件名，显示效果如图 1-8 所示。

【案例 1.4】 嵌套列表。

在 HTML 中也可以实现列表的嵌套，即一个列表中包含另一个相同或不同类型的列表。

1. 要求

使用"有序列表"和"无序列表"标记，实现"有序列表"与"无序列表"的嵌套。效果如图 1-9 所示。

2. 案例实现

步骤 1：打开记事本。

步骤 2：输入如下代码：

```
<html>
  <head>
    <title>xxx 学院简介</title>
  </head>
  <body>
    <p align = "center">xxx 学院专业设置简介 </p>
```

```
<ol type = "1">
<li> 轨道学院
 <ul type = "circle">
<li> 铁道运输专业 </li>
<li> 铁道通信专业 </li>
<li> 铁道工程专业 </li>
 </ul>
</li>
<li> 电子与信息工程系
 <ul type = "circle">
<li> 通信专业 </li>
<li> 光电子专业 </li>
<li> 电子专业 </li>
 </ul>
</li>
 </body>
</html>
```

步骤 3:将文件另存为 exam01_2.htm。

步骤 4:双击保存的文件名,显示效果如图 1-9 所示。

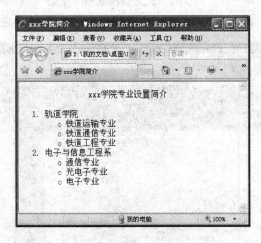

图 1-9　嵌套列表效果

(3) 定义列表(<dl>…</dl>)

使用<dl>…</dl>定义一种既无表项符号,又无项目序号的列表。它由两部分组成:"定义术语"和"定义内容",其语法格式如下:

```
<dl>
    <dt>    </dt>
    <dd>    </dd>
</dt>
```

定义列表标记如表 1-11 所示。

表 1-11　定义列表标记

标　记	说　明
<dl>…</dl>	在网页中创建一个定义列表，以缩进文本格式显示
<dt>…</dt>	在定义列表中表示需要定义的条目，定义条目一般顶格显示
<dd>…</dd>	在定义列表中表示条目的说明内容，一般比定义条目缩进两字符的距离

1.2　初识 Dreamweaver CS3

Dreamweaver 是 Adobe 公司推出的一款专业的、优秀的网页设计工具，用于设计、开发和维护网站及 Web 应用程序。Dreamweaver CS3 是其最新版本。

Dreamweaver CS3 与其前一个版本 Dreamweaver 8 相比，在界面上没有太多的改变，只是在"插入面板"的布局上略有修改，增加了 Spry 类别，扩充了"应用程序"选项卡的内容并改名为"数据"，将原来的 HTML、"Flash 元素"合并到其他选项卡中。

1.2.1　Dreamweaver CS3 的窗口组成

双击桌面上的 Dreamweaver CS3 图标或依次选择"开始"|"程序"|"Adobe Design Premium CS3"|"Adobe Dreamweaver CS3"命令，打开如图 1-10 所示的工作窗口。

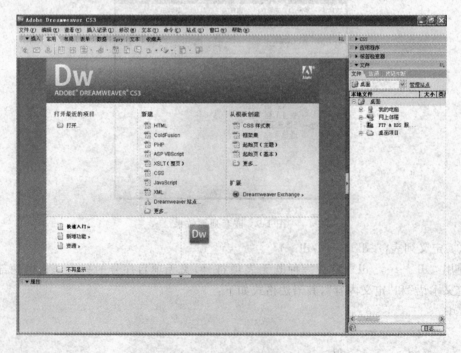

图 1-10　Dreamweaver CS3 工作窗口

单击"新建"菜单下的"HTML"按钮，打开图 1-11 所示的 Dreamweaver CS3 工作界面。

标题栏
菜单栏
插入面板
浮动面板
文档工具栏
文档窗口
状态栏
属性栏

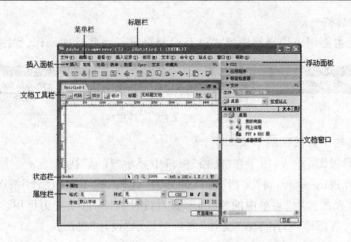

图 1-11　Dreamweaver CS3 工作界面

Dreamweaver CS3 的工作界面与 Windows 中的其他应用软件的窗口几乎相同，该工作界面主要包括标题栏、菜单栏、插入面板、浮动面板、文档工具栏、文档窗口、状态栏、属性面板。

1. 菜单栏和文档工具栏

(1) 菜单栏

菜单栏位于标题栏的下方，包括“文件”、“编辑”、“查看”、“插入记录”、“修改”、“文本”、“命令”、“站点”、“窗口”和“帮助”10 个菜单项，如图 1-12 所示。

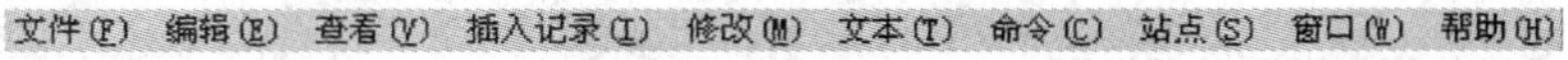

文件(F)　编辑(E)　查看(V)　插入记录(I)　修改(M)　文本(T)　命令(C)　站点(S)　窗口(W)　帮助(H)

图 1-12　菜单栏

- 文件：用来管理文件，包括创建和保存文件、导入和导出、预览和打印文件等。
- 编辑：用来编辑对象，包括撤销与重做、复制与粘贴、文本的查找和替换、参数设置和快捷键设置等。
- 查看：用来查看对象，包括代码的查看、网格线与标尺的显示、面板的隐藏和工具栏的显示等。
- 插入记录：用来在页面中插入网页元素，包括插入图像、多媒体、AP Div、框架、表格、表单、电子邮件链接、日期、特殊字符和标签等。
- 修改：用来实现对页面元素的修改，包括页面元素、快速标签编辑器、创建链接、表格、框架集、导航条、转换、模板、库和时间等。
- 文本：用来对文本进行操作，包括字体、字形、字号、字体颜色、HTML/CSS 样式、段落格式化、扩展、缩进、列表、文本的对齐方式和检查拼写。
- 命令：收集了所有的附加命令项，包括开始录制、编辑命令列表、获得更多命令、扩展管理、应用源代码格式、清除 HTML/Word HTML 和表格排序等。
- 站点：用来创建和管理站点，包括站点显示方式、新建、获取与取出、上传与存回、报告、同步站点范围和检查站点范围的链接等。
- 窗口：用来打开与切换所有的面板和窗口，包括插入栏、“属性”面板、站点窗口和“CSS”面板等。
- 帮助：内含 Dreamweaver 帮助、注册、Dreamweaver 支持中心和关于 Dreamweaver。

（2）文档工具栏

文档工具栏主要用于切换视图模式以及对网页进行一些特殊操作，如图 1-13 所示。

图 1-13 "文档"工具栏

"文档"工具栏中各按钮的意义如下：

① 显示代码视图 代码：用于在"文档"窗口中显示"代码"视图。

② 显示拆分视图 拆分：将"文档"窗口拆分为"代码"视图和"设计"视图。当选择了这种组合视图时，"视图选项"菜单中的"在顶部查看设计视图"选项变为可用。

③ 显示设计视图 设计：用于在"文档"窗口中显示"设计"视图。

注意：如果处理的是 XML、JavaScript、Java、CSS 或其他基于代码的文件类型，则不能在"设计"视图中查看文件，而且"设计"和"拆分"按钮将会变暗。

④ 标题：允许为文档输入一个标题，它将显示在浏览器的标题栏中。如果文档已经有了一个标题，则该标题将显示在该区域中。

⑤ 文件管理：单击该按钮，弹出"文件管理"菜单，可以上传、获取文档和设置文档属性，如图 1-14 所示。

⑥ 在浏览器中预览/调试：允许在浏览器中预览或调试文档。单击该按钮，弹出一个浏览器选择菜单，如图 1-15 所示。

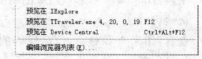

图 1-14 文件管理菜单　　　　　　　图 1-15 在浏览器中预览/调试菜单

⑦ 刷新设计视图（快捷键：F5）：在"代码"视图中对文档进行更改后刷新文档的"设计"视图，在执行某些操作（如保存文件或单击该按钮）之后，在"代码"视图中所做的更改才会自动显示在"设计"视图中。

⑧ 视图选项：允许为"代码"视图和"设计"视图设置选项，其中包括指定这两个视图中的哪一个居上显示，如图 1-16 所示。该菜单中的选项会应用于当前视图："设计"视图、"代码"视图或同时应用于这两个视图。

⑨ 可视化助理：用户可以使用各种可视化助理来设计页面。"可视化助理"弹出的菜单如图 1-17 所示。

⑩ 验证标记：用于验证当前文档或选定的标签。如图 1-18 所示。

⑪ 检查浏览器兼容性 检查页面：用于检查 CSS 是否对于各种浏览器均兼容。如图 1-19 所示。

图 1-16　"视图选项"弹出菜单

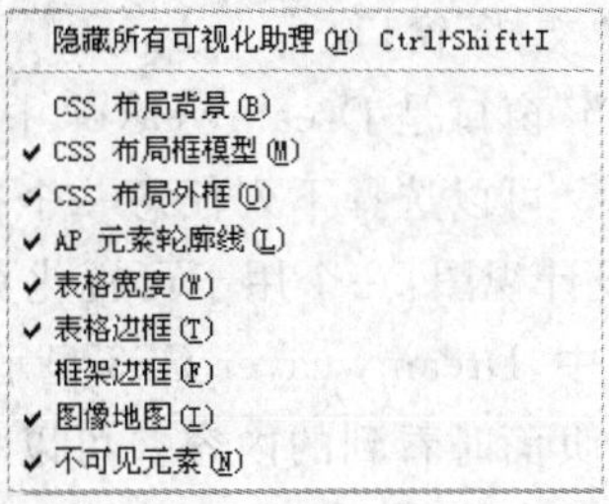

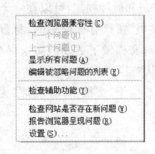

图 1-17　"可视化助理"弹出菜单

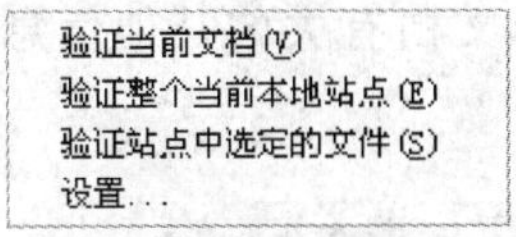

图 1-18　"验证标记"弹出菜单

图 1-19　"检查页面"弹出菜单

2. 插入面板、文档窗口、属性面板

（1）"插入面板"

"插入"面板让用户在网页中快捷地创建和插入各种网页元素，根据需要可以折叠或者展开"插入"面板，通过单击"插入"面板中不同类别名来显示各种插入命令，如图 1-20 所示。

图 1-20　"布局"插入面板

下面介绍一下各子面板的功能。

① 常用：用于创建和插入常见的对象，如表格、图像、超链接等。

② 布局：可以插入表格、Div 标签、AP Div（层）、框架和 Spry 组件。在"布局"类别中，用户可以使用"绘制布局表格"和"绘制布局单元格"命令。此外还可以在"标准模式"和"扩展表格模式"两种类型中进行切换。

③ 表单：可以创建表单及插入表单元素，以及 Spry 表单对象。

④ 数据：可以插入动态元素，如记录集、记录集分页、插入记录、更新记录、删除记录、用户身份验证以及用于 Spry XML 数据的组件。

⑤ Spry：这是 Dreamweaver CS3 中集成的最新功能，用于创建 Spry XML 记录集、记录、用户身份验证以及用于 Spry XML 数据的组件。

⑥ 文本：可以插入各种文本和列表格式设置标签，如 B、I、em、hl、ul 等。

⑦ 收藏夹：可以自定义该面板，将常用的插入按钮添加到该面板中。

注意：有些命令按钮旁边有黑色小箭头，如框架按钮▣•，表示还含有子菜单项，直接单击这类按钮会执行该按钮的默认操作，默认操作即最近一次使用该按钮时的选项。

(2)"文档"窗口

"文档"窗口是 Dreamweaver 中用于显示当前的文档并提供多种工具以便用户对文档进行编辑。可以选择下列任意一个视图：

① 设计视图：一个用于可视化页面布局、可视化编辑和快速应用程序开发的设计环境。在该视图中，Dreamweaver CS3 显示文档的完全可编辑的可视化表示形式，类似于在浏览器中查看页面时看到的内容。可以配置"设计"视图以在处理文档时显示动态内容。

② 代码视图：一个用于编写和编辑 HTML、JavaScript、服务器语言代码，如 ASP 或 ColdFusion 标记语言（CFML）以及任何其他类型代码的手工编码环境。

③ 代码和设计视图：可以在一个窗口中同时看到同一文档的"代码"视图和"设计"视图。

当"文档"窗口有标题栏时，标题栏显示页面标题，并在括号中显示文件的路径和文件名。如果对文档做了更改但尚未保存，则 Dreamweaver CS3 会在文件后显示一个星号。

(3) 状态栏

状态栏位于"文档"窗口底部，为用户提供正在编辑的文档有关的其他信息，如图 1-21 所示。

图 1-21　状态栏

状态栏中各按钮的意义如下：

① 标签选择器：显示环绕当前选定内容的标签的层次结构。单击该层次结构中的任何标签以选择该标签及其全部内容。单击＜body＞可以选择文档的整个正文。

② 选取工具▶：启用和禁用手形工具。

③ 手型工具：用于在"文档"窗口中单击并拖动文档。

④ 缩放工具和设置缩放比率弹出菜单 100%：可以为文档设置缩放比率。

⑤ 窗口大小弹出菜单：用于将"文档"窗口的大小调整到预定义或自定义的尺寸。

注意：该命令只能在"设计"视图中可用。

⑥ 文档大小和下载时间：显示页面（包括所有相关文件，如图像和其他媒体文件）的预计文档大小和预计下载时间。

(4)"属性"面板

"属性"面板用于显示或修改所选对象的各种属性。默认情况下，"属性"面板位于工作区的底部边缘，但用户可以将它拖到工作区的顶部边缘或使其成为工作区中的浮动面板。当在"文档"窗口选择不同的对象时，"属性"面板中的内容会根据所选定的对象不同而有所不同。

例如，在编辑的文档窗口中输入文字或选择文字，会打开文本"属性"面板，如图 1-22 所示。在这里可以设置文字的字体、大小、颜色和链接等属性。

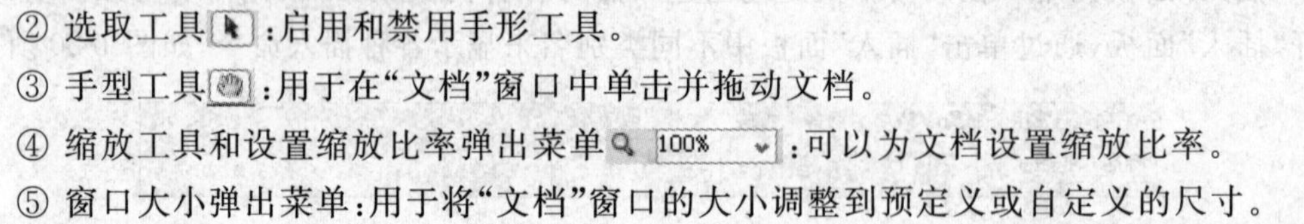

图 1-22　文本"属性"面板

　　若选中页面中的图像,则打开图像"属性"面板,如图 1-23 所示。在这里可以设置图像的高度、宽度、图像存放位置、链接等。

图 1-23　图像"属性"面板

3. 面板组

　　Dreamweaver 中还有很多各种功能的面板,用户可以根据需要将其展开或折叠,还可以任意组合和移动,称之为"浮动面板",如图 1-24 所示。通常将同一类型或功能相同的面板组织在一个面板组中,没有显示的面板还可以通过"窗口"菜单快速打开。在面板名称上右击或者单击面板组右上角的 按钮可以打开如图 1-25 所示的菜单,可以执行重组、关闭面板组等操作。

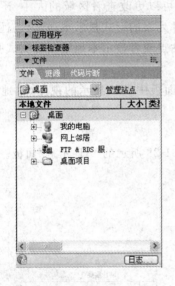

图 1-24　浮动面板　　　　　　　　图 1-25　面板组菜单

　　(1) CSS 样式面板

　　通过 CSS 样式,用户可以精确设置网页中的文本格式,采用外部链接的方式,可以实现多个页面的文本格式的控制。选择"窗口"菜单下的"CSS 样式"命令或按 Shift＋F11 组合键即可打开"CSS 样式"面板,如图 1-26 所示。

图 1-26　"CSS 样式"面板

单击"CSS样式"面板顶部的"全部"和"正在"按钮,可以在这两种模式之间切换。

- "全部"模式:此模式下"CSS样式"面板将显示两个窗格:"所有规则"窗格和"属性"窗格。"所有规则"窗格显示当前文档中定义的规则以及附加到当前文档的样式表中定义的所有规则的列表,而"属性"规则可以编辑"所有规则"窗格中任何所选规则的CSS属性。

对"属性"窗格所做的任何更改都将立即应用,这样就可以在操作的同时预览效果。

- "正在"模式:此模式下"CSS样式"面板将显示三个窗格:"所选内容的提要"、"关于"和"属性"。"所选内容的提要"窗格显示当前文档中所选内容的CSS属性;"关于"窗格,显示所选属性的相关信息;"属性"窗格,用来编辑所选内容的CSS的属性。

(2)"文件"面板

使用"文件"面板可以查看或管理用户Dreamweaver站点的各种资源。选择"窗口"菜单下的"文件"命令或按F8键便可打开"文件"面板,如图1-27所示。

在"文件"面板中查看站点、文件或文件夹时,用户可以更改查看区域的大小,还可以展开或折叠"文件"面板。当"文件"面板折叠时,它以文件列表的形式显示本地站点、远程站点或服务器的内容。在展开时,它显示本地站点和远程站点或者显示本地站点和测试服务器。"文件"面板还可以显示本地站点的视觉站点地图。

对于Dreamweaver站点,还可以通过更改"折叠"面板中默认显示的视图(本地站点视图或远程站点视图)来对"文件"面板进行自定义。

(3)"AP元素"面板

选择"窗口"菜单下的"AP元素"命令,可打开如图1-28所示的"AP元素"面板。

图 1-27 "文件"面板

图 1-28 "AP元素"面板

使用"AP元素"面板可防止重叠,更改AP元素的可见性,嵌套或堆叠AP元素,以及选择一个或多个AP元素。

"AP元素"将按照Z轴的顺序显示为一列名称。默认情况下,第一个创建的AP元素(Z轴为1)显示在列表的底部,最新创建的AP元素显示在列表顶部。不过,也可以通过更改AP堆叠顺序中的位置来更改它的Z轴。

(4)时间轴面板

"时间轴"面板显示AP元素和图像的属性如何随时间更改。选择"窗口"菜单下的"时间轴"命令或按 Alt＋F9 组合键,打开"时间轴"面板,如图 1-29 所示。

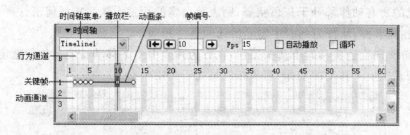

图 1-29　"时间轴"面板

"时间轴"面板中各参数的意义如下:

- 关键帧:小圆点表示。用来定义动画条中已经成为对象指定属性(如位置)的帧。Dreamweaver CS3 会计算关键帧之间的帧的中间值。
- 行为通道:说明应在时间轴中特定帧处执行的行为。
- 时间轴菜单:指定当前在"时间轴"面板中显示文档的哪一个时间轴。
- 动画通道:显示用于制作 AP 元素和图像的条。
- 动画条:显示每一个对象的动画的持续时间。一个行为可以包含表示不同对象的多个条。不同的条无法控制同一帧中的同一对象。
- 播放栏:显示当前在"文档"窗口中显示时间轴的哪一帧。
- 帧编号:指示帧的序号。"后退"和"播放"按钮之间的数字是当前帧编号。用户可以通过设置帧的总数和每秒帧数(fps)来控制动画的持续时间。每秒 15 帧这一默认设置是比较适当的平均速率,可用于在通常的 Windows 和 Macintosh 系统上运行的大多数浏览器。
- 重新播放 ⏮ :将播放栏移至时间轴中的第一帧。
- 后退 ⬅ :将播放栏向左移动一帧。单击"后退"按钮并按住鼠标按钮可向后播放时间轴。
- 播放 ➡ :将播放栏向右移动一帧。单击"播放"按钮并按住鼠标按钮可向前播放时间轴。
- 自动播放:当页面在浏览器中加载时,可以使时间轴自动开始播放。"自动播放"将一个行为附加到当前页面的 body 标签中,该行为即可在当前页面加载时执行"播放时间轴"动作。
- 循环:当页面在浏览器中加载时,可以使时间轴无限期地循环。当动画播放到最后一帧会自动跳转到指向的帧(即"行为"通道中行为标记指定的帧)。在"行为"通道中双击该行为的标记可编辑此行为的参数并更改循环的次数。

(5)"行为"面板

单击菜单栏中"窗口"菜单下的"行为"命令或按快捷键 Shift＋F4,打开如图 1-30 所示的"行为"面板。

"行为"面板中各按钮的意义如下:

① 显示设置事件:仅显示附加到当前文档的那些事件。事件被分别划归到客户端或服务器端类别中。每个类别的事件都包含在可折叠的列表中。显示设置事件是默认的视图。

② 显示所有事件:按字母顺序显示属于特定类别的所有事件。

③ ✚ 添加行为:单击该按钮,弹出一个包含可以附加到当前选定元素动作的下拉菜单。

当从该列表中选择一个动作时,将出现一个对话框,可以在此对话框中指定该动作的参数。如果菜单上的所有动作都处于灰色状态,则表示选定的元素无法生成任何事件。

④ 一删除事件:从行为列表中删除所选的事件和动作。

⑤ ▲和▼向上箭头和向下箭头按钮:在行为列表中上下移动特定事件的选定动作。对于不能在列表中上下移动的动作,箭头按钮将处于禁用状态。

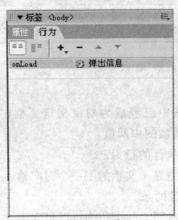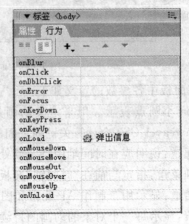

图 1-30 "行为"面板

1.2.2 用 Dreamweaver 制作一个简单的网页

【案例 1.5】 用 Dreamweaver 制作一个简单的网页。

1. 要求

(1) 使用 Dreamweaver CS3 创建一个简单网页,网页标题为"内容提要"。

(2) 网页中的文字及显示效果如图 1-31 所示。

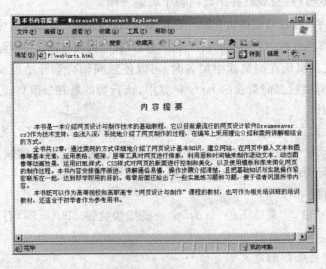

图 1-31 网页中的文字及效果

(3) 标题文字:黑体、12 号、红色。

(4) 内容文字:宋体、10 号、黑色。

(5) 段前空 2 格。

2. 案例实现

步骤 1:启动 Dreamweaver CS3,新建一个 HTML 文档。

步骤 2:单击"插入面板"中"常用"选项卡下的"表格"按钮,打开"表格"对话框,如图 1-32 所示。

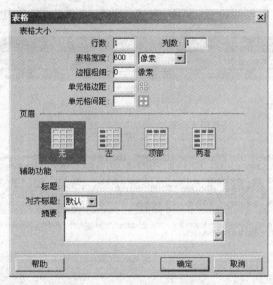

图 1-32　"表格"对话框

步骤 3:设置表格对话框中的参数。如图 1-32 所示。

步骤 4:单击"确定"按钮。

步骤 5:调整表格到合适大小。

步骤 6:在"属性面板"中选择"对齐"方式为"居中对齐"。如图 1-33 所示。

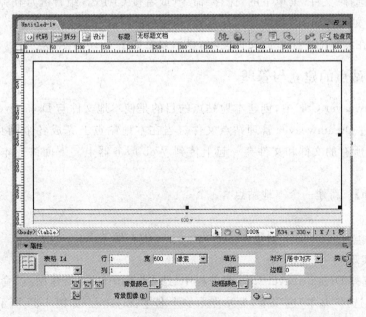

图 1-33　创建表格

步骤 7： 在"标题"文本框中输入"本书内容提要"。

步骤 8： 在编辑框中输入标题：内容提要。

步骤 9： 在"属性面板"中对标题内容进行设置：字体：黑体；大小：12 点数；颜色：红色；居中显示。

步骤 10： 输入文本内容并设置：字体：宋体；大小：10 点数；颜色：黑色。如图 1-34 所示。

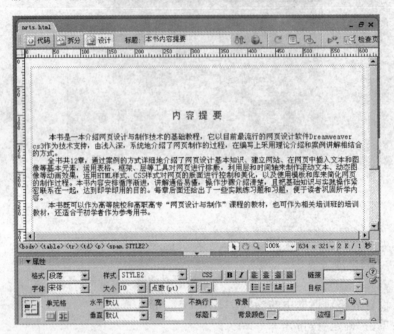

图 1-34　编辑内容

步骤 11： 选择"文件"菜单下的"保存"命令（或者按 Ctrl＋S 组合键），在弹出的"另存为"对话框中输入文件名"nrts"并选择保存位置，单击"保存"按钮保存。

步骤 12： 在浏览器中浏览此文件内容，显示效果如图 1-31 所示。

1.2.3　站点的建立与管理

在 Dreamweaver CS3 中，创建本地站点的目的是使本地文件与 Dreamweaver 之间创建联系，从而通过 Dreamweaver 管理站点文件。当在本地站点上完成各个网页的制作后，就可将整个站点所有的文件和文件夹一起上传到 Web 服务器上。下面讲述本地站点的新建和管理。

【案例 1.6】 新建一个本地站点。

1. 要求

使用 Dreamweaver CS3 创建一个名为 mysite 的本地站点。

2. 案例实现

步骤 1： 选择 Dreamweaver CS3 菜单栏中"站点"菜单下的"新建站点"命令，打开"站点定义"对话框，选择"基本"选项卡，为站点取一个名字：mysite。如图 1-35 所示。

图 1-35　站点定义对话框

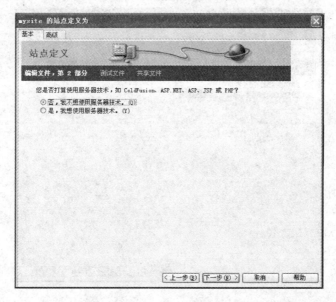

图 1-36　选择"否,我不想使用服务器技术"单选按钮

步骤 2: 单击"下一步"按钮,弹出向导的下一个页面,询问是否要使用服务器技术,这里选择"否,我不想使用服务器技术"单选按钮,表示建立的是一个静态站点,如图 1-36 所示。

步骤 3: 单击"下一步"按钮,弹出为站点选择存储文件的位置,如图 1-37 所示。

步骤 4: 单击"下一步"按钮,弹出询问如何连接服务器对话框,由于没有使用远程服务器,这里选择"无"选项,如图 1-38 所示。

步骤 5: 单击"下一步"按钮,显示站点"总结",如图 1-39 所示。

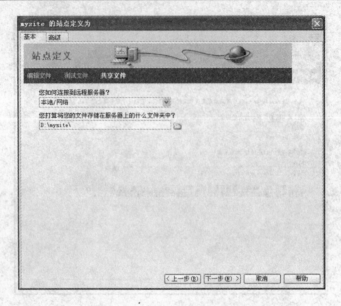

图 1-37 指定站点文件存储的位置

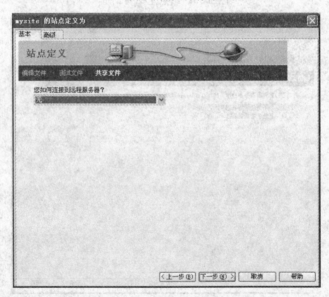

图 1-38 选择"无"选项

步骤 6:单击"完成"按钮,在"文件"面板中可以看到已创建的站点文件夹,如图 1-40 所示。

【案例 1.7】 管理本地站点。

1. 要求

完成站点的创建后,还需对本地站点进行管理。本地站点的管理包括:新建文件及文件夹、删除文件或文件夹、重命名文件或文件夹、重命名站点以及删除站点等操作。

2. 案例实现

步骤 1:新建文件和文件夹。

① 选择本地站点,单击"文件"面板右上角的 ▤ 按钮,从弹出的菜单中选择"文件"|"新建

文件"命令或按 Ctrl＋Alt＋N 组合键(如图 1-41 所示),即可在本地站点中创建一个网页文件。

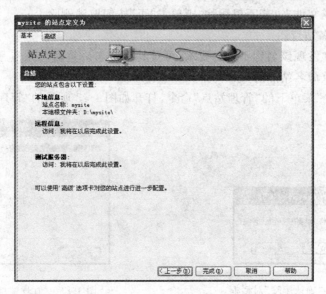

图 1-39　显示站点"总结"

　　新创建的网页文件,默认扩展名为".html"。若用户想修改网页名,可将鼠标指针指向网页文件,单击即可修改网页名,也可以选择该文件后,单击鼠标右键,从弹出的快捷菜单中选择"编辑"|"重命名"命令(快捷键 F2)。

　　② 在图 1-41 所示的对话框中选择"新建文件夹"命令或按快捷键 Ctrl＋Shift＋Alt＋N,即可创建文件夹。

图 1-40　"文件"面板

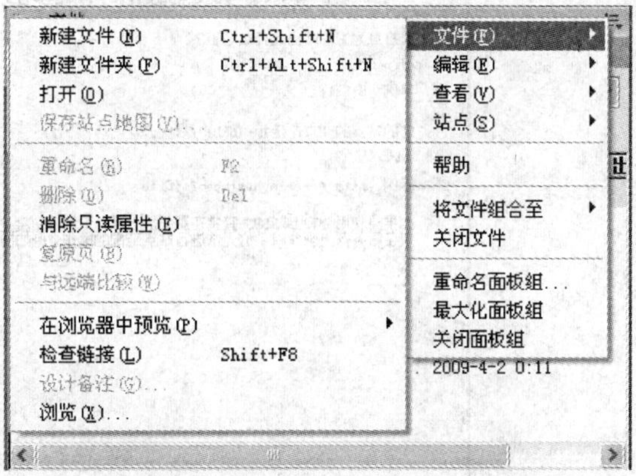

图 1-41　新建文件和文件夹对话框

　　文件夹的命名方法与文件的命名方法相同。若在本地站点和子文件夹中创建文件或文件夹,方法同本地站点。

　　文件的移动:选择要移动的文件,按住鼠标左键,移动文件到指定的位置后松开鼠标,从弹出的"更新文件"对话框中选择"更新"命令,即实现了文件的移动并更新了链接。

　　步骤 2:删除文件或文件夹。

　　在"文件"面板的"本地站点"中选择要删除的文件或文件夹,单击鼠标右键,从弹出的快

捷菜单中选择“编辑”|“删除”命令,打开如图 1-42 所示的确认删除对话框,单击“是”按钮,则删除所选文件或文件夹;若不想删除,则单击“否”按钮取消删除。

步骤 3:重命名站点。

站点创建后如发现该名称不符合要求,可对其重命名。重命名站点是在“管理站点”对话框中进行的。重命名站点的步骤如下:

① 选择“站点”菜单下的“管理站点”命令,打开如图 1-43 所示的“管理站点”对话框。

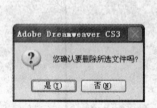

图 1-42 “确认删除”对话框   图 1-43 “管理站点”对话框

② 单击“编辑”按钮,打开如图 1-44 所示的“站点定义”对话框。

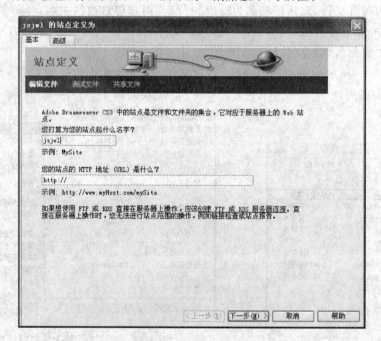

图 1-44 “站点定义”对话框

③ 在“您打算为您的站点起什么名字?”文本框中输入名称,这里输入“jsjwl”。

④ 单击“下一步”按钮,参照前面创建站点的操作过程完成整个操作。

当操作完成后,可以看到“文件”面板中的内容发生了变化。

步骤 4:删除站点。

当某个站点不再需要时,可以将该站点从站点列表中进行删除。删除站点的步骤如下:

① 在 Dreamweaver 的编辑窗口中选择"站点"菜单下的"管理站点"命令，打开"管理站点"对话框。

② 在对话框中选择要删除的站点，单击"删除"按钮，打开"询问"对话框，如图 1-45 所示。

步骤 5：导入及导出站点设置。

① 导出站点

图 1-45　"确认删除"对话框

在 Dreamweaver 中，用户可以将站点设置导出与其他用户共享。具体步骤如下：

- 在 Dreamweaver 的编辑窗口中选择"站点"菜单下的"管理站点"命令，打开"管理站点"对话框。
- 在对话框中选择要导出设置的一个或多个站点，然后单击"导出"按钮，打开如图 1-46 所示的"导出站点"对话框。
- 单击"保存"按钮，返回"管理站点"对话框，单击完成"按钮"。

图 1-46　"导出站点"对话框

② 导入站点

对于已导出的站点，可使用"管理站点"中的"导入"功能导入到站点中，这时对导入的站点可以像其他站点一样进行编辑操作。导入站点步骤如下：

- 在 Dreamweaver 的编辑窗口中选择"站点"菜单下的"管理站点"命令，打开"管理站点"对话框。
- 在对话框中单击"导入"按钮，弹出"导入站点"对话框。
- 在对话框中选择要导入的站点，单击"打开"按钮，返回"管理站点"对话框，单击"完成"按钮。

小　　结

本章简要介绍了 HTML 语言和 Dreamweaver CS3。

（1）HTML 语言

HTML 语言是网页制作的基础。本章介绍了 HTML 的基本概念、标记符的基本概念、网页的基本结构和组成、几个常用标记符及其用法。

（2）Dreamweaver CS3

Dreamweaver CS3 是目前人们广泛使用的网页制作工具。本章介绍了有关 Dreamweaver CS3 应用程序的基本知识，包括 Dreamweaver CS3 的新增功能、界面组成、站点定义及管理等内容。

读者通过本章的学习，不仅对 HTML 语言有所认识，而且对 Dreamweaver CS3 网页制作工具有所了解，能使用 Dreamweaver CS3 管理站点。

习　　题

1. 填空题

（1）浏览器（Browser）实际上是一个软件程序，用于与_____建立连接，并与之进行通信。

（2）URL 是_____的缩写，即统一资源定位系统，也就是通常所说的_____。

（3）<body>标签的 bgcolor 属性用于指定 HTML 文档的_____，text 属性用于指定 HTML 文档中_____的颜色。

（4）_____是构成 Web 站点的基本单位，是一种包含 HTML 格式内容的文本文件。

（5）网页通常可分为静态网页和_____。

（6）_____是一个网站或站点的第一个网页，也称为首页，是网站的门面，其功能是引导用户访问。

（7）_____运行于客户端的浏览器，只能固定显示事先设计好的页面内容，无法与 WWW 服务器进行动态交互。静态网页的后缀名通常为_____、_____等。

（8）动态网页，是指用 asp、php、cgi、asp. net、java 等编程环境和 JavaScript、_____等脚本语言来制作的网页，程序在_____运行，这是判断网页属不属于动态网页的重要标志。

2. 选择题

（1）下列语句中，_____将 HTML 页面的标题设置为"李白—静夜思"。

　　A. <HEAD>李白—静夜思</HEAD>

　　B. <TITLE>李白—静夜思</TITLE>

　　C. <H2>李白—静夜思</H2>

　　D. <BODY>李白—静夜思</BODY>

（2）_____标记用于指定在当鼠标移动到图像上时，显示替代文字。

　　A. ALT　　　　B. IMG　　　　　　C. HR　　　　　　D. SRC

（3）要设置已访问过链接的颜色为红色，下列选项正确的是_____。

　　A. A:link{color:red}　　　　　　B. A:active{color:red}

　　C. A:visited{color:red}　　　　　D. A:Visite{color:red}

（4）_____不是 Dreamweaver 的站点类型。

　　A. 本地站点　　B. 测试站点　　　C. 远程站点　　　D. 网络站点

（5）IIS 包括_____服务。

　　　　A．WWW 服务　B．SMTP 服务　　　C．FTP 服务　　　　　D．DNS 服务

（6）不需要 IIS 支持，双击可直接在 IE 浏览器中正常显示的网页的扩展名是＿＿＿＿。

　　　　A．.htm　　　　　B．.asp　　　　　　C．.php　　　　　　D．.jsp

（7）网页通常由哪些元素组成？＿＿＿＿

　　　　A．动画　　　　　B．文本　　　　　　C．声音　　　　　　D．以上都是

实　　　训

　　1．在本地硬盘上创建一个名为"myWeb"的文件夹，然后使用 Dreamweaver CS3 将其定义为一个本地站点。

　　2．新建一个网页，标题名为"我的第一个网页"，网页中显示"Hello，Welcome to 我的网页世界"，并以文件名"hello.html"保存，预览效果如图 1-47 所示。

图 1-47　新建的网页

　　3．用"记事本"打开网页文档"hello.html"，查看其代码。

第 2 章

网页中的文字和图像

本章将学习以下内容:

☞ 在网页中应用文字

☞ 设置页面属性

☞ 网页中常用的图像格式

☞ 在网页中添加图像并设置其属性

☞ 插入和使用图像占位符

文本是网页的灵魂,是向浏览者传递信息的主要手段,为了使网页更加美观,通常在网页中添加漂亮的图片。在网页中添加图片不仅能起到美化页面的作用,而且图片能更加直观地表现网页的内容。

2.1　网页中的文字

文本即文字是网页中运用最为广泛的元素之一,是向浏览者传递信息的主要手段。为了使网页中的文本显示美观,通常需对文本进行修饰,而网页中的文本有普通文字和特殊字符之分。在 Dreamweaver CS3 中对文本的修饰是通过"属性面板"来完成的。

2.1.1　网页中应用文字

1. 插入文本

(1) 普通文本的输入

Dreamweaver CS3 中插入文本的方法非常简单,有如下两种方法:

方法 1:把光标定位在文档编辑区后,直接输入内容。

方法 2:将其他文件中的文本内容复制,粘贴到文档编辑区,此时,原先的文本设置和原有格式不再保留。

(2) 插入特殊字符

在设计网页时,有时需要输入一些键盘上没有的字符,如英镑、欧元符号等,这时可以使用 Dreamweaver CS3 提供的特殊字符添加功能。插入特殊符号的具体操作步骤如下:

步骤 1：在当前编辑的文档中将光标定位到所要插入特殊字符的位置。

步骤 2：依次选择"插入记录"→"HTML"→"特殊字符"命令，从弹出的子菜单中选择合适的字符。

步骤 3：如果该子菜单中没有所要选择的字符，则可选择"其他字符"命令，打开如图 2-1 所示的"插入其他字符"对话框，从中选择一个特殊字符，单击"确定"按钮。

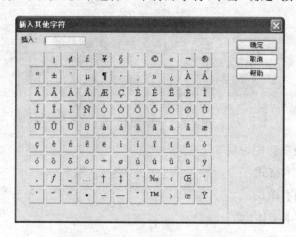

图 2-1　"插入其他字符"对话框

（3）空格字符输入

在 Dreamweaver CS3 中添加空格时无论按多少次空格键都只会出现一个空格，这是因为 Dreamweaver CS3 中的文档都是以 HTML 的形式存在，而且 HTML 文档只允许字符之间包含一个空格。

在文档中输入连续空格可选择"插入"面板中的"文本"选项卡，用鼠标单击"已编排格式"按钮 PRE ，然后再连续按空格键即可。

技巧：按"Ctrl＋Shift＋空格"快捷键也可在网页中产生连续的空格。

（4）插入日期

在 Dreamweaver CS3 中插入日期的步骤如下：

步骤 1：将光标置于当前编辑的文档中要插入日期的位置。

步骤 2：选择菜单"插入记录"中的"日期"命令，或单击"常用"面板中的"插入日期"按钮 ，打开如图 2-2 所示的"插入日期"对话框。

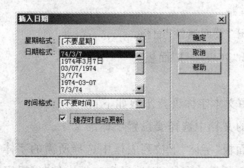

图 2-2　"插入日期"对话框

步骤 3：选中"储存时自动更新"复选框，单击"确定"按钮，完成日期的插入。

2. 设置文本格式

Dreamweaver CS3 是通过属性面板来对文本进行编辑的。通过属性面板，用户既可以查看选定页面元素（如文本、图像）的所有信息，也可以对其编辑。文本"属性"面板如图 2-3 所示。

图 2-3　文本"属性"面板

"属性"面板中各项功能说明如下：

- 格式：设置文本格式。
- 样式：设置文本样式。
- 字体：设置文本字体。
- 大小：设置文本字号。
- ▣：设置文本颜色。 
- CSS：打开 CSS 样式。
- B：设置文本是否加粗。
- I：设置文本为斜体。
- ≡ ≡ ≡ ≡：设置段落对齐方式（左对齐、居中对齐、右对齐和分散对齐）。 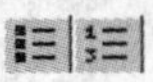
- ≔ ≔：设置项目和编号列表。
- ≔ ≔：设置段落缩进（凸出和缩进）。
- 链接：设置文本链接点。
- 目标：设置文本链接目标打开方式。
- ⊕：拖动到站点文件，来建立链接。
- ☐：浏览文件。
- ✐：快速标签编辑器。 
- 页面属性：打开"页面属性"面板。 
- 列表项目：打开"列表项目"面板。

（1）字体设置

Dreamweaver CS3 中文本字体设置步骤如下：

步骤 1：在当前编辑的文档中选择要设置字体的文字。

步骤 2：在文本属性面板"字体"下拉列表框中选择所需的字体。

步骤 3：若列表框中无所需的字体，则选择列表框中的"编辑字体列表"项，打开如图 2-4 所示的"编辑字体列表"对话框。

图 2-4　"编辑字体列表"对话框

步骤 4: 在"可用字体"列表框中选择一种字体,单击 ≪ 按钮,将新字体添加到字体列表框中。

步骤 5: 若需要添加其他字体,则在"字体列表"框中单击 ✚ 按钮,重复上述步骤,可以添加其他字体。

步骤 6: 若要删除已添加的某种字体,可以在"字体列表"框中选择该字体,然后单击 ━ 按钮,即可删除。

步骤 7: 单击"确定"按钮,完成字体的编辑,关闭该对话框。

(2) 字号设置

操作步骤如下:

步骤 1: 选择要设置字号的文本。

步骤 2: 在"文本"属性面板"大小"下拉列表框中选择字号,或直接输入字的大小即可。数字大则字大,数字小则字小。

(3) 设置文字颜色

操作步骤如下:

步骤 1: 选中当前页面中的文字。

步骤 2: 在文本属性面板中单击"颜色"按钮 ⬚,从弹出的"颜色面板"中选择一色块,即可改变文字颜色。

(4) 段落属性设置

文本"属性"面板既可设置文本字符属性,又可设置文本段落属性。段落属性包括标题、样式、对齐方式、段落缩进方式。

设置标题样式的操作步骤如下:

步骤 1: 将光标置于要改为标题的段落中。

步骤 2: 在"属性"面板"样式"下拉列表框中选择一个标题样式即可。

步骤 3: 若要改变网页中段落和标题的默认设置,用户可以单击属性面板中的 页面属性 按钮,在打开的"页面属性"对话框中进行设置,如图 2-5 所示。

设置段落对齐的操作步骤如下:

步骤 1: 将光标置于要设置对齐的段落中。

步骤 2: 在属性面板的 ≣ ≣ ≣ ≣ 中选择一种对齐方式。

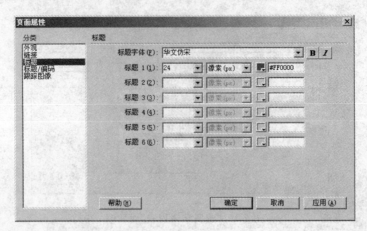

图 2-5 "页面属性"对话框

设置段落缩进的操作步骤如下：

步骤 1:将光标置于要设置缩进的段落中。

步骤 2:在属性面板的 ≝|≝ 中选择一种缩进方式。

（5）文本的其他设置

对于当前页面选中的文本，单击 **B** 按钮可以使文本加粗，单击 **I** 按钮可以使文本倾斜；单击 ≣|≣ 按钮可以将文本列表化，前者为项目列表，后者为编号列表；单击 ≝|≝ 按钮可以使文本左、右移动（凸出和缩进）。

3. 创建列表

使用列表的方式可以使网页显示的内容更直观。列表常用在应用条款或列举等类型的文本中。在 Dreamweaver CS3 中，列表有项目列表和编号列表两种方式。

（1）项目列表

项目列表又称为无序列表，这种列表的项目之间没有先后顺序。项目列表前面一般用项目符号作为前导字符。创建项目列表的具体操作步骤如下：

步骤 1:将光标置于要创建项目列表的位置。

步骤 2:在"属性"面板中单击"项目列表"按钮 ≣ 或依次选择菜单中的"文本"|"列表"|"项目列表"命令，项目符号前导符出现在光标点处，如图 2-6 所示。

步骤 3:在前导字符后输入文本，然后按 Enter 键，项目符号前导字符将自动出现在下一行的最前面，如图 2-7 所示。

步骤 4:完成整个列表的创建后单击"项目列表"按钮或按 Enter 键两次即可，如图 2-8 所示。

本章学习到以下内容：	**本章学习到以下内容：**	**本章学习到以下内容：**
•	• 在网页中应用文字	• 在网页中应用文字
	•	• 设置页面属性
		• 文本的超级链接
		• 网页中常用的图像格式
		• 在网页中添加图像并设置其属性
		• 插入和使用图像占位符
		• 图像的超级链接

图 2-6　出现项目符号　　　　图 2-7　输入第一个项目　　　　图 2-8　完成列表

(2) 编号列表

编号列表又称之为有序列表，其文本前面通常有数字前导符，其中的数字可以是英文字母、阿拉伯数字或罗马数字等符号。创建有序列表的具体操作步骤如下：

步骤 1：将光标置于要创建编号列表的位置。

步骤 2：单击"属性"面板中的"编号列表"按钮或依次选择菜单中的"文本"|"列表"|"编号列表"命令，数字前导符出现在光标点处，如图 2-9 所示。

步骤 3：在数字后输入相应的文本，按 Enter 键，下一个数字前导符将自动出现，如图 2-10 所示。

步骤 4：完成整个列表的创建后单击"编号列表"按钮或按 Enter 键两次即可，如图 2-11 所示。

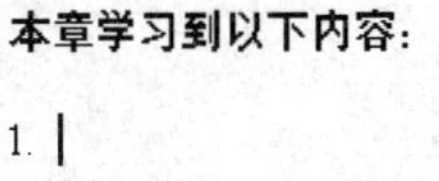

本章学习到以下内容：
1.

图 2-9　出现编号

本章学习到以下内容：
1. 在网页中应用文字
2.

图 2-10　输入第一个项目

本章学习到以下内容：
1. 在网页中应用文字
2. 设置页面属性
3. 文本的超级链接
4. 网页中常用的图像格式
5. 在网页中添加图像并设置其属性
6. 插入和使用图像占位符
7. 图像的超级链接

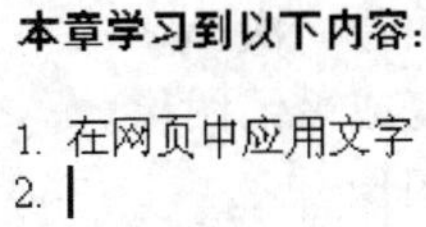

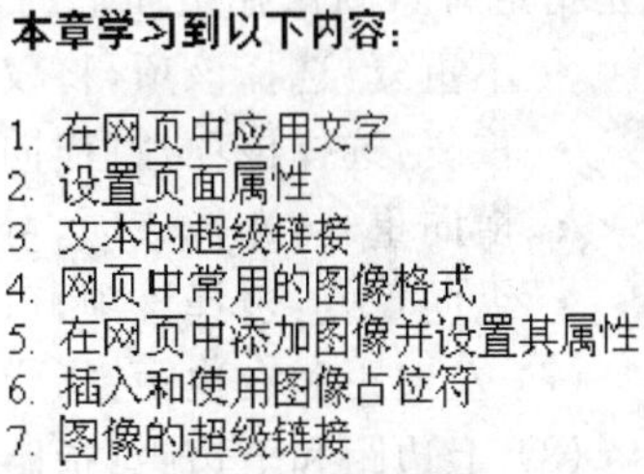

图 2-11　完成列表

2.1.2　设置页面属性

在 Dreamweaver CS3 中，通过设置页面属性，可以指定页面中默认的属性，如字体、背景、边距、链接样式等其他许多方面。

单击"文本"属性面板中的 页面属性... 按钮，或菜单中的"修改"|"页面属性"命令(快捷键 Ctrl+J)，可以打开"页面属性"对话框，如图 2-12 所示。

页面属性
分类
外观
链接
标题
标题/编码
跟踪图像
外观
页面字体(F): 默认字体
大小:
像素(px)
文本颜色(T):
背景颜色(B):
背景图像(I):
浏览(B)...
重复(R):
左边距(M):
右边距(R):
上边距(P):
下边距(O):
帮助(H)
确定
取消
应用(A)

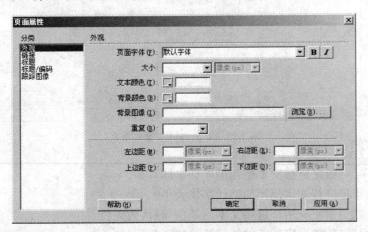

图 2-12　"页面属性"的"外观"对话框

1. 页面外观设置

在"页面属性"对话框中，单击"分类"列表框中的"外观"选项，可以看到页面外观设置参数，如图 2-12 所示。

各参数的意义如下：

（1）页面字体：指定在 Web 页面中使用的默认字体系列。Dreamweaver CS3 将使用指定的字体系列，除非已为某一文本元素专门指定了另一种字体。

（2）大小：指定在 Web 页面中使用的默认字体大小。

（3）文本颜色：指定显示字体时使用的默认颜色，默认为无色。单击"背景颜色"框，弹出"颜色选择器"，可以设置文本颜色。

（4）背景颜色：设置页面的背景颜色，默认为无色。

（5）背景图像：设置背景图像，可以在"背景图像"框中输入背景图像的路径，也可以单击"浏览"按钮，从弹出的"选择图像源文件"对话框中选择图像。

（6）重复：如果图像不能填满整个窗口，Dreamweaver CS3 会平铺（重复）背景图像。重复是指定背景图像在页面上的显示方式，共 4 种，具体如下：

- 不重复：选择该项，将仅显示背景图像一次。
- 重复：选择该项，将横向和纵向重复或平铺图像。
- 横向重复：选择该项，可横向平铺图像。
- 纵向重复：选择该项，可纵向平铺图像。

（7）左边距和右边距：指定页面左边距和右边距的大小，默认为 3 像素。

（8）上边距和下边距：指定页面上边距和下边距的大小，默认为 3 像素。

2. 文档链接设置

在"页面属性"对话框中，单击"分类"列表框中的"链接"项，就可以看到页面链接的设置参数，如图 2-13 所示。

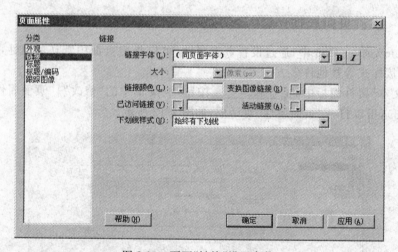

图 2-13　页面"链接"设置参数

各参数意义如下：

（1）链接字体：指定链接文本使用的默认字体系列。

（2）大小：指定链接文本使用的默认字体大小。

（3）链接颜色：指定应用于链接文本的颜色，默认为无色。

（4）已访问链接：指定应用于已访问链接的颜色。

（5）变换图像链接：指定当鼠标位于链接上时应用的颜色。

（6）活动链接：指定当鼠标在链接上单击时应用的颜色。

（7）下划线样式：指定应用于链接的下划线样式。

3. 页面"标题"设置

在"页面属性"对话框中，单击"分类"列表框中的"标题"项，就可以看到页面"标题"的设置参数，如图 2-14 所示。

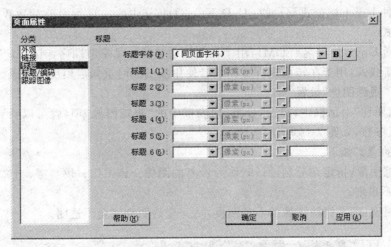

图 2-14　页面"标题"设置参数

各参数的意义如下：

（1）标题字体：指定在 Web 页面中使用的默认字体系列。Dreamweaver CS3 使用指定的字体系列，除非已为某一元素专门指定了另一种字体。另外，还可以加粗、倾斜标题字体。

（2）标题 1 至标题 6：指定最多 6 个级别的标题标签及其使用的字体大小和颜色。

4. 页面"标题和编码"设置

在"页面属性"对话框中，单击"分类"列表框中的"标题|编码"项，就可以看到页面"标题和编码"的设置参数，如图 2-15 所示。

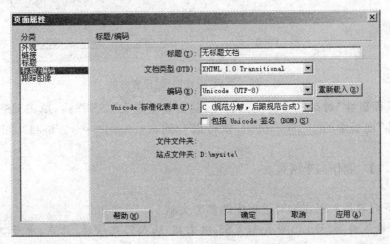

图 2-15　页面"标题/编码"设置参数

各参数的意义如下：

（1）标题：指定在"文档"窗口和大多数浏览器窗口的标题栏中出现的页面标题。

（2）文档类型（DTD）：指定一种文档类型。如可以下拉列表框中选择"XHTML1.0 Strict"或"XHTML1.0 Transitional"，使 HTML 文档与 XHTML 兼容。

（3）编码：指定文档中字符所用的语言。如果选择 Unicode(UTF-8)作为文档编码，则不需要实体编码,因为 UTF-8 可以安全地表示所有字符。如果选择其他文档编码,则可能需要用实体编码才能表示某些字符。

(4) Unicode 标准化表单:用于选择 Unicode 范式,仅在选择 UTF-8 作为文档编码时才启用。有 4 种 Unicode 范式,分别是 C、D、KC、KD4,其中范式 C 是用于 WWW 的字符模型的最常用范式。

(5) 包括 Unicode 签名(BOM):用于在文档中包括一个字节顺序标记。

(6) 重新载入:用于在转换现有文档或者使用新编码时重新启用所选编码。

5. 页面"跟踪图像"设置

在"页面属性"对话框中,单击"分类"列表框中的"跟踪图像"项,就可以看到页面"跟踪图像"的设置参数,如图 2-16 所示。

各参数的意义如下:

(1) 跟踪图像:指定在复制设计时作为参考的图像。该图像只供参考,当文档在浏览器中显示时并不出现。

(2) 透明度:确定跟踪图像的不透明度,从完全透明到完全不透明。

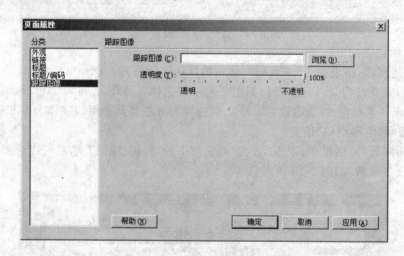

图 2-16　页面"跟踪图像"设置参数

通过"页面属性"对话框设置文档属性,其实就是定义 CSS 样式,单击 CSS 样式面板,或单击"属性"面板中的 CSS 按钮,就可以看到在<head>…</head>间添加的 CSS 代码。

【案例 2.1】 制作一个网页。

1. 要求

(1) 如下内容是本书在编写过程中的参考文献。

1. 成晓静等编著. Dreamweaver CS3 中文版 从入门到精通. 北京:电子工业出版社,2008.4

2. 何秀芳编著. Dreamweaver CS3 Flash CS3 Fireworks CS3 网页制作从入门到精通. 北京:人民邮电出版社,2008.2

3. 周峰,王征编著. Dreamweaver CS3 中文版经典实例教程. 北京:电子工业出版社,2008.3

4. 刘洋,唐波编著. Dreamweaver CS3 网页制作傻瓜书. 北京:清华大学出版社,2008.5

5.丛书编委会.网页制作案例与实训教程.北京:中国电力出版社,2008.8

6.丛书编委会.ASP.NET2.0 动态网站开发案例教程.北京:中国电力出版社,2008.8

7.赵丰年.武远明编.HTML&DHTML 实用教程.北京:北京理工大学出版社,2007.1

(2)利用 Dreamweaver 完成一个网页的设计,它能显示其内容,并且背景颜色值为"♯ECE9D9",其显示效果如图 2-17 所示。

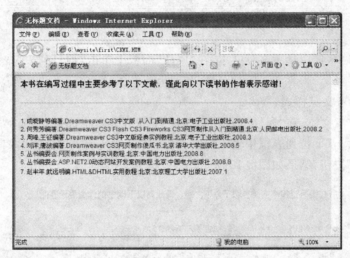

图 2-17　本实例显示效果

2.案例实现

步骤 1:启动 Dreamweaver CS3,创建 HTML 文档。

步骤 2:添加背景颜色。

(1)单击"属性"面板中的"页面属性"按钮,打开"页面属性"对话框,从"分类"列表框中选择"外观"选项。

(2)在"背景颜色"后的文本框中输入颜色值:"♯ECE9D9"。

(3)单击"确定"按钮完成背景颜色设置。

步骤 3:输入文字。

在编辑窗口中输入上面的文字。

(1)输入标题文字

本书在编写过程中主要参考了以下文献,谨此向以下图书的作者表示感谢!

(2)添加水平线

将光标移到刚输入文字的下面,依次选择"插入记录"|"HTML"|"水平线"命令。

(3)输入剩下的文字

结果如图 2-18 所示。

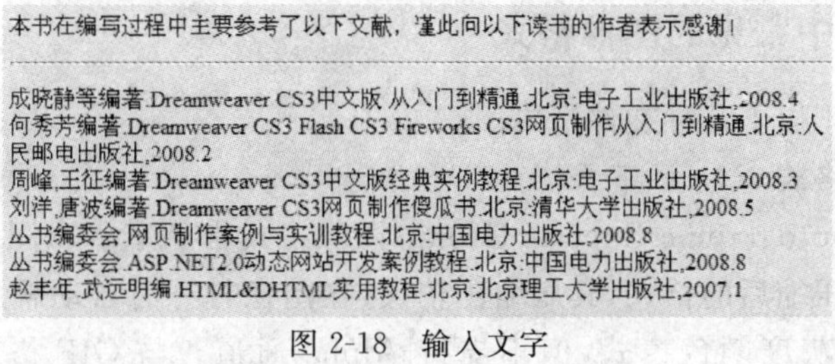

图 2-18　输入文字

步骤 4：设置文本。

（1）设置标题

选中标题文本"本书在编写过程中主要参考了以下文献，谨此向以下读书的作者表示感谢！"，在"属性"面板的"字体"下拉列表框中选择"黑色"选项，在"大小"下拉列表框中选择"16"选项，在其后的下拉列表框中选择"像素（px）"选项，在"文本颜色"文本框中输入"0000FF"。单击"居中"按钮，使文本居中。

（2）设置列表

在编辑窗口中，选中参考文献文本，在"属性"面板中单击"项目列表"按钮 ☰，完成列表设置。

（3）设置参考文献样式

选中参考文献文本，在"属性"面板的"样式"下拉列表框中选择"无"，在"字体"列表框中选择"宋体"，"大小"下拉列表框中输入"12"，其后的下拉列表框中选择"像素（px）"选项，然后再单击"确定"按钮，结果如图 2-19 所示。

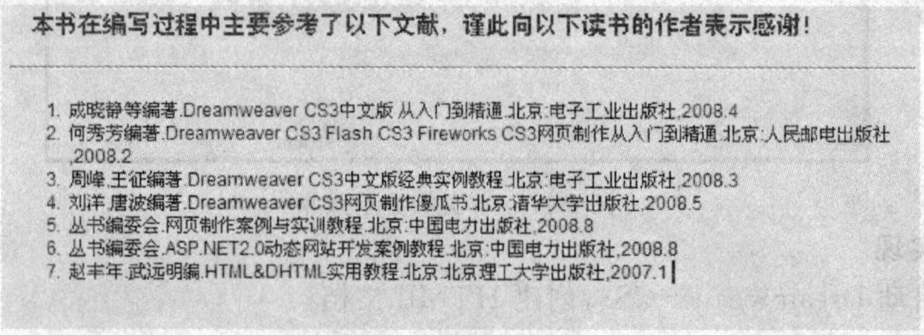

本书在编写过程中主要参考了以下文献，谨此向以下读书的作者表示感谢！

1. 成晓静 等编著.Dreamweaver CS3中文版 从入门到精通 北京:电子工业出版社,2008.4
2. 何秀芳编著.Dreamweaver CS3 Flash CS3 Fireworks CS3网页制作从入门到精通 北京:人民邮电出版社,2008.2
3. 周峰,王征编著.Dreamweaver CS3中文版经典实例教程 北京:电子工业出版社,2008.3
4. 刘洋,唐波编著.Dreamweaver CS3网页制作傻瓜书 北京:清华大学出版社,2008.5
5. 丛书编委会.网页制作案例与实训教程 北京:中国电力出版社,2008.8
6. 丛书编委会.ASP.NET2.0动态网站开发案例教程 北京:中国电力出版社,2008.8
7. 赵丰年,武远明编.HTML&DHTML实用教程 北京:北京理工大学出版社,2007.1

图 2-19　编辑网页后的效果

步骤 5：保存网页。

在编辑窗口中，选择"文件"|"保存"命令，打开"另存为"对话框，输入文件名（这里输入"ckwx.htm"）并选择保存路径，单击"确定"按钮，保存网页。

步骤 6：预览网页。

按 F12 键，从打开的 IE 浏览器中可以看到网页的效果，如图 2-17 所示。

2.2　网页中应用图像

图像是网页构成中另一重要元素之一。在 Dreamweaver CS3 中灵活应用图像，不但可使网页更加美观、形象、生动，而且使网页中的内容更加丰富多彩。

2.2.1　网页中常见的图像格式

网页中通常使用以下几种文件格式。

1. JPEG 文件格式

JPEG（Joint Photographic Experts Group）图像格式常用于真彩图像，在 Web 中常见。它是将原始的图像压缩后的格式，其压缩比较大，在图像打开时自动解压缩。JPEG 格式支持 CMYK、RGB 和灰度颜色模式，但不支持 Alpha 通道。与 GIF 格式不同，JPEG 保留

RGB 图像中的所有颜色信息，只是有选择地扔掉数据来压缩文件大小。

2. GIF 文件格式

GIF(Graphics Interchange Format)图像格式是一种图像交换格式，仅支持 256 色，常用于 Web 图像。GIF 又细分为两种格式：87a 和 89a，其中 89a 可存储动画和透明背景效果。

3. PNG 文件格式

PNG(Portable Network Graphics)图像格式使用的是无丢失压缩方式，支持 24 位图像，能生成透明的背景，是网络上的一种新生文件格式。它的最大特点是将 JPEG 和 GIF 两种格式的优点很好地结合在一起使用。

4. TIFF 文件格式

TIFF 是 Tagged-image File Format 的简称，扫描仪常用的格式，支持跨平台的软件应用。TIFF 文档的文件最大可达 4GB。TIFF 格式支持具有 Alpha 通道的 CMYK、RGB、Lab、索引颜色和灰度图像，并支持无 Alpha 通道的位图模式图像。

5. SWF

Macromedia Flash(SWF)文件格式是基于失量图像的文件格式，它用于创建适合 Web 的可缩放的小型图像。因为文件格式基于失量，所以在任何分辨率下图像都可以保持图像品质，特别适用于动画帧的创建。

6. SVG

SVG 是将图像描述为形状、路径、文本和滤镜效果的失量格式。生成的文件很紧凑，在 Web 上、印刷时，甚至在资源十分有限的手持设备中都可提供高品质的图像。

2.2.2　网页中使用图像

在网页中插入图像有以下 3 种方法：

方法 1：确定插入点后依次选择菜单"插入记录"|"图像"命令。

方法 2：确定插入点后依次选择工具栏中"常用"|"图像"按钮🖼。

方法 3：直接将工具栏中"常用"选项卡中的"图像"按钮🖼拖到要插入图像的位置上。

执行上述任一种操作，都会打开"选择图像源文件"对话框，如图 2-20 所示。选择图像文件后窗口右侧显示图像预览，单击"确定"按钮，所选图像便插入到当前位置。

图 2-20　"选择图像源文件"对话框

若插入的图像不在站点文件夹中,系统会自动将该图像复制到站点图像文件夹中。这样既保证上传站点完整性,又能用相对地址引用图像的 URL,保证链接的可靠性。

2.3 图像的编辑

在网页中插入图像后,有时还需要对图像进行调整,如设置图像大小、链接和对齐方式等。选择要设置的图像后,利用"属性"面板提供的相应功能即可完成图像的调整。

2.3.1 设置图像属性

选择工作区中插入的图像,其"属性"面板如图 2-21 所示。

图 2-21　图像的"属性"面板

图像的"属性"面板解释如下:

(1) 名称:面板左上角显示当前图像的缩略图和图像大小,文本框中可以为图像指定一个名称,便于在脚本中引用。若没有脚本对图像的引用,名称框可以为空。

(2) 宽和高:设置图像在浏览器中显示的宽度和高度,单位为像素。若省略宽度和高度,默认图像按原始大小显示。

(3) 源文件:显示图像的 URL 路径,单击文本框右边的文件夹 ,可以在打开的对话框中选择更换图像文件。

(4) 链接:在链接框中插入一个链接目标的 URL 地址,当前图像就成为链接源,在浏览器中单击该图像会跳转到链接目标上。

(5) 替换:在"替换"文本框中输入图像说明文字,浏览网页时鼠标指针指向图像会显示"替换"文本框中的说明文字,或当图片在网页中无法正常显示时,会在图像所在位置显示该文字。

(6) 编辑:单击"编辑"按钮将打开 Fireworks 对图像进行编辑,其他 5 个按钮 ,分别用于对图像的最优化、裁剪、旋转、亮度/对比度和锐化。

(7) 地图:为图像热区命名供脚本或程序调用。

(8) 设置"图像热区"按钮   :分别用来设置方形、圆形和任意多边形热区,为热区设置链接目标等参数。

(9) 垂直边距和水平边距:设置图像垂直和水平方向的空白区域,通过设置图像周围的空白区域进而偏移图像。要求:输入的值必须是正值。

(10) 目标:当链接框中输入一个 URL 地址后,在目标框里设置链接目标文件在哪一个窗口打开,预设为:_blank、_parent、self 和_top 4 个。

（11）低解析度源:一般是主图像的灰度缩略图,在主图像被载入之前先被显示,因为它很小,所以下载较快。

（12）边框:用于设置图像边框宽度,以像素为单位,若为 0 则表示没有边框。

（13）"对齐"按钮:设置图像在浏览器水平方向的对齐方式。

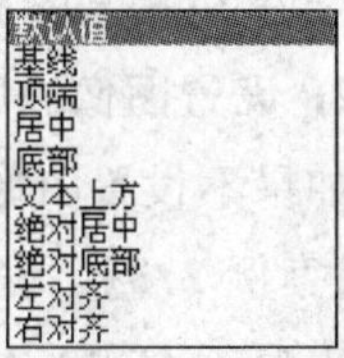

图 2-22　图像与文字的对齐

（14）对齐:设置图像与文字的对齐方式,系统预设了 10 个选项,如图 2-22 所示。

2.3.2　设置图文混排和图像边距

图像和文本是网页中不可缺少的两个元素,但它们是两个不同的对象,为了让网页更加美观,需要设置图像和文本的对齐方式以及图像与文本间的间距。图像和文本的对齐方式及与文本间的距离可在"属性"面板中进行设置。

1. 图文混排

【案例 2.2】　利用图文混排知识,将 mysite 目录下的示例文档 index2-2. htm 重新编排,使其显示效果如图 2-23 所示。

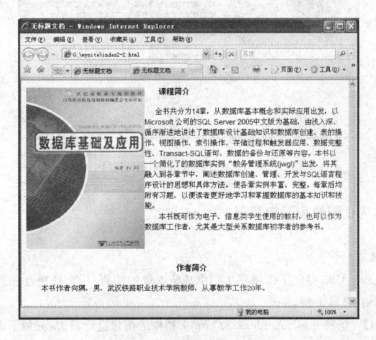

图 2-23　图文混排效果

步骤 1:启动 Dreamweaver CS3,打开 mysite\index2-2. htm 文档。

步骤 2:选中文档中的图片,并将它拖动到标题"课程简介"前。

步骤 3:选择图像,在"属性"面板的"对齐"列表框中选择"左对齐"。

步骤 4:保存编辑,另存为 index2-2. html。

步骤 5:按 F12 键浏览网页,效果如图 2-23 所示。

2. 设置图像边距

如果不设置图像边框,图像与左右或上下文字间没有间距,看起来非常拥挤。

【案例 2.3】 设置垂直和水平间距,使图 2-23 中的文本与图片间有一间距。

步骤 1:打开 mysite\index2-2. html 文档。

步骤 2:选择图像,在"属性"面板的"垂直间距"和"水平间距"设置相应值,如都置为"10"。

步骤 3:保存文档。按 F12 键浏览网页,效果如图 2-24 所示。

图 2-24 设置图像边距后浏览效果

2.3.3　优化图像和图像裁剪

1. 图像裁剪

Dreamweaver CS3 提供了直接在文档中裁剪图像的功能,用户使用此功能可对网页中的图像自由裁剪,非常方便。

【案例 2.4】 请将 mysite\index2-3. htm 文档中的图像进行裁剪,只留下动物。

裁剪图像的具体步骤如下:

步骤 1:打开示例文档(文件名:mysite\index2-3. htm),如图 2-25 所示。

步骤 2:在编辑框中选中要裁剪的图像,单击"属性"面板中的"裁剪"按钮，此时在图像的四周出现调整图像大小的控制手柄,如图 2-26 所示。

图 2-25　打开的示例文档

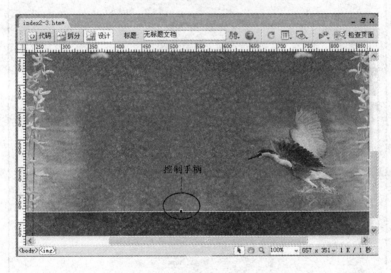

图 2-26　选择"裁剪"按钮后的状态

步骤 3：拖动该图像区域四周的角点至动物周围,按回车键即可裁剪图像,结果如图 2-27 所示。

步骤 4：保存文档,按 F12 键在浏览器中浏览,查看其效果。

2. 优化图像

网页中的图像,既可以使用 Photoshop 优化,也可以在 Dreamweaver CS3 中通过其提供的功能直接优化。使用 Photoshop 优化,必须在机器上安装了 Photoshop。限于篇幅,本书不介绍 Photoshop 优化过程,读者可参考其他书籍。

以上面的示例为例。选择图像,单击"属性"面板中的优化按钮,弹出如图 2-28 所示的"图像预览"对话框。

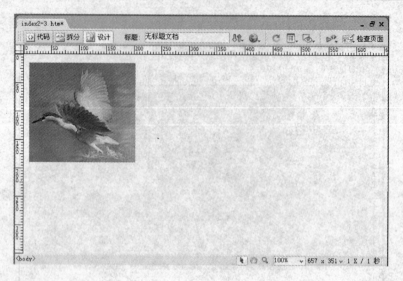

图 2-27　裁剪后的图像

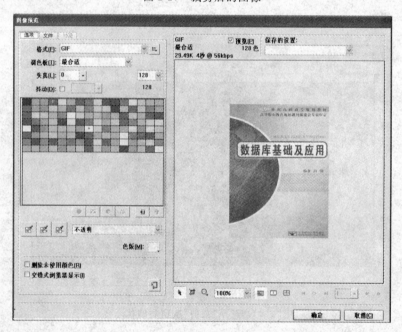

图 2-28　"图像预览"对话框

用户根据要求,在对话框中进行相应设置,设置完后按"确定"按钮即可。

3. 调整图像的亮度和对比度

Dreamweaver CS3 提供了调整图像的亮度和对比度功能,用户可以直接使用此功能调整网页中图像的亮度和对比度。不过,这将影响图像的高亮显示、阴影和中间色调。

调整图像的亮度和对比度的步骤如下:

步骤 1:打开文档 index2-2.html。

步骤 2:选中要调整亮度和对比度的图像,单击"属性"面板中的"亮度和对比度"按钮 ,弹出如图 2-29 所示的"亮度/对比度"对话框。

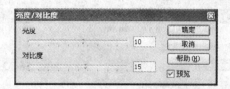

图 2-29　"亮度/对比度"对话框

步骤 3:在对话框中设置"亮度"值为 10,"对比度"值为 15。

步骤 4:单击"确定"按钮,保存文档,按 F12 键浏览网页,效果如图 2-30 所示。

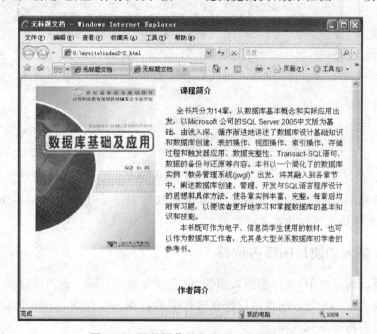

图 2-30　调整图像的亮度和对比度效果

4. 锐化图像

在 Dreamweaver CS3 中,可对图像直接锐化,以增加对象边缘像素的对比度,从而增加图像的清晰度或锐度。以上面的示例为例,锐化图像的操作步骤如下:

步骤 1:打开文档 index2-2.html。

步骤 2:选中要锐化的图像,单击"属性"面板中的"锐化"按钮 ▲,弹出如图 2-31 所示的"锐化"对话框。

步骤 3:在对话框中设置"锐化"值为 10。

步骤 4:单击"确定"按钮,保存文档,按 F12 键浏览,效果如图 2-32 所示。

图 2-31　"锐化"对话框

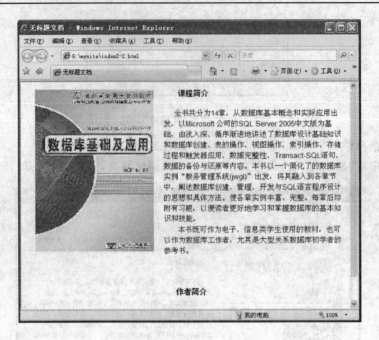

图 2-32   图像"锐化"效果

提示: Dreamweaver CS3 中提供的上面功能仅适用于 JPEG 图像和 GIF 图像文件格式,其他图像文件格式不能使用上述功能。

2.3.4   插入和使用图像占位符

在网页设计的过程中,用户想插入图像,但还没有确定好插入的图像,此时,可以插入图像占位符来解决这一难题。图像占位符在网页中只占据一个位置,当确定插入的图像后再使用图像占位符将图像插入。

插入图像占位符的步骤如下:

步骤 1: 选择插入图像占位符命令。

① 在 Dreamweaver CS3 编辑窗口中将光标定位到要插入图像的位置。

② 依次选择"插入记录"|"图像对象"|"图像占位符"菜单命令,打开"图像占位符"对话框,如图 2-33 所示。

图 2-33   "图像占位符"对话框

步骤 2: 设置图像占位符插入占位符。

① 在打开的"图像占位符"对话框中,设置图像的名称、宽度、高度、颜色及替换文本等属性。

② 单击"确定"按钮,完成占位符的插入。如图 2-34 所示。

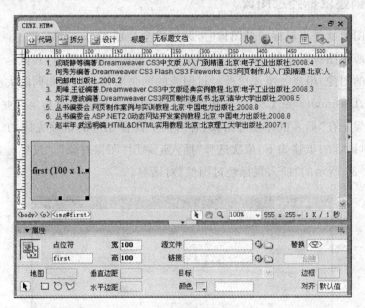

图 2-34 插入"占位符"效果

步骤 3:选择图像。

① 双击"图像占位符",打开"选择图像源文件"对话框。

② 将"查找范围"定位到要插入图像的位置(本实例为 mysite\image)。

③ 在列表框中选择插入的图像文件名"beijin1.jpg"。

④ 单击"确定"按钮,完成图像插入。

步骤 4:查看效果。

返回到编辑窗口中,查看图像占位符中插入图像的效果。如图 2-35 所示。

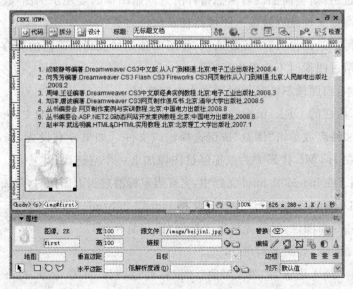

图 2-35 图像占位符中插入图像的显示效果

2.3.5 创建鼠标经过图像

鼠标经过图像就是当鼠标经过图像时,原图像会变成另外一张图像。鼠标经过图像效果其实就是由两张图像组成的,即由原始图像(页面显示时候的图像)和鼠标经过图像(当鼠标经过时显示的图像)组成。组成鼠标经过图像的两张图像必须有相同的大小,如果两张图像的大小不同,Dreamweaver CS3 会自动将第二张图像大小调整成与第一张同样大小。创建鼠标经过图像是在"插入鼠标经过图像"对话框中设置相应的选项完成的。打开"插入鼠标经过图像"对话框的步骤如下:依次选择"插入记录"|"图像对象"|"鼠标经过图像"菜单命令,打开如图 2-36 所示的"插入鼠标经过图像"对话框。

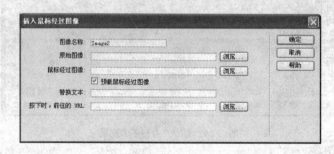

图 2-36 "插入鼠标经过图像"对话框

"插入鼠标经过图像"对话框中各参数意义如下:

- 图像名称:文本框中输入鼠标经过图像时的名称。
- 原始图像名称:页面加载时要显示的图像。文本框中可以直接输入路径及文件名,或单击"浏览"按钮选择图像源文件。
- 鼠标经过图像:页面加载后鼠标指针滑过原始图像时要显示的图像。单击"浏览"按钮选择图像文件或直接输入图像路径及文件名。
- 预载鼠标经过图像:选中该复选框,将图像预先加载到浏览器的缓存中,以便用户鼠标指针滑过图像时不会发生延迟。
- 替换文本:当图像不能显示时用文本内容替换。
- 按下时,前往的 URL:鼠标经过图像时用户单击鼠标所打开的文件。设置时可输入路径及文件名或单击"浏览"按钮选择相应文件。如果没有设置,Dreamweaver CS3 会自动在 HTML 代码中为鼠标经过图像加上一个空链接(♯)。

【案例2.5】 在 index2-2. html 文档中,实现当鼠标滑过封面图像时,封面图像变为封底。

步骤 1:在 Dreamweaver CS3 中打开文档 index2-2. html。

步骤 2:删除封面图像,并将光标置于标题"课程简介"前。

步骤 3:添加图像,如图 2-37 所示。

① 依次选择"插入记录"|"图像对象"|"鼠标经过图像"菜单命令,打开"插入鼠标经过图像"对话框。

② 在打开对话框的"图像名称"文本框中输入图像的名称,此处使用默认名。

③ 在"原始图像"文本框后面单击"浏览"按钮,从打开的对话框中选择图像 image/封面. jpg。

④ 在"鼠标经过图像"文本框后面单击"浏览"按钮,从打开的对话框中选择图像 image/封底. jpg。

⑤ 选中"预载鼠标经过图像"前的复选框。

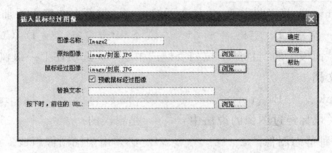

图 2-37　添加图像

步骤 4:单击"确定"按钮,完成鼠标经过图像。

步骤 5:选中图像,调整到合适大小,并在"属性"面板的"对齐"列表框中选择"左对齐"。

步骤 6:保存文档,按 F12 键浏览网页。

小　　结

本章介绍了两个内容:网页中添加文本和添加图像。

(1) 网页中添加文本

包括添加文本对象、格式化文本、创建项目列表和水平线以及网页属性的设置等内容。

(2) 网页中添加图像

包括图像的基础知识和适合于网页的图像格式、插入图像、编辑图像、图文混排、插入图像占位符及创建鼠标经过图像等内容。

读者学完本章后,应能熟练地编辑网页中的文本和图像。

习　　题

1. 填空题

(1) 将 Word 文档中的文本添加到 Dreamweaver CS3 网页中的方法有 ＿＿＿＿ 和 ＿＿＿＿。

(2) 要在网页中添加水平分隔线,应选择＿＿＿＿＿＿命令。

(3) 网页中常用的图像格式有＿＿＿＿、＿＿＿＿和＿＿＿＿ 3 种。

(4) ＿＿＿＿操作可增加图像边缘的像素的对比度,从而增加图像清晰度或锐度。

(5) 为图像增加热点时,可使用＿＿＿＿、＿＿＿＿和＿＿＿＿热点编辑工具。

2. 选择题

（1）在"文本"插入栏中单击＿＿＿＿按钮后，可在正编辑的网页中添加连续的空格。

    A. abbr   B. cr   C. space   D. PRE

（2）不想在段落间留有空行，可以按＿＿＿＿键。

    A. Enter   B. Ctrl＋Enter   C. Alt＋Enter   D. Shift＋Enter

（3）在 Dreamweaver CS3 中，半角状态下按＿＿＿＿键可在文档中添加空格。

    A. Ctrl＋空格 B. 空格   C. Shift＋空格   D. Ctrl＋shift＋空格

（4）在"属性"面板中的"目标"下拉列表框选中＿＿＿＿选项在上一级浏览器窗口显示链接网页文档。

    A. _blank   B. _parent   C. _self   D. _top

（5）下面有关鼠标经过图像的说法中，＿＿＿＿是错误的。

    A. 是一种静态图像   B. 必须由两幅图像组成

    C. 可以创建超链接   D. 是一种动态图像

（6）图像特有的超链接种类是＿＿＿＿。

    A. 热点超链接   B. 普通超链接

    C. 锚链接   D. 电子邮件超链接

（7）要在网页中添加背景图像，可在＿＿＿＿中执行。

    A. "插入记录"菜单   B. "页面属性"对话框

    C. 插入工具栏的"常用"选项卡   D. 属性检查器

（8）在"页面属性"对话框中可以设置图像的＿＿＿＿属性。

    A. 宽度   B. 高度   C. 边框   D. 边距

实　训

根据所学内容，完成图 2-38 所示的网页设计。要求：当鼠标经过图像时，图像变成图 2-39 中的图像。

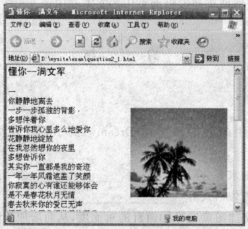

图 2-38　原始图像

（1）网页中的文本内容存放在本地站点 text 文件夹的 text2_1.txt 中。

（2）图 2-38 中的图片文件名为 2_1.jpg，图 2-39 中的图片文件名为 2_2.jpg，存放在本地站点的 image 文件夹中。

图 2-39　鼠标经过图像效果

第 3 章

超链接

本章将学习以下内容：

☞ 超链接的基本知识

☞ 使用标记符 a 创建常见的页面链接

☞ 创建内部超链接

☞ 创建外部超链接

☞ 创建 E-mail 超链接

☞ 创建空链接和脚本链接

☞ 创建与链接锚记

☞ 创建导航条

设置超链接是网页制作的一个重要环节。网页超链接丰富了网页的内容和功能，给访问者带来了极大的方便。没有链接的网站是让人无法接受的，也是没有生命力的。

Dreamweaver CS3 提供了多种超链接的方法，网页中的超链接可以是文本超链接、电子邮件超链接、图像超链接、图像热点超链接、锚点超链接等。

3.1　超链接基础

本节将介绍有关超链接的基础知识，使读者了解什么是 URL、端点链接、链接路径（绝对路径、相对路径和站点根目录相对路径）。

3.1.1　什么是 URL

HTML 利用 URL（Universal Resource Locator，统一资源定位符）来定位 Web 上的文件信息。URL 通常包含 3 个部分内容：一个协议方式、一个装有所需文件的计算机地址（也可以是电子邮件地址或新闻组名称），以及包含有文件名和文件地址的信息。

协议是指在 Web 上获取信息的方法，Web 中最常用的协议有以下几种：

• http：超文本传输协议。

- ftp：文件传输协议。
- mailto：电子邮件协议。

超文本传输协议是最常用的传输协议之一，我们在浏览网页时都是使用该协议，例如要浏览新浪网站，其格式为：http：//www.sina.com.cn。

3.1.2　端点链接

超链接是由源端点和目标端点两部分组成的。超链接中有链接的一端为源端点（即单击的文本或图像），跳转到的页面为目标端点。

1. 源端点链接

源端点的链接有文本、图像和表单 3 种链接。

（1）文本链接

在文本对象上创建超链接是比较常用的链接方式，通常创建的文本链接都会有下划线。文本链接如图 3-1 所示。

（2）图像链接

以图像为端点的超链接，用户可以使用整幅图像作为超链接，也可以使用图像中的部分区域作为超链接。图像链接如图 3-2 所示。

学校首页	学院概况	会科工作	教学教务	系部设置
新闻中心	机构设置	精 课程	招生就业	继续教育
学工在线	共青在线	中职教育	国际学院	图文中心

图 3-1　文本链接　　　　　　　　　　图 3-2　图像链接

（3）表单链接

表单链接必须与表单结合使用。当用户单击表单中的按钮时，则会自动跳转至相应的页面。表单链接如图 3-3 所示。

图 3-3　表单链接

2. 目标端点链接

目标端点链接通常分为外部链接、内部链接、局部链接和电子邮件链接 4 种类型。

（1）外部链接

当链接所跳转的页面是其他网站上的页面时称为外部链接。外部链接可实现网站与网站之间的跳转，从而将浏览范围扩大到整个网络。

（2）内部链接

内部链接是指跳转的页面都是网站内的页面，通过内部链接可实现页面与页面之间的跳转。

（3）局部链接

局部链接是指从本页的某个位置跳转到本页的另一个位置。该类链接是通过命名锚记实现的。

（4）电子邮件链接

单击电子邮件链接，系统会自动启动电子邮件程序（如 Outlook 等）或邮件服务器，然后将写好的电子邮件发送到所链接的邮箱中。

(5) 虚拟链接及脚本链接

此链接允许用户附加行为至对象或创建一个执行 JavaScript 代码的链接。

3.1.3 超链接的路径

网页中的链接按照链接路径的不同可以分为 3 类,分别是:绝对路径、相对路径和站点根目录相对路径。链接时如果路径不正确,就可能会出现无法跳转的情况。

1. 绝对路径

绝对路径主要用于创建外部链接,如链接到另一网站。创建此类链接时,目标站点必须是完整的 URL 地址,如 http://www.sina.com.cn。尽管对本地链接(即到同一站点内文档的链接)也可使用绝对路径,但建议不采用这种方式,因为一旦将此站点移动到其他域,则所有本地绝对路径都将断开。

2. 相对路径

它是使用当前网页所在的位置作为参照物,让其他网页根据位置来创建路径。站点内的链接通常使用的就是相对路径。如 first\index.htm。对于大多数的 Web 站点的本地链接来说,这是最适用的路径。

3. 站点根目录相对路径

站点根目录相对路径提供从站点的根文件夹到文档的路径,它是使用站点根目录作为参照物。

3.2 创建超链接的方法

在 Dreamweaver CS3 中,创建本地超链接的方法主要有以下几种:

(1) 使用"属性"面板中的"链接"文本框。

(2) 选择"修改"|"创建链接"命令,创建到某个文件的链接。

(3) 使用站点地图来查看、创建、修改及删除链接。

(4) 单击鼠标右键,从弹出的快捷菜单中选择"创建链接"选项。

3.2.1 使用"属性"面板创建超链接

在 Dreamweaver CS3 中使用"属性"面板创建超链接的步骤如下:

步骤 1:在当前编辑的网页中选中要创建超链接的对象。

步骤 2:在"属性"面板中单击"链接"文本框右侧的浏览按钮 ,从弹出的"选择文件"对话框中选择一个文件作为对象的超链接目标,或直接在文本框中输入"链接"地址。

步骤 3:在"属性"面板的"目标"下拉列表中选择文档的打开方式,如图 3-4 所示。

图 3-4 "属性"面板

"目标"下拉列表框中各参数意义如下：

① _blank：打开一个新窗口，显示指定的文档。

② _parent：如果是嵌套的框架，会在父框架或窗口中打开链接的文档；如果不是嵌套的框架，则与_top 相同，在整个浏览器窗口中打开所链接的文档。

③ _self：在本窗口中打开所链接的文档，浏览器默认设置。

④ _top：在完整的浏览器窗口中打开网页。

3.2.2　使用菜单命令创建超链接

使用菜单命令创建超链接的步骤如下：

步骤 1：在当前编辑的网页中选中要创建超链接的对象。

步骤 2：选择菜单"插入记录"中的"超级链接"命令，或单击"常用"插入栏中的"超级链接"按钮，打开如图 3-5 所示的"超级链接"对话框。

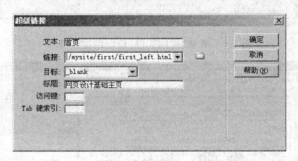

图 3-5　"超级链接"对话框

步骤 3：设置相应内容。

步骤 4：设置完成后单击"确定"按钮即可。

"超级链接"对话框中各文本框设置意义如下：

（1）"文本"：用来输入在文档中作为超链接时显示的文本。

（2）"链接"：用来输入要链接的文件的地址，或者单击文件夹图标以通过浏览选择该文件。

（3）"目标"：在下拉列表框中可以选择一个选项为选定的对象所链接的页面指定显示的位置，可以是_blank、_parent、_self 和_top，也可以输入一个已定义的框架名。

（4）"标题"：设置超链接的标题。

（5）"访问键"：用来定义键盘等价键（一个字母）以便在浏览器中只需按下该键就可以实现超链接。

（6）"Tab 键索引"：设置在网页中用 Tab 键选中这个超链接的顺序。

3.2.3　使用"指向文件"按钮创建超链接

在"属性"面板中拖动"链接"文本框右边的"指向文件"按钮可以创建链接。拖动鼠标时会出现一条带箭头的细线，指示要拖动的位置，指向链接的文件后，释放鼠标，即会链接到该文件。步骤如下：

步骤 1：在 Dreamweaver CS3 的编辑窗口中选择要链接的对象。

步骤 2：单击"指向文件"按钮，拖动鼠标指向站点"文件"面板中的某一文件或图像后释放,如图 3-6 所示。

步骤 3:拖动"指向文件"按钮⊛至一个命名的锚点则创建锚点链接。如图 3-7 所示。

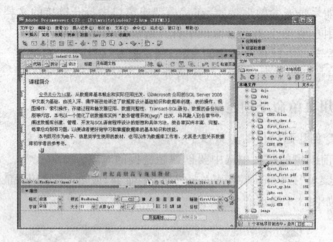

图 3-6　拖动"指向文件"按钮创建超链接

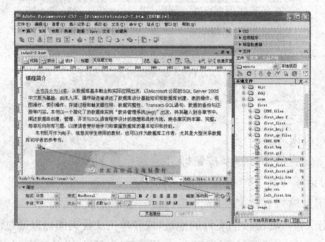

图 3-7　拖动"指向文件"按钮创建锚记链接

3.2.4　使用快捷方式创建超链接

使用快捷方式创建超链接的步骤如下:

步骤 1:在 Dreamweaver CS3 的编辑窗口中选择要链接的对象。

步骤 2:单击鼠标右键,从弹出的快捷菜单中选择"创建链接"命令,打开"选择文件"对话框。

步骤 3:在对话框中选择文件,完成后单击"确定"按钮,完成超链接创建。

3.3　网页中常见的超链接

超链接的种类较多,创建方法也有所不同。下面介绍网页中常见的超链接。

3.3.1 创建普通超链接

文本超链接和图像超链接是网页中最常见的两种超链接方式,其创建方法相似。

【**案例 3.1**】 创建文本链接。

1. 要求

(1) 为网页 left_first. htm 中的文本创建链接,文本及链接网页名称如表 3-1 所示。

表 3-1 本案例使用的素材

文本名称	链接网页名称	文本名称	链接网页名称
课程简介	First_kcjj. htm	参考文献	First_ckwx. htm
前言	First_qy. htm		

(2) 文件存放在 mysite/first 文件夹中。

2. 案例实现

步骤 1:启动 Dreamweaver CS3,打开 left_first. htm 网页文件,选中"课程简介"文本,如图 3-8 所示。

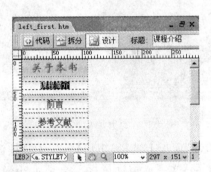

图 3-8 打开网页并选中文本

步骤 2:为选中文本选择链接对象,如图 3-9 所示。

① 在"属性"面板中的"链接"文本框中输入"first_kcjj. htm"。

② 在"属性"面板中的"目标"文本框中输入"mainFrame"。

图 3-9 选择链接对象

步骤 3:依照步骤 2,分别为"前言"和"参考文献"文本添加链接。

步骤 4:保存网页文件"left_first. htm"。

3.3.2 创建图像热点链接

可以使用热点链接对一张图像的特定部位进行链接,当单击某个热点时,会链接到相应的网页。

图像"属性"面板中提供了 3 个不同的工具对不同形状的图像创建热点链接。"矩形热点"工具主要针对图像轮廓较规则且呈方形的图像,"椭圆热点"工具主要针对圆形规则的轮廓,"多边形热点"工具则针对较复杂的轮廓外形。

【案例 3.2】 创建图像热点链接。

1. 要求

(1) 为网页 first_first.htm 中图片添加超链接,当鼠标指针指向作者名时显示提示信息"单击显示作者信息",并设置在当前窗口打开网页 zzjj.htm 中。

(2) 将网页文件 first_first.htm 存放在 mysite/first 文件夹中。

2. 案例实现

步骤 1:启动 Dreamweaver CS3,打开 first_first.htm 网页文件,如图 3-10 所示。

图 3-10 打开原始网页文件

步骤 2:选中图像,在"属性"面板上选择"矩形热点"工具按钮□。

步骤 3:在图像"编著 向 隅"文字上拖动鼠标至合适大小,释放鼠标左键时在打开的提示对话框中单击"确定"按钮,关闭对话框,此时编辑框如图 3-11 所示。

图 3-11 绘制热点区

步骤 4:设置热点链接的"属性"面板,如图 3-12 所示。

① 单击"属性"面板中"链接"文本右侧的"浏览文件"按钮□,在打开的"选择文件"对话

框中选择文件"zzjj. htm"。

　② 在"目标"下拉列表中选择"_self"选项。

　③ 在"替换"文本框中输入"单击显示作者信息"文本。

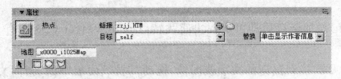

图 3-12　设置"属性"面板

步骤 5:保存网页文件。

步骤 6:浏览网页。按 F12 键,此时网页显示如图 3-13 所示。

图 3-13　添加热点链接效果

3.3.3　创建锚链接

当浏览者打开某网页时,默认是从页面顶部开始显示的,若页面内容较多,页面就可能较长,阅读起来就比较费神。为了方便浏览,可以在页面中添加锚点链接。

在网页中使用锚点链接分两步进行:一是在网页中创建锚记,二是为锚记建立链接。

1. 创建锚记

要创建锚记,首先应确定添加锚记的位置,创建锚记的步骤如下:

步骤 1:将插入点置于某行或某段文字首。

步骤 2:单击"常用"工具栏中的"命名锚记"按钮 ，或选择"插入记录"|"命名锚记"命令(快捷键 Ctrl＋Alt＋A),打开图 3-14 所示的"命名锚记"对话框。

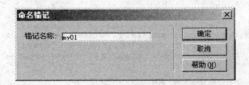

图 3-14　"命令锚记"对话框

步骤 3:在"锚记名称"文本框中输入名称,单击"确定"按钮,完成锚记的创建。

默认情况下,创建锚记后在插入点所在位置处自动显示锚记图标 。如果创建锚记后不显示锚记图标,可选择"查看"|"可视化助理"|"不可见元素"命令显示锚记图标。

注意:若网页中使用了 AP 元素,切记不可将锚记置于 AP 元素中。

2. 链接锚记

为创建的锚记添加链接后即可实现快速跳转,Dreamweaver CS3 中有 3 种方法为锚记添加链接。

方法 1:选择要链接到锚记的文字或图像,拖动"属性"面板中的"指向文件"图标至已创建的锚记。

方法 2:选择要链接到锚记的文字或图像,在"属性"面板中的"链接"文本框中输入文本"♯锚记名称",如"♯my01"。

注意:"♯"为半角字符,且"♯"与"锚记名称"之间不存在空格。

方法 3:选择要链接到锚记的文字或图像,按住 Shift 键将鼠标指针指向锚记,"属性"面板中的"链接"文本框中会自动显示"♯锚记名称"。

在"链接"文本框中输入不同的锚记路径可以链接到其他文档中:

(1) 链接到同一文件夹内其他文档中的 my 锚记,可以输入"filename.htm♯my"。

(2) 链接到父目录文件中的 my 锚记,可以输入"..filename.htm♯my"。

(3) 如果要链接到指定目录下的文件中名为 my 的锚记,可输入"drive:/filename.htm♯my"。

【案例 3.3】 创建锚链接。

1. 要求

(1) 网页 example3_1.htm 为一篇论文,为各标题创建锚链接,当单击标题时能转到相应的标题处。

(2) 网页文件 example3_1.htm 存放在 mysite/exam 文件夹中。

2. 案例实现

步骤 1:启动 Dreamweaver CS3,打开 example3_1.htm 网页文件,如图 3-15 所示。

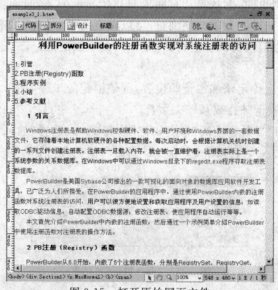

图 3-15 打开原始网页文件

步骤 2：将鼠标光标定位到编辑窗口的第 7 行文字"1 引言"文本前。

步骤 3：按 Ctrl＋Alt＋A 组合键，弹出"命名锚记"对话框。

步骤 4：在对话框的"锚记名称"文本框中输入"my01"文本。

步骤 5：单击对话框中的"确定"按钮，完成锚点的创建。如图 3-16 所示。

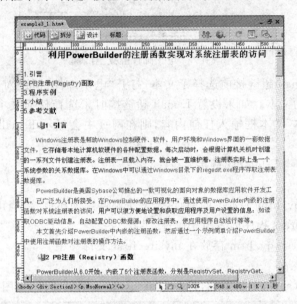

图 3-16　创建锚点

步骤 6：依照上面的步骤，完成其他锚点的创建，分别命名为 my02、my03、my04、my05。

步骤 7：选择第 2 行的文字"1.引言"。

步骤 8：在"属性"面板的"链接"文本框中输入"＃my01"，"目标"下拉列表中选择"_self"选项，如图 3-17 所示。

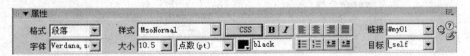

图 3-17　设置链接及目标选项

步骤 9：用同样的方式分别设置"2.PB 注册（Registry）函数"、"3.程序实例"、"4.小结"、"5.参考文献"文本的锚链接。

步骤 10：保存文件，按 F12 键预览。当单击网页中的标题时，网页立即跳转到相应的标题处显示。

3.3.4　创建电子邮件链接

在 Dreamweaver CS3 中，用户可以为对象创建 E-mail 超链接，在显示的网页中，用户单击该对象，则打开 Windows 操作系统默认的 Outlook Express 程序进行收发电子邮件。

在 Dreamweaver CS3 中添加 E-mail 超链接，首先应确定插入位置，然后单击"常用"工具栏中的"电子邮件链接"按钮，打开"电子邮件链接"对话框。在文本框中输入所需的文本，在"E-mail"文本框中输入收件人地址，然后单击"确定"按钮即完成 E-mail 超链接的添加,如图 3-18 所示。

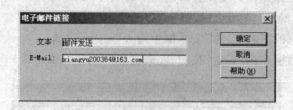

图 3-18 "电子邮件链接"对话框

如果在设置 E-mail 超链接前选择了文本,打开"电子邮件链接"对话框时,"文本"文本框中自动显示选择的文本。如果设置 E-mail 超链接时未选择任何文本,也未在"电子邮件链接"对话框的"文本"文本框输入任何内容,则在网页中会显示 E-mail 文本框中输入的电子邮件地址。

【案例 3.4】 创建 E-mail 超链接。

1. 要求

(1) 网页 first_qy.htm 为本书的前言,给电子邮件添加超链接,当用户单击电子邮件时可打开 Outlook Express 程序收发电子邮件。

(2) 网页文件 first_qy.htm 存放在 mysite/first 文件夹中。

2. 案例实现

步骤 1:启动 Dreamweaver CS3,打开 first_qy.htm 网页文件,如图 3-19 所示。

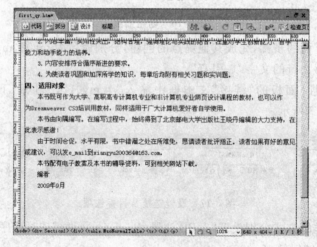

图 3-19 打开的原始网页文件

步骤 2:选中 xiangyu200364@163.com 文本。

步骤 3:单击"常用"工具栏中的"电子邮件链接"按钮，打开"电子邮件链接"对话框。

步骤 4:使用默认的文本内容,如图 3-20 所示。

图 3-20 "电子邮件链接"对话框

步骤 5：单击"确定"按钮，完成添加 E-mail 超链接，如图 3-21 所示。

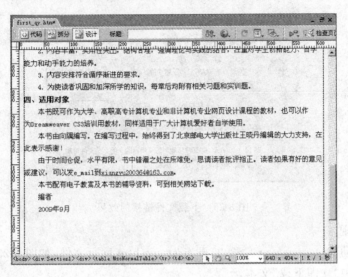

图 3-21　已添加 E-mail 超链接

步骤 6：保存网页，按 F12 键，当用户单击电子邮件地址时，会自动打开 Outlook Express 程序。收发电子邮件。

提示：可以在"属性"面板的"链接"文本框设置 E-mail 超链接，其格式为：mailto：电子邮件地址，如"mailto：xiangyu200364@163.com"。

3.3.5　创建软件下载超链接

如果要在网站中提供下载资料，就需要为文件提供下载链接，网站中的每个文件必须对应一个下载链接。若有多个文件需要下载时，只能使用压缩软件将这些文件压缩成一个文件。

【案例 3.5】　创建软件下载超链接。

1. 要求

（1）如图 3-22 是 example3_2. html 网页文件打开后显示的界面，为"立即下载"文本添加下载超链接，当用户在显示的页面中单击"立即下载"按钮打开如图 3-23 所示的"文件下载"对话框。

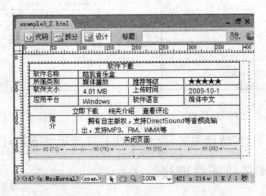

图 3-22　打开的网页源文件

（2）超链接文件 mbox004. zip 存放在 mysite/download 文件夹中，example3_2. html 存

放在 mysite/exam 文件夹中。

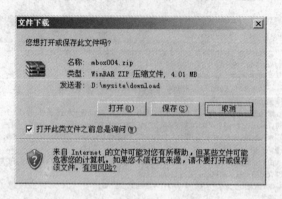

图 3-23　下载文件链接的效果

2. 案例实现

步骤 1：启动 Dreamweaver CS3，打开 first_qy. htm 网页文件，如图 3-22 所示。

步骤 2：选中"立即下载"文本。

步骤 3：单击"属性"面板"链接"文本框后面的"浏览文件"按钮🗀，打开"选择文件"对话框。

步骤 4：设置"选择文件"对话框，如图 3-24 所示。

① 在"查找范围"下拉列表中选择 D 盘的"mysite\download"目录。

② 在列表框中选择"mbox004. zip"文件。

步骤 5：单击"确定"按钮，完成添加下载超链接。

步骤 6：保存网页，按 F12 键，浏览网页，效果如图 3-25 所示。

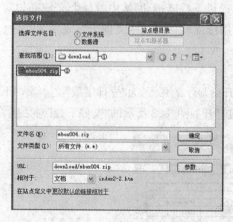

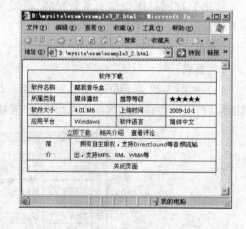

图 3-24　设置"选择文件"对话框　　　　图 3-25　网页浏览效果

步骤 7：单击"立即下载"链接文字，打开如图 3-23 所示的下载对话框。

3.3.6　创建脚本链接或空链接

1. 创建空链接

在网页中创建空链接的作用是为了保持页面文本效果的统一或者给一些文本或图像应

用行为。

Dreamweaver CS3 中创建空链接的方法非常简单,步骤如下:

步骤 1:在 Dreamweaver CS3 中打开要添加空链接的网页文件。

步骤 2:选中文本,在"属性"面板中的"链接"文本框中输入"♯",创建空链接。

步骤 3:保存网页,按 F12 键浏览网页。当单击链接文本时,无反应。

2. 创建脚本链接

脚本链接是一种特殊的链接,访问者单击链接对象时可以执行相应的 JavaScript 程序。

【案例 3.6】　创建脚本超链接。

1. 要求

(1) 如图 3-26 所示,为"关闭页面"文本添加脚本链接,当用户单击"关闭页面"链接时会弹出"是否关闭此窗口"提示对话框。

图 3-26　脚本链接效果

(2) example3_2.html 存放在 mysite/exam 文件夹中。

2. 案例实现

步骤 1:启动 Dreamweaver CS3,example3_2.html 网页文件。

步骤 2:选中"关闭页面"文本。

步骤 3:在"属性"面板的"链接"文本框中输入"javascript:window.close()"文本,如图 3-27 所示。

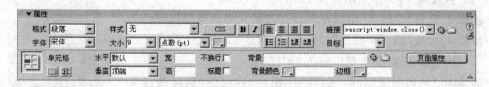

图 3-27　设置链接对象

步骤 4:保存网页,按 F12 键,在浏览器中浏览网页,单击"关闭网页"链接,则弹出提示对话框,效果如图 3-26 所示。

3.4　在网页中创建导航条

导航工具条是由一组图像组成的,允许用户设置 4 种不同状态:一般、滑过、按下和按下时鼠标经过。在设置导航条时,用户可根据情况决定设置哪种状态。

(1) 一般:未单击时显示的图像。

(2) 滑过:指鼠标指针移至"一般"图像时显示的图像。

(3) 按下:被单击后所显示的图像。

(4) 按下时鼠标经过:单击后鼠标指针移出图像时显示的图像,可作为提示提醒用户该项目已经被单击。

【案例 3.7】 制作网站导航条。

1. 要求

效果如图 3-28 所示。

图 3-28　本案例效果

完成本案例使用的素材如表 3-2 所示。

表 3-2　导航条项目及使用的素材

导航条项目	状态图像	鼠标经过时	导航条项目	状态图像	鼠标经过时
关于本书	011. gif	021. gif	实践教学	014. gif	024. gif
电子教材	012. gif	022. gif	教学大纲	015. gif	025. gif
电子教案	013. gif	023. gif	习题答案	016. gif	026. gif

表 3-2 中的图像文件存放在本地站点的 image 文件夹中。

2. 案例实现

步骤 1:启动 Dreamweaver CS3,新建一个名为"example3_3. html"的网页。

步骤 2:在"插入"面板的"常用"选项卡中单击"图像"按钮 ，右端的下拉按钮 ，弹出如图 3-29 所示的下拉菜单。

步骤 3:选择"导航条"菜单命令,打开"插入导航条"对话框。

步骤 4:设置"插入导航条"对话框,如图 3-30 所示。

① 在"项目名称"文本框中输入"_01"。

② 单击"状态图像"后的"浏览"按钮,从弹出的"选择图像源文件"对话框中选择本地站点 image 文件夹中的"011. gif"文件。

③ 单击"鼠标经过图像"后的"浏览"按钮,从弹出的"选择图像源文件"对话框中选择本地站点 image 文件夹中的"012. gif"文件。

图 3-29　图像下拉菜单

④ 单击"插入导航条"上的添加按钮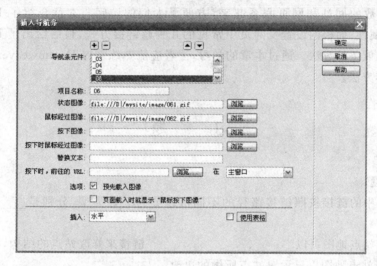,依上面的步骤填充"插入导航条"对话框中的相应选项。

⑤ 去掉"使用表格"复选框。

步骤 5：单击"确定"按钮，完成导航条的创建。

步骤 6：保存文档，按 F12 键在浏览器中浏览，其效果如图 3-28 所示。

图 3-30　设置"插入导航条"对话框

"插入导航条"对话框中各选项的功能说明如下：

- "添加项"**＋**和"移除项"**－**：单击**＋**按钮可向"导航条元件"列表框中添加项目，单击**－**按钮可从"导航条元件"列表框中删除选定的项目。
- "上移项"**▲**和"下移项"**▼**：单击**▲**按钮将所选定的项目向上移动，单击**▼**按钮将所选定的项目向下移动。
- "导航条元件"：显示所有项目。
- "项目名称"：用于为导航条项目命名。
- "状态图像"：定义最初显示的图像。该选项为必选项，其他图像状态选项则为可选项。
- "鼠标经过图像"：定义鼠标指针滑过项目所显示的图像。
- "按下图像"：定义单击项目后显示的图像。
- "按下时鼠标经过图像"：定义鼠标指针滑过并按下鼠标时显示的图像。
- "替换文本"：用于输入项目的描述替换内容。
- "按下时，前往的 URL"：设置单击后要打开的链接目标。
- "预先载入图像"：用于在载入页面时下载图像。如果未选择此选项，则会在用户鼠标指针滑过图像时载入图片。
- "页面载入时就显示'鼠标按下图像'"：用于在显示页面时，以按下状态显示所选项目，而不是以默认的"一般"状态显示。
- "插入"：用于设置插入网页中的导航条方式，有"水平"和"垂直"两个选项。
- "使用表格"：用于指定是否以表格的形式插入导航条。

小　　结

网页中没有超链接，Internet 就失去了意义。可以说，超链接是 Internet 的灵魂，它把 Internet 上无数的网站和网页联系起来，方便了人们的访问。本章介绍了 Dreamweaver CS3 超链接"属性"面板的设置及网页中常见的几种超链接方式，最后给出了 Dreamweaver CS3 中制作导航条的方法。通过本章的学习，读者应能熟练掌握 Dreamweaver CS3 中建立超链接的基本方法。

习　　题

1. 填空题

（1）网页中的链接按照链接路径的不同可以分为 3 种类型，分别是_____、_____和_____。

（2）利用站点地图可以_____、_____、_____链接来修改站点的结构，Dreamweaver CS3 自动更新站点地图以显示对站点所做的更改。

（3）在 Dreamweaver CS3 中，可以把 ASCII 文本文件、_____和_____中的内容复制或导入其文档中。

（4）在网页中使用锚记应先_____，然后_____，保存网页后即可预览锚记链接效果。

（5）单击设置了超链接的对象后，若希望在当前窗口中打开网页，应从"属性"面板中的"目标"下拉列表框中选择_____选项。

2. 选择题

（1）Dreamweaver CS3 中允许用户为不同的对象添加超链接，下面无法建立超链接的选项是_____。

　　A. 水平线　　　B. 对象　　　　C. 图像　　　　　D. 动画

（2）在"属性"面板下拉列表框中选择哪个选项会让链接页面在新窗口中打开？_____

　　A. _self　　　　B. _parent　　　C. _top　　　　　D. _blank

（3）哪一种设置可以让鼠标移到链接上时显示下划线，其他时候不显示下划线？_____

　　A. 始终有下划线　　　　　　　　B. 仅在变换图像时显示下划线

　　C. 变换图像时隐藏下划线　　　　D. 始终无下划线

（4）下列哪一个不能作为锚记的名称？_____

　　A. 12　　　　　B. REN　　　　　C. Ren　　　　　D. aa12

（5）导航工具条具有 4 种不同的状态，其中必须指定的状态是_____。

　　A. 按下时鼠标经过图像　　　　　B. 鼠标经过图像

　　C. 按下图像　　　　　　　　　　D. 状态图像

实　　训

制作一个公司的页面。

（1）综合使用文本、图像、超链接的知识。文本、图像及超链接由用户自定。

（2）利用"插入导航条"对话框，添加一个垂直导航条。导航条如图 3-31 所示。

（3）为各导航条添加链接。

（4）尽量使页面美观些。

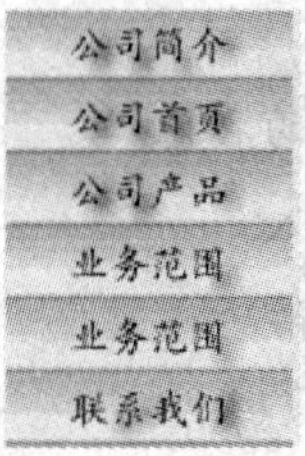

图 3-31　导航条

第 4 章

网页中的多媒体

本章将学习以下内容：

☞ Flash 文件类型及 Flash 动画的插入

☞ Flash 按钮和 Flash 文本的插入

☞ 图像查看器和 FlashPaper 文档的插入

☞ 插入 Flash 视频和 Shockwave 影片

☞ 插入 Java Applet 和 ActiveX 控件

☞ 插入日期和时间

☞ 插入 Meta 和设置页面标题

☞ 页面关键字、说明、刷新属性的设置

☞ 页面基础 URL 属性和链接属性的设置

在网页中除了向其中插入文本、图像、表格、链接等基本元素外，还可以向其中插入 Flash 文件、Flash 按钮、Flash 视频等多媒体，并且可以对网页文件头内容进行设置。

4.1　在网页中应用 Flash 对象

Dreamweaver CS3 附带了 Flash 对象，无论用户的计算机上是否安装了 Flash，都可以使用这些对象。这些对象保存在 Adobe\Adobe Dreamweaver CS3\configuration\Flash Objects\Flash Buttons 和 Flash Text 文件夹中。

4.1.1　Flash 文件类型

在使用 Dreamweaver CS3 提供的 Flash 命令前，先来了解 Flash 的文件类型。

1. Flash 文件(.fla)

所有 Flash 动画的源文件，要在 Flash 程序中创建。此类型的文件只能在 Flash 中打开，即不能在 Dreamweaver 或浏览器中直接打开。可以在 Flash 中打开 Flash 文件，然后将它导出为.swf 或.swt 文件在浏览器中使用。

2. Flash SWF 文件(.swf)

Flash(.fla)文件的压缩版本，已进行了优化以便在 web 上查看。此文件可以在浏览器中播放并且可以在 Dreamweaver 中进行预览,但不能在 Flash 中编辑此文件。

3. Flash 模板文件(.swt)

这些文件能够修改和替换 Flash SWF 文件中的信息。这些文件用于 Flash 按钮对象,能够用自己的文本或链接修改模板,以便创建要插入到文档中的自定义 SWF。

4. Flash 元素文件(.swc)

一种 Flash SWF 文件,通过将此类文件合并到 Web 页,可以创建丰富的 Internet 应用程序。Flash 元素有可自定义的参数,通过修改这些参数可以执行不同的应用程序功能。

5. Flash 视频文件格式(.flv)

一种视频文件,它包含经过编码的音频和视频数据,用于通过 Flash Player 进行传送。

4.1.2　在网页中插入和播放 Flash 动画

在 Dreamweaver CS3 中插入 Flash 的步骤如下:

步骤 1:将光标置于当前文档中要插入 Flash 的位置。

步骤 2:选择菜单栏中的"插入记录"|"媒体"|"Flash"命令(快捷键 Ctrl+Alt+F)或从"插入"面板中的"常用"选项卡的媒体按钮 右边下拉列表框中选择"Flash"命令,弹出"选择文件"对话框。

步骤 3:在对话框中选择要插入的.swf 文件,本例文件位置:movie\banner.swf,选择后单击"确定"按钮,弹出如图 4-1 所示的"对象标签辅助功能属性"对话框。

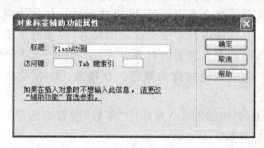

图 4-1　"对象标签辅助功能属性"对话框

步骤 4:设置标题为"Flash 动画",然后单击"确定"按钮,就可以把 Flash 文件插入到当前文档中。

步骤 5:单击"播放"按钮,就可以看到 Flash 动画效果,如图 4-2 所示。

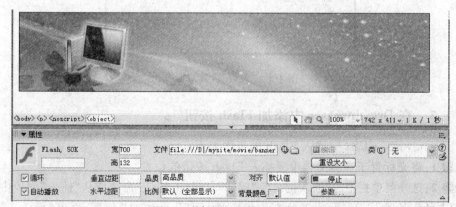

图 4-2　播放的 Flash 动画效果

属性面板各参数意义如下：

- 名称：指定一个名称来标识 Flash 动画，以便脚本中引用该对象。若脚本中不引用该对象，可以不设置。
- 宽和高：以像素为单位指定 Flash 动画的宽度和高度。
- 文件：指定 Flash 动画的文件名及其位置，可以单击文本框后的文件打开按钮 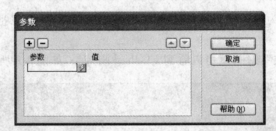 选定路径及文件名，也可以在文本框中直接输入路径及文件名。
- 编辑：单击该按钮，可以打开 Flash 软件，从而可编辑 Flash 文件。如果计算机上没有加载 Flash，则此项功能被禁用。
- 重设大小：单击该按钮，将选定的 Flash 动画返回到其初始大小。
- 循环：选中此复选框，使 Flash 动画播完后重复播放，否则 Flash 动画一次播放完后停止播放。
- 自动播放：选中此复选框，在加载页面时自动播放 Flash 动画。
- 垂直边距和水平边距：以像素为单位指定 Flash 动画上、下、左、右的空白值。
- 品质：在影片播放期间控制失真。设置越高，影片的观看效果就越好，但要求更快的处理器以使影片在屏幕上正确显示。
- 比例：确定 Flash 动画在页面上显示时如何适合在宽度和高度文本框中设置的尺寸。有如下 3 个选项：
- 默认：显示整个 Flash 动画。
- 无边框：使 Flash 动画适合设定的尺寸，以便不显示任何边框并保持原始的长宽比。
- 严格匹配：对 Flash 动画进行缩放至设定的尺寸，而不管纵横比如何。
- 对齐：确定 Flash 动画在页面上的对齐方式。
- 背景：指定 Flash 动画区域的背景颜色。在播放 Flash 动画时（在加载时和在播放后）也显示此颜色。
- 参数：单击该按钮，弹出如图 4-3 所示的"参数"设置对话框，可以在其中输入传递给 Flash 动画的附加参数。

要求：Flash 动画已设计好，且可以接收这些附加参数。

图 4-3 "参数"设置对话框

4.1.3 在 Dreamweaver 中添加 Flash 按钮

在 Dreamweaver CS3 中插入 Flash 的步骤如下：

步骤 1：将光标置于当前文档中要插入 Flash 按钮的位置。

步骤 2：选择菜单栏中的"插入记录"|"媒体"|"Flash 按钮"命令或从"插入"面板中的"常用"选项卡的媒体按钮 右边下拉列表框中选择"Flash 按钮"命令，弹出"插入 Flash 按

钮"对话框。如图 4-4 所示。

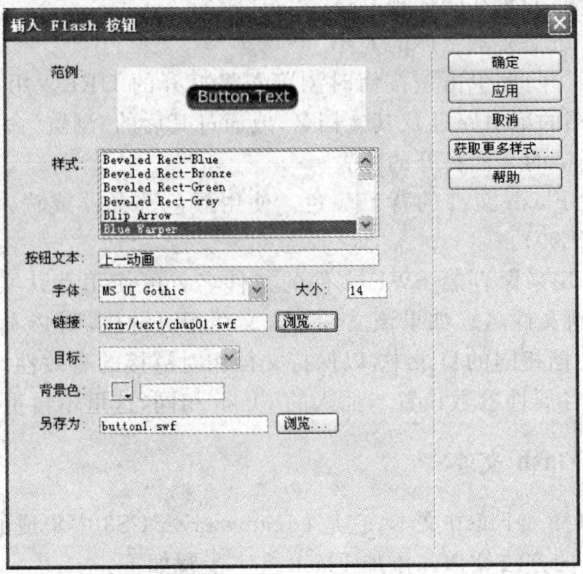

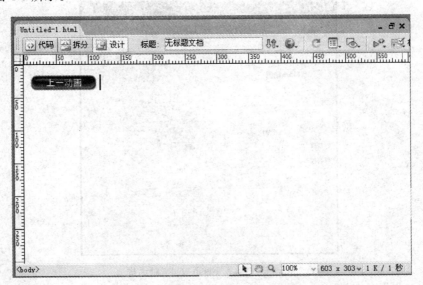

图 4-4 "插入 Flash 按钮"对话框

步骤 3：在对话框的"样式"列表框中选择一种样式，按钮文本框中输入文字"上一动画"，"另存为"文本框中输入按钮名称，其他默认，单击"确定"按钮，此时在插入点出现一个按钮，如图 4-5 所示。

图 4-5 插入"Flash 按钮"效果

步骤 4：保存文档，按 F12 键在浏览器中浏览效果。可以看到，当鼠标移动到按钮上时按钮呈动画状态。

"插入 Flash 按钮"对话框各参数意义如下：

· 范例：在范例文本框中，可以看到选择 Flash 按钮样式的效果。

· 样式：在样式列表框中，可以选择不同的 Flash 样式按钮。

- 按钮文本:在该文本框中输入的文本将显示在按钮上。
- 字体:指定按钮上文本的一种字体。
- 大小:指定按钮上文本字体的大小。
- 链接:指定当访问者单击该按钮时浏览器将打开的 URL。用户可以在该文本框中输入链接文档的绝对路径及其文档名,或通过其后的"浏览"命令选择文档。
- 目标:指定链接的文档打开的位置。
- 背景色:设置 Flash 文件的背景颜色。使用颜色选择器或输入 Web 十六进制数值(例如♯FFEE00)。
- 另存为:输入用来保存新 SWF 文件的文件名。可使用默认文件名(例如 button1. swf)或输入新文件名。如果该文件包含文档相对链接,则必须将该文件保存到与当前 HTML 文档相同的目录中,以保持文档相对链接的有效性。

Flash 动画按钮各属性参数设置与插入的 Flash 相同,这里不再重复。

4.1.4   添加 Flash 文本

在网页中还可以插入 Flash 文本,它是 Dreamweaver CS3 中集成的文本动画,其添加方法与添加 Flash 按钮的方法类似。添加 Flash 文本步骤如下:

步骤 1:将光标定位到当前编辑的文档中需要插入 Flash 文本的地方。

步骤 2:选择菜单栏中的"插入记录"|"媒体"|"Flash 文本"命令或从"插入"面板中的"常用"选项卡的媒体按钮 ⚙ ·右边下拉列表框中选择"Flash 文本"命令,弹出"插入 Flash 文本"对话框。如图 4-6 所示。

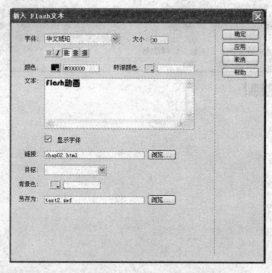

图 4-6   "插入 Flash 文本"对话框

步骤 3:设置各参数。

(1) 在"字体"下拉列表框中选择"华文琥珀"字体样式。

(2) "大小"文本框中输入 30,并选中左对齐。

(3) 在"文本"文本框中输入显示的 Flash 文本:Flash 动画。

(4) 勾选"显示字体"。

(5) 在"链接"文本框中选择所要链接的文档。

步骤 4：单击"确定"按钮，完成 Flash 文本的添加。此时在插入点显示插入的 Flash 文本，如图 4-7 所示。

步骤 5：按 F12 键，在打开的 IE 浏览器中即可预览 Flash 文本的效果。

"插入 Flash 文本"对话框中各参数意义如下：

- 字体：为 Flash 文本指定一种字体，可以从其下拉列表框中选择。
- 大小：为 Flash 文本设置字体大小。以像素表示。
- **B** *I* ≣ ≣ ≣：可以对 Flash 文本进行加粗、倾斜、左对齐、右对齐、居中对齐设置。
- 颜色：指定 Flash 文本的颜色，可以直接在文本框中输入 Web 十六进制值（例如 ♯ FFEE00）或通过颜色选择器 ■ 选取。
- 转滚颜色：设置加载文档后鼠标指针指向 Flash 文本时的颜色。可以直接在文本框中输入 Web 十六进制值（例如 ♯FFEE00）或通过颜色选择器 □ 选取。
- 文本：指定显示的 Flash 文本。
- 链接、目标、背景颜色、另存为与 Flash 按钮相同。

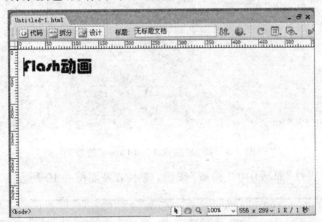

图 4-7 "插入 Flash 文本"效果

4.1.5 插入 FlashPaper 文档

为了不让别人轻松地将文档复制，同时在浏览时可自由缩放阅读，通常将所编辑的文档转换成 .swf 格式，在浏览器中可浏览到此格式的文件。Dreamweaver CS3 提供了此功能。在 Dreamweaver CS3 中编辑文档时，在需要插入的地方添加"插入 FlashPaper"就可以了。添加"插入 FlashPaper 文档"的步骤如下：

步骤 1：将光标置于当前文档中需添加"插入 FlashPaper 文档"处。

步骤 2：选择菜单栏中的"插入记录"|"媒体"|"FlashPaper"命令或从"插入"面板中的"常用"选项卡的媒体按钮 ◇·右边下拉列表框中选择"FlashPaper"命令，弹出"插入 Flash 文本"对话框。如图 4-8 所示。

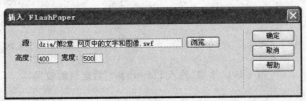

图 4-8 "插入 FlashPaper"对话框

步骤 3：在"插入 FlashPaper"对话框中的源选择"dzja\第 2 章 网页中的文字和图像. swf"文档；设置"高度"值为 400，"宽度"值为 500。

步骤 4：单击"确定"按钮，从弹出的"对象标签辅助功能属性"对话框中单击"确定"按钮，结果如图 4-9 所示。

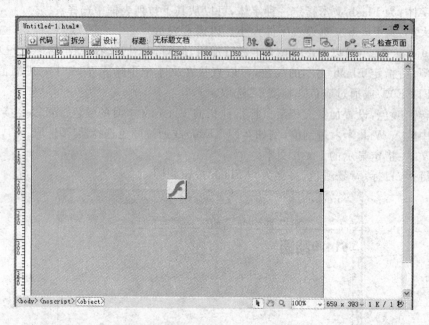

图 4-9　添加"插入 FlashPaper"的效果

步骤 5：单击"属性"面板中的"播放"按钮，显示结果如图 4-10 所示。

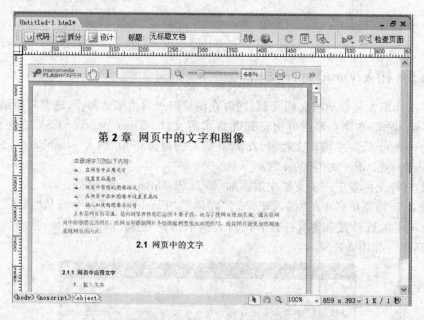

图 4-10　添加"插入 FlashPaper"后运行的效果

4.1.6　插入 Flash 视频

用户使用 Dreamweaver CS3 可以在 Web 页面中插入 Flash 视频内容后播放,而无须使用 Flash 创作工具。在开始插入之前,必须有一个经过编码的 Flash 视频(FLV)文件。Dreamweaver CS3 提供了 2 种方式用于将 Flash 视频传送给站点访问者累进式下载视频和流视频。

1. 累进式下载视频:将 Flash 视频(FLV)文件下载到站点访问者的硬盘上,然后播放。但是,与传统的"下载并播放"视频传送方式不同,累进式下载允许在下载完成之前就开始播放视频文件。

2. 流视频:对 Flash 视频内容进行流式处理,并在一段可确保流畅播放的很短的缓冲时间后在 Web 页面上播放该内容。若要在网页上启用流视频,必须具有访问 Adobe Flash Media Server 的权限。

在 Dreamweaver CS3 编辑的 Web 页面中插入 Flash 视频的步骤如下:

步骤 1:将光标置于要插入 Flash 视频的位置。

步骤 2:单击"插入记录|媒体|Flash 视频"命令或单击"插入"面板中的"常用"选项卡中 按钮右侧下拉列表框中的"Flash 视频",从弹出的"插入 Flash 视频"对话框中选择"累进式下载视频",如图 4-11 所示。

步骤 3:单击"URL"文本框后的"浏览"按钮,选择视频文件,这里是:movie/flash_exam.flv。

步骤 4:从"外观"列表框中选择一种外观,这里是 Clear Skin 1(最小宽度:140)。

步骤 5:设置高度和宽度值分别为 200 和 300。

步骤 6:其他设置如图 4-11 所示。

步骤 7:保存文档,按 F12 键浏览显示。

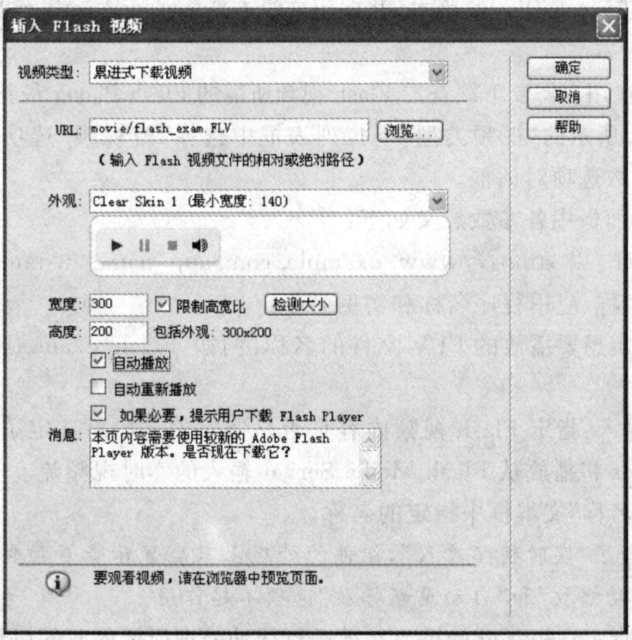

图 4-11　"累进式下载视频"参数面板

"累进式下载视频"参数面板中各参数意义如下：

- 视频类型：视频类型共有 2 种，分别是累进式下载视频和流视频。默认为累进式下载视频。
- URL：指定 FLV 文件的相对路径或绝对路径。单击其后的"浏览"按钮，可以在弹出的"选择文件"对话框中为其选定一个 FLV 文件。
- 外观：指定 Flash 视频组件的外观。单击其对应的下拉列表框，可以看到所有视频组件外观菜单命令，选择不同的命令，会显示不同的视频组件外观，如图 4-12 所示。

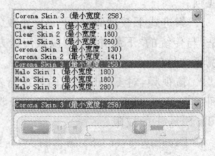

图 4-12　视频组件外观

- 宽度：以像素为单位指定 FLV 文件的宽度。若要在 Dreamweaver CS3 中确定 FLV 文件的准确宽度，需单击"检测大小"按钮。如果在 Dreamweaver CS3 中无法确定其宽度，则在这里必须输入宽度值。
- 高度：以像素为单位指定 FLV 文件的高度。
- 限制高宽比：保持 Flash 视频组件的宽度和高度之间的比例不变。默认情况下会选择此选项。
- 自动播放：若选中此复选框，则加载 Web 页面时自动播放视频。
- 自动重新播放：若选中此复选框，则播放控件在视频播放完之后返回起始位置重新播放。
- 如果必要，提示用户下载 Flash Player：在页面中插入代码，该代码将检查看 Flash 视频所需的 Flash Player 版本，并在用户没有所需的版本时提示其下载 Flash Player 的最新版本。
- 消息：指定在用户需要下载查看 Flash 视频所需的 Flash Player 最新版本显示的消息。

如果在图 4-11 所示的"视频类型"下拉列表框中选择"流视频"选项，则打开如图 4-13 所示的"流视频"参数选项对话框。

"流视频"参数面板中各参数意义如下：

- 服务器 URL：以 rtmp://www. example. com/app_name/instance_name 的形式指定服务器名称、应用程序名称和实例名称。
- 流名称：指定想要播放的 FLV 文件的名称（例如：Flash_exam. flv）。扩展名. flv 是可选的。
- 实时视频输入：指定 Flash 视频内容是否是实时的。如果选定了"实时视频输入"，Flash Player 将播放从 Flash Media Server 输入的实时视频流。实时视频输入的名称是在"流名称"文本框中指定的名称。

注意：如果选择了"实时视频输入"，组件的外观上只会显示音量控件，因此无法操纵实时视频。此外，"自动播放"和"自动重新播放"选项不起作用。

- 缓冲时间：指定在视频开始播放之前进行缓冲处理所需的时间（以秒为单位）。默认的缓冲时间设置为 0。

设置好各参数后,单击"确定"按钮,就可以把 Flash 视频插入到文档中。保存文档,按 F12 键就可以在浏览器中浏览了。

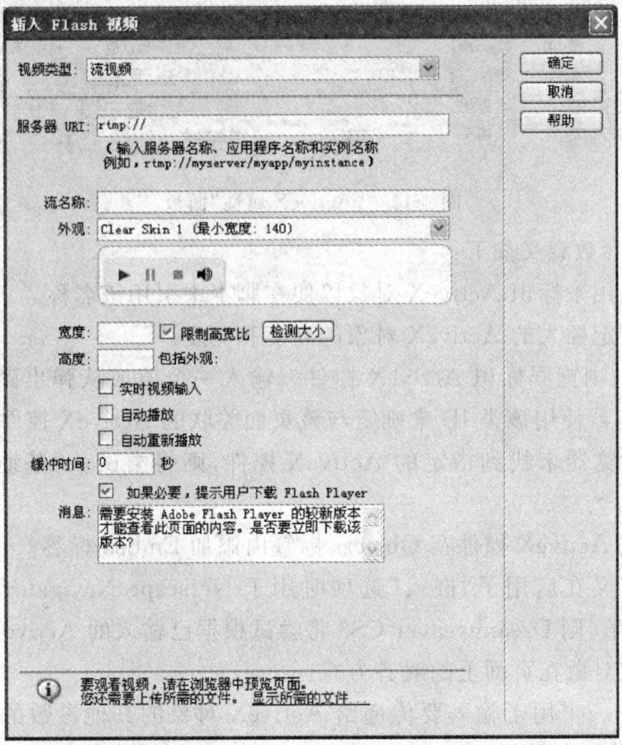

图 4-13 "流视频"参数面板

4.1.7 插入 ActiveX 控件

ActiveX 控件(以前称 OLE 控件)是功能类似于浏览器插件的可复用组件,有些像微型的应用程序。ActiveX 控件只能在 Windows 系统的 Internet Explorer 中运行,但它们不能在 Macintosh 系统上或 Netscape Navigator 中运行。

单击菜单栏中的"插入记录|媒体|ActiveX"命令或选择"插入"面板上的"常用"选项卡中媒体按钮 🖼·右边下拉列表框中的"ActiveX"命令,弹出"对象标签辅助功能属性"对话框,如图 4-14 所示。

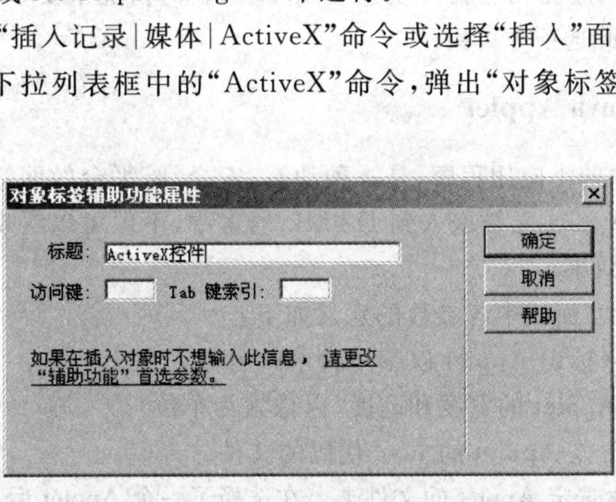

图 4-14 "对象标签辅助功能属性"对话框

设置好各参数后，单击"确定"按钮，即可把 ActiveX 控件插入到文档中，此时的"ActiveX 属性"面板如图 4-15 所示。

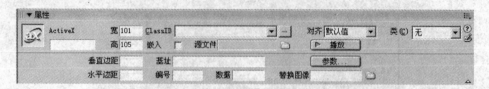

图 4-15 "ActiveX 属性"面板

属性面板中各参数意义如下：

（1）名称：指定用来标识 ActiveX 对象以便在脚本中引用该名称。

（2）高和宽：指定插入的 ActiveX 对象的高度和宽度。

（3）ClassID：为浏览器标识 ActiveX 控件。输入一个值或从弹出菜单中选择一个值。在加载页面时，浏览器使用该类 ID 来确定与该页面关联的 ActiveX 控件所需的 ActiveX 控件的位置。如果浏览器未找到指定的 ActiveX 控件，则将尝试从"基址"中指定的位置下载它。

（4）嵌入：为该 ActiveX 控件在 Objects 标签内添加 Embed 标签。

（5）源文件：定义在启用了"嵌入"选项时用于 Netscape Navigator 插件的数据文件。如果用户没有输入值，则 Dreamweaver CS3 将尝试根据已输入的 ActiveX 属性确定该值。

（6）对齐：确定对象在页面上的对齐方式。

（7）参数：打开一个用于输入要传递给 ActiveX 对象的其他参数的对话框。许多 ActiveX 控件都受特殊参数的控制。

（8）播放：单击该按钮开始播放插入的媒体对象。

（9）垂直边距和水平边距：以像素为单位指定对象上、下、左、右的空白值。

（10）基址：指定包含该 ActiveX 控件的 URL。

（11）数据：为要加载的 ActiveX 控件指定数据文件。许多 ActiveX 控件（如 Shockwave 和 RealPlayer）不使用此参数。

（12）替换图像：指定在浏览器不支持 Object 标签的情况下要显示的图像。只有在取消选中"嵌入"选项后此选项才可用。

4.1.8 插入 Java Applet

Applet 是 Java 中的小应用程序，是一种动态、安全、跨平台的网络应用程序，其扩展名通常为 .class。Java Applet 常被嵌入到 HTML 语言中，不但可以实现复杂的控制，而且还可以实现各种动态的效果。

"Java Applet 属性"面板中各参数的意义如下：

• 名称：指定用来标识 Applet 以编写脚本的名称。

• 宽和高：指定 Applet 的宽度和高度（以像素为单位）。

• 代码：指定包含该 Applet 的 Java 代码的文件。

• 基址：标识包含选定 Applet 的文件夹。在选择了一个 Applet 后，此文本框自动填充。

• 对齐：确定对象在页面上的对齐方式。

- 替换：指定在用户的浏览器不支持 Java Applet 或者禁用 Java 的情况下要显示的替代内容（通常为一个图像）。
- 垂直边距和水平边距：以像素为单位指定 Applet 上、下、左、右的空白值。
- 参数：打开一个用于输入要传递给 Applet 的其他参数的对话框。许多 Applet 都受特殊参数的控制。

在网络比较拥挤的情况下，尽量不要在 Web 页中插入 Applet，因为 Applet 在客户端运行，就要求客户端要具有良好的通信条件，并且计算机性能良好。如果其中有一个条件达不到要求，则 Applet 就不能显示。

4.2　在网页中应用音频和视频

随着互联网的发展，在网页中添加音频和视频，可以使浏览者在浏览网页时既可得到音乐的享受，也可得到视觉效果。

4.2.1　网页及背景音乐

1. 基本知识

网页中常见的声音文件格式有如下几种。

（1）MP3

MP3（Motion Picture Experts Group Audio Layer-3，运动图像专家组音频第 3 层）即 MPEG 音频第 3 层，是目前较流行的一种声音压缩文件格式，它可以使声音文件明显缩小，而声音品质可以达到 CD 音质。MP3 技术可以使用户对文件进行"流式处理"，以便访问者不必等待整个文件下载完成即可播放该文件。若要播放 MP3 文件，访问者必须安装辅助应用程序或插件，如 RealPlayer、千千静听等。

（2）WMA

WMA 是 Windows Media Audio 的缩写，由 Microsoft 开发，是 Microsoft 力推的一种音频数据压缩格式，在 64Kbps 的数据率时与 128Kbps 的 MP3 有着相同的音质。WMA 的另一个优点是内容提供商可以通过 DCM（Digital Centers Management）方案如 Windows Media Centers Manager 7 加入防拷贝保护，这种内置了版权保护技术可以限制播放时间和播放次数甚至播放的机器等。WMA 针对的是网络。

（3）WAV

WAV（波形扩展）文件具有较好的声音品质，许多浏览器都支持此类格式文件而不需要插件。由于其文件格式较大，因而在网页中的应用受到了一定的限制。

（4）MIDI 或 MID

MIDI 或 MID（Musical Instrument Digital Interface，乐器数字接口）格式用于器乐，多数浏览器都支持 MIDI 文件而不需插件。尽管 MIDI 文件的声音品质非常好，很少的 MIDI 文件就可以提供较长时间的声音剪辑，但 MIDI 文件不能被录制并且必须使用特殊的硬件和软件在计算机上合成。

（5）RA、RAM 和 RM

RA、RAM 和 RM 都是 Real 公司成熟的网络音频格式，采用了"音频流"技术，所以非常适合网络广播。在制作时可以加入版权、演唱者、制作者、Mail 和歌曲名称等信息。RA 可以称为互联网上多媒体传播的霸主,适合于网络上进行实时播放,是目前在线收听网络音乐最好的一种格式。

2.网页视频格式

网页中的视频文件格式主要有以下 3 种:

(1) MPEG-1:相当于 VCD 的质量。

(2) MPEG-2:文件大,但质量较好。

(3) AVI:文件较小,应用广泛。

这 3 种格式的视频文件均支持压缩,需使用专门的软件进行播放,对网络带宽要求较高。

3.添加音乐

网页中添加声音文件有两种方式:添加背景音乐和添加音乐链接。

【案例 4.1】　为 example4_1.html 网页文件添加背景音乐。

1.要求

Example4-1.html 文件存放在 mysite\exam 目录中,背景音乐文件名为"我可以抱你吗.mp3",存放在 mysite\music 目录中。

2.案例实现

步骤 1:在 Dreamweaver CS3 中打开 example4_1.html 文件。

步骤 2:将光标置于标题头。

步骤 3:选择"插入记录"|"标签"命令,如图 4-16 所示。

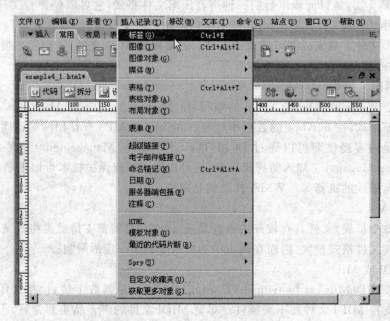

图 4-16　选择"标签"命令

步骤 4:选择标签,如图 4-17 所示。

① 在左窗格中选择"HTML 标签"选项,右窗格中选择"bgsound"选项。

② 单击"插入"按钮，打开"标签编辑器"对话框。

图 4-17　选择标签

步骤 5：选择背景音乐，如图 4-18 所示。

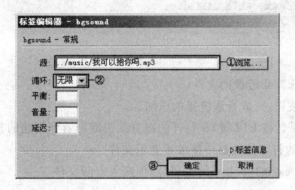

图 4-18　选择背景音乐

① 在"标签编辑器"窗口的"源"文本框中添加背景音乐：我可以抱你吗.mp3。

② 在"循环"下拉列表框中选择"无限(-1)"选项使其循环播放。

③ 单击"确定"按钮，返回"标签选择器"对话框。

步骤 6：单击"关闭"按钮，关闭"标签选择器"对话框。

步骤 7：查看效果。按 F12 键，即可在打开的 IE 浏览器中听到添加的背景音乐。

【**案例 4.2**】　为 example4_2.html 网页标题添加音乐链接。

1. 要求

Example4_2.html 文件存放在 mysite\exam 目录中，链接的音乐文件名为"小薇.mp3"，存放在 mysite\music 目录中。

2. 案例实现

步骤 1：在 Dreamweaver CS3 中打开 example4_2.html 文件。

步骤 2：选择标题文本："小薇"。

步骤 3：选择音乐文件。

① 在"属性"面板中，单击"链接"下拉列表框后面的"浏览文件"按钮图标 ，在打开的"选择文件"对话框的"查找范围"下拉列表框中选择链接文件的位置，如图 4-19 所示。

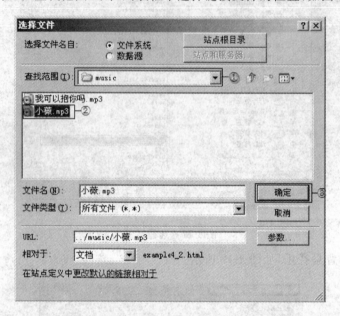

图 4-19　选择音乐文件

② 在列表框中选择要链接的文件。

③ 单击"确定"按钮，完成音乐链接的添加。

步骤 4：预览效果。按 F12 键，在打开的浏览器中即可看到创建的音乐链接。单击该音乐链接，即可在默认的打开播放器中播放该音乐文件。

【**案例 4.3**】　为 exam4_3.html 网页尾添加嵌入音频文件。

1. 要求

Example4_3.html 文件存放在 mysite\exam 目录中，嵌入的音乐文件名为"小薇.mp3"，存放在 mysite\music 目录中。

2. 案例实现

步骤 1：在 Dreamweaver CS3 中打开 example4_3.html 文件。

步骤 2：将光标置于编辑内容尾（即将插入点置于要嵌入文件的地方）。

步骤 3：单击"插入"面板的"常用"类别中的"媒体"按钮，从弹出的快捷菜单中选择"插件"图标，或选择"插入记录"|"媒体"|"插件"菜单命令，打开"选择文件"对话框。

步骤 4：选择需要嵌入的音频文件然后单击"确定"按钮即可嵌入选中的文件。

步骤 5：调整插入插件的大小、位置及播放该媒体插件，如图 4-20 所示。

步骤 6：保存文档，按 F12 键在浏览器中预览该页面。

图 4-20　插入插件效果

4.2.2　插入 Shockwave 电影

Shockwave 文件是 Adobe 公司为 Web 设计的交互式多媒体,用于播放插入网页中应用 Director 以及多个相关程序来创建的 Shockwave 文件。Shockwave 文件允许媒体文件通过 Adobe 的控制器下载,下载速度很快,而且能被大多数的浏览器播放,是可以被压缩的文件。

1. 插入 Shockwave 电影

Dreamweaver CS3 中插入 Shockwave 文件的步骤如下:

(1) 将光标定位到插入点。

(2) 单击"插入"面板的"常用"选项卡中"媒体"按钮 右侧的三角按钮,从弹出的菜单中选择"Shockwave"命令,打开"选择文件"对话框。

(3) 在"选择文件"对话框中选择一个 Shockwave 文件,然后单击"确定"按钮。

2. 设置 Shockwave 电影属性

插入 shockwave 文件后,在文档中会显示 Shockwave 文件的占位符 。选择该占位符,"属性"面板显示 Shockwave 文件的相关属性,如图 4-21 所示。

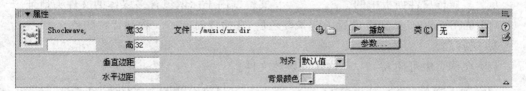

图 4-21　Shockwave 文件的"属性"面板

Shockwave 文件的"属性"面板中各选项的作用如下：

- "Shockwave"：用于指定 Shockwave 电影的名称。
- "宽"和"高"：以像素为单位设置 Shockwave 电影的宽度和高度。
- "文件"：指定文件的路径及文件名,可以单击其后的"浏览文件"按钮🗀,从打开的"选择文件"对话框中选择电影文件的路径和文件名。
- "播放/停止"：单击"播放"按钮可以在文档窗口预览电影,单击"停止"按钮可以停止影片的播放并回到 Shockwave 占位符。
- "参数"：单击该按钮可打开"参数"对话框,用户可设置相应的参数,设置的参数必须能被影片所接受。
- "垂直边距"和"水平边距"：用于指定影片的上、下、左、右空白的像素值。
- "对齐"：用于指定电影在页面上的对齐方式。
- "背景颜色"：用于指定影片区域的背景颜色。在不播放影片时(加载时和播放后)显示此颜色。

小　　结

本章介绍了在网页中添加各种多媒体对象的知识,包括插入各种 Flash 对象、Shockwave 影片、Java Applet 程序、ActiveX 动画及声音文件等。通过本章的学习,读者应对网页中多媒体的应用有一个深刻的了解,并能够运用这些知识在自己制作网页时充分利用多媒体元素,使网页内容丰富多彩。

习　　题

1. 填空题

(1) _____可以在浏览器中播放并且可以在 Dreamweaver CS3 中进行预览,但不能在 Flash 中编辑此文件。

(2) _____是一种视频文件,它包含经过编码的音频和视频数据,用于通过 Flash Player 进行传送。

(3) _____是 Web 上用于交互式多媒体的一种标准,并且是一种压缩格式,使得在 Director 中创建的媒体文件能够被大多数浏览器快速下载和播放。

(4) Flash 视频包括两种类型：_____和_____。

(5) 多媒体属性面板中的_____文本框用于标识包含多媒体的文件夹地址。

(6) 为 Shockwave 文件设置了背景颜色后,在播放时_____看到背景颜色。

2. 选择题

(1) 在网页中可插入_____格式的媒体文件。

    A. .swf　　　　　B. .swt　　　　　　C. .Java Applet　　　D. .fla

(2) 使插入的背景音乐无限制重复播放的代码为_____。

A. src＝"-1"　　B. loop＝"∞"　　　C. loop＝"-1"　　　D. src＝"∞"

（3）_____是 Shockwave 文件的扩展名。

A. ＊.swf　　　 B. ＊.fla　　　　 C. ＊.class　　　 D. ＊.dir

（4）如果访问者要播放网页中的_____文件，必须下载并安装辅助应用程序或插件。

A. MIDI　　　　 B. WAV　　　　 C. MP3　　　　 D. AIFF

实　训

1. 插件练习，插入一个 MTV 文件。

（1）从网上下载一个 MTV 文件，将其插入到页面中。

（2）在"属性"面板中设置其宽度为"640 像素"，高度为"480 像素"。

（3）保存该网页，浏览。

2. 插入音乐练习。

（1）从网上下载一首自己喜欢的 MP3 音乐。

（2）创建一个网页，输入文字，插入 MP3 音乐。

（3）当浏览该网页时能播放音乐。

第 5 章

使用表格布局网页

本章将学习以下内容：

- ☞ 了解表格的基本概念
- ☞ 表格的插入
- ☞ 表格属性的设置
- ☞ 表格元素的选择
- ☞ 表格的基本操作
- ☞ 表格内容的排序及整理
- ☞ 细线表格的创建
- ☞ 圆角表格的创建
- ☞ 利用表格布局网页

　　表格是网页设计与制作时不可缺少的重要元素。无论是排版数据还是布局网页，表格都表现出了强大的功能。它以简洁明了和高效快捷的方式，将数据、文本、图像、表单等元素有序地显示在页面上，从而设计出版式漂亮的网页。表格最基本的作用就是让复杂的数据变得更有条理，让人容易看懂，在设计页面时，往往要利用表格来布局和定位网页元素。

5.1　表格创建的基本操作

　　表格是网页制作过程中一个非常重要的辅助定位手段，它是对文本和图形进行布局的强有力的工具，借助表格可以准确地划分出页面。表格由行和列组成。虽然 HTML 代码中通常不明确指定列，但 Dreamweaver CS3 允许用户操作行、列和单元格。

5.1.1　插入表格

1. 插入普通表格

【案例 5.1】　新建一个名为 xsfp. html 的网页，用以显示本书的学时分配信息，效果如图 5-1 所示。

章节	内容	理论学时	实践学习	合计
第1章	网页设计基础	6	2	8
第2章	网页中的文字和图像	2	2	4
第3章	超链接	2	2	4
第4章	网页中的多媒体	4	2	6
第5章	使用表格布局网页	2	2	4
第6章	用CSS美化网页	2	2	4
第7章	布局对象的使用	4	2	6
第8章	使用框架布局网页	4	2	6
第9章	交互页面	4	2	6
第10章	模板与库	2	2	4
第11章	表单及ASP动态网页的制作	6	4	10
第12章	开发和管理网站	4	2	8
		42	26	68

图 5-1　案例效果

步骤 1：启动 Dreamweaver CS3，新建一个 HTML 网页。

步骤 2：在 Dreamweaver CS3 编辑窗口中，将鼠标光标定位到要插入表格的位置。

步骤 3：单击"插入"面板的"常用"选项卡中的国按钮或选择菜单栏中的"插入记录|表格"（快捷键 Ctrl＋Alt＋T）命令，打开"表格"对话框。

步骤 4：设置表格信息，如图 5-2 所示。

① 在对话框的"行数"文本框中输入"13"，"列数"文本框中输入"5"。

② 表格宽度设置为"480"，选择"像素"为单位。

③ 边框粗细值设为"1"。

④ 单元格边距设为"1"，单元格间距设为"0"。

图 5-2　"表格"对话框

各参数意义如下：

① 行数：设置新建表格的行数。

② 列数：设置新建表格的列数。

③ 表格宽度：设置新建表格的宽度。在其右边的下拉列表框中可以选择以像素为单位

或按浏览器窗口宽度的百分比指定表格的宽度。

④ 边框粗细:指定表格边框的宽度(以像素为单位)。如果其值为 0,则在浏览时看不到表格的边框。

⑤ 单元格边距:确定单元格内容和单元格边界之间的像素数。

⑥ 单元格间距:确定相邻单元格之间的像素数。

⑦ 页眉:定义表头样式,有以下 4 种样式供选择:

• 无:对表格不启用列或行标题。

• 左对齐:将表格的第一列作为标题,以便可以为表格中的每一行输入一个标题。

• 顶部对齐:将表格的第一行作为标题行,以便可以为表格中的每一行输入一个标题。

• 两者兼有:使用户能够在表格中输入列标题和行标题。

⑧ 标题:定义一个显示在表格外的表格标题。

⑨ 对齐标题:指定表格标题相对于表格的显示位置。

⑩ 摘要:用来对表格进行注释。此内容不显示在用户的浏览器中。

步骤 5:单击"确定"按钮,完成普通表格的插入,如图 5-3 所示。

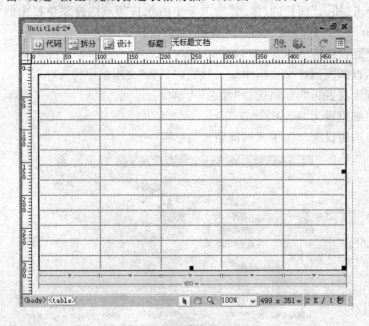

图 5-3　插入表格

步骤 6:在"标题"文本框中输入文字:"网页设计教程学时分配"。

步骤 7:输入信息,如图 5-4 所示。

① 将鼠标光标定位到要插入内容的单元格中。

② 依照图 5-1 中的内容在表格中依次输入内容。

步骤 8:调整表格。

步骤 9:设置字体、字号和对齐等。

① 选中整个表格中的单元格,在"属性"面板的"字体"下拉列表框中选择"宋体"选项,"大小"设置为"10",在其后的下拉列表框中选择"点阵"选项作为字号单位。

② 选中第 1 行,单击"属性"面板上的"居中对齐"按钮 ☰。

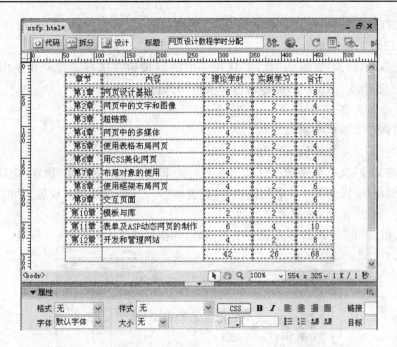

图 5-4　表格中输入信息

③ 选中第 1 列及第 3～5 列,单击"中性"面板上的"居中对齐"按钮▤。

步骤 10:查看效果。保存网页,命名为"xsfp. html"。按 F12 键,在打开的浏览器中即可看到输入内容后的表格效果。

2. 插入嵌套表格

嵌套表格就是在表格的某个单元格中再插入一个表格。在制作页面较为复杂的网页时,可以使用嵌套表格来对其进行布局。

【案例 5.2】 在"网页设计教程学时分配"表格中插入一个表格,用于总计理论学时和实践学时,效果如图 5-5 所示。

章节	内容	理论学时	实践学习	合计
第1章	网页设计基础	6	2	8
第2章	网页中的文字和图像	2	2	4
第3章	超链接	2	2	4
第4章	网页中的多媒体	4	2	6
第5章	使用表格布局网页	2	2	4
第6章	用CSS美化网页	2	2	4
第7章	布局对象的使用	4	2	6
第8章	使用框架布局网页	4	2	6
第9章	交互页面	4	2	6
第10章	模板与库	2	2	4
第11章	表单及ASP动态网页的制作	6	4	10
第12章	开发和管理网站	4	2	8
说明	理论学时 42 实践学时 26 总计 68	42	26	68

图 5-5　在表格中插入表格后的显示效果

步骤 1:打开有"网页设计教程学时分配"表格的网页(名称:xsfp. html),将光标定位到倒数第一行的第二个单元格。

步骤 2:单击"插入"面板的"常用"选项卡中的 ▦ 按钮或选择菜单栏中的"插入记录"|"表格"(快捷键 Ctrl+Alt+T)命令,打开"表格"对话框。

步骤 3:添加表格。

① 在"行数"文本框中输入"3"。

② 在"列数"文本框中输入"2"。

③ "表格宽度"文本框中输入"200",在其后的下拉列表框中选择"像素"选项。

④ "边框粗细"设置为1,"单元格边距"设置为"1","单元格间距"设置为"0",其他默认。

⑤ 单击"确定"按钮,完成表格的插入。

步骤 4:依照图 5-5 添加插入表格中的内容,并格式化文本,如图 5-6 所示。

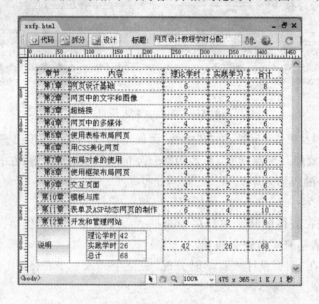

图 5-6　表格中插入表格的效果

步骤 5:查看效果。保存网页,按 F12 键即可在打开的浏览器中查看到表格中插入表格的效果。

5.1.2　在表格中添加内容

在创建好的表格中既可添加普通元素(文本和图像等),也可以添加表单元素、Flash 元素等其他元素。

1. 表格中添加图像元素

【案例 5.3】　在表格中添加图像。

1. 要求

(1) 将图像添加到网页内的表格中。

网页名:mysite\exam\example5_1. html,图像名:mysite\image\张惠妹. jpg。

(2) 添加图像显示效果如图 5-7 所示。

图 5-7　案例显示效果

2. 案例实现

步骤 1: 启动 Dreamweaver CS3,打开网页 example5_1.html。

步骤 2: 将光标定位到要插入图像的表格中(第 1 行第 3 列的单元格),如图 5-8 所示。

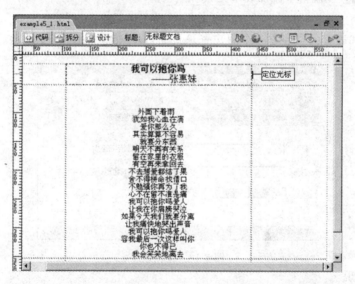

图 5-8　定位光标

步骤 3: 选择"插入记录"|"图像"菜单命令,打开"选择图像源文件"对话框。

步骤 4: 选择文件,如图 5-9 所示。

① 在打开的对话框的"查找范围"下拉列表框中选择文件的存放位置。

② 在下面的列表框中选择要插入的图像文件,并选中"预览图像"复选框。

③ 单击"确定"按钮,完成图像的插入。

步骤 5: 调整图像大小以及表格,使其看上去美观些。

步骤 6: 预览效果。保存文件,按 F12 键,在打开的浏览器中可看到插入图像后的效果。

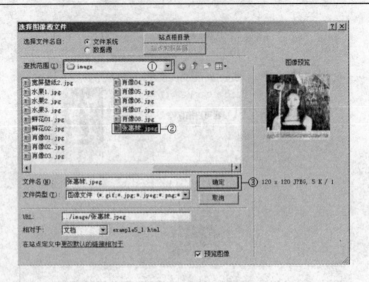

图 5-9　选择图像源文件

注意:(1) 在向表格中添加内容时,单元格会自动进行伸展以适应内容大小。

　　　(2) 表格中可添加多幅图像。

2. 表格中添加其他元素

【**案例 5.4**】　在表格中添加表单元素。

1. 要求

使用表格和表单元素建立一个用户登录页面,显示效果如图 5-10 所示。

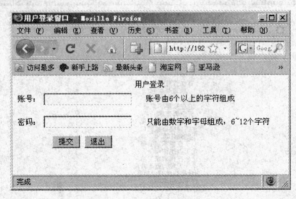

图 5-10　案例效果

2. 案例实现

步骤 1:启动 Dreamweaver CS3,新建一个 ASP 对象。

步骤 2:新建一个 3×3 的表格。

① 单击"插入"面板的"常用"选项卡中的"表格"按钮,或选择"插入记录"|"表格"菜单命令(组合键:Ctrl+Alt+T),打开"表格"对话框。

② 设置参数。行数:3;列数:3;边框宽度:0;单元格边距:1;标题:用户登录;对齐标题:顶部。其他默认。如图 5-11 所示。

步骤 3:单击"确定"按钮,完成表格的创建。

步骤 4:在"标题"文本框中输入:"用户登录窗口"文本。

步骤 5：将光标定位到第一行第一列的单元格，输入："账号："文本。依此方法，输入其他文本。

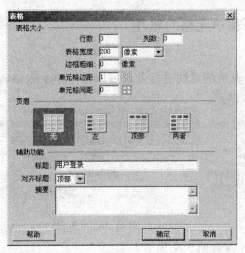

图 5-11 "表格"对话框

步骤 6：将光标定位到第一行第二列的单元格，单击"插入"面板中"表单"选项卡下的"文本字段"按钮 I，或选择"插入记录"|"表单"|"文本域"菜单命令，打开"输入标签辅助功能属性"对话框。

步骤 7：在打开的对话框中使用默认值，单击"确定"按钮，在弹出的对话框中单击"是"按钮，完成文本域的添加。

步骤 8：使用相同的方法在"密码"后面的单元格中添加文本域。

步骤 9：合并单元格。选择第三行的第 1、2 单元格，选择"修改"|"表格"|"合并单元格"菜单命令，完成单元格的合并。

步骤 10：将光标定位到合并的单元格中，选择"插入记录"|"表单"|"按钮"菜单命令，打开"输入标签辅助功能属性"对话框。

步骤 11：在打开的对话框中使用默认值，单击"确定"按钮，在弹出的对话框中单击"是"按钮，完成按钮的添加。

步骤 12：用同样的方法在新建的按钮后添加一个按钮。

步骤 13：设置第二个按钮上显示的文字为"退出"。选中第二个按钮，在"属性"面板的"值"文本框中输入"退出"文本，并按回车键确认。

步骤 14：修饰表格中的文字及表单元素，调整表格宽度，如图 5-12 所示。

图 5-12 在表格中插入文本和表单对象的效果

步骤 15：预览效果。保存所编辑的网页，按 F12 键，在打开的浏览器中即可看到在单元格中添加表单元素后的网页效果，如图 5-10 所示。

5.1.3 设置表格和单元格的属性

1. 设置表格属性

插入表格后，若需对表格的属性进行设置可以选中整个表格，表格"属性"面板中将显示整个表格属性，如图 5-13 所示。

图 5-13 表格"属性"面板

表格"属性"面板中各参数的含义如下：

(1) 表格 Id：输入表格名称，主要是便于其他程序如 ASP 程序调用。

(2) 行、列：设置表格的行数和列数。

(3) 宽：设置表格的宽度，单位为像素或百分比。

(4) 填充：相当于设置单元格内容与单元格内部边界之间的距离，单位为"像素"。

(5) 对齐：设置表格在文档中的对齐方式，有"默认"、"左对齐"、"居中对齐"和"右对齐" 4 种选择。

(6) 类：若创建了 CSS 样式表，则可在右边的下拉列表中选择。

(7) 间距：相当于设置相邻单元格之间的像素数。

(8) 边框：设置表格边框的宽度。

(9) 背景颜色：设置表格的背景颜色。

(10) 边框颜色：设置表格的边框颜色。

(11) 背景图像：设置表格的背景图像。

(12) "清除列宽"按钮 、"清除行高"按钮 ：分别清除已经指定过的列宽和行高。

(13) "将表格宽度转换成像素"按钮 ：将表格宽度由百分比转换成像素。

(14) "将表格宽度转换成百分比"按钮 ：将表格宽度由像素转换成百分比。

2. 设置单元格属性

将光标置于单元格中，该单元格就处于被选中状态，此时单元格"属性"面板中显示出所有允许设置的单元格属性，如图 5-14 所示。

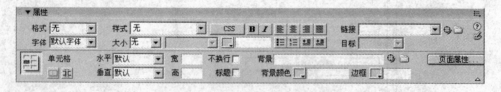

图 5-14 单元格"属性"面板

在单元格的"属性"面板中主要有以下参数：

（1）水平：设置单元格中对象的水平对齐方式，其下拉列表框中有 4 个选项，分别是："默认"、"左对齐"、"居中对齐"和"右对齐"。

（2）垂直：设置单元格中对象的垂直对齐方式，其下拉列表框中包括 5 个选项，分别是："默认"、"顶端"、"居中"、"底部"和"基线"。

（3）宽和高：设置单元格的宽与高。

（4）不换行：选中此项表示表格的宽度将随单元格内元素的不断增加而加长。

（5）标题：选中此项将当前单元格设置为标题行。

（6）背景：设置表格的背景图像。

（7）边框：设置表格边框的颜色。

（8）"合并单元格"按钮▭：合并所选单元格，选择的区域必须为矩形才可以合并成一个单元格。

（9）"拆分单元格"按钮⛶：拆分单元格为行或列，在弹出的对话框中选择将单元格拆分成行还是列，以及输入拆分的行数或者列数。

【案例 5.5】　单元格的属性设置——表格中添加背景图像。

1．要求

学时分配网页中（网页：mysite\xsfp.html）的内容是本书各章的学时分配，请为"章节"列添加背景图像（图像名：mysite\image\headline.gif）。

2．案例实现

步骤 1：启动 Dreamweaver CS3，打开网页：mysite\xsfp.html。

步骤 2：选中表格的第 1 列（即"章节"列）。

① 将鼠标光标定位在表格第一行的第一个单元格。

② 按住 Shift 键不放，用鼠标单击表格最后一行的第一个单元格。则"章节"列被选中。

步骤 3：单击"属性"面板中"背景"右侧"单元格背景 URL"按钮▭，打开"选择图像源文件"对话框。

步骤 4：选择背景图像，如图 5-15 所示。

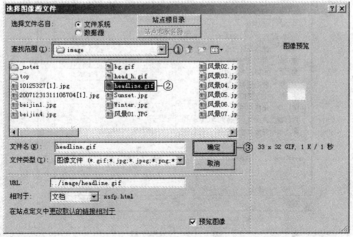

图 5-15　"选择图像源文件"对话框

① 在打开的对话框的"查找范围"下拉列表框中选择文件的存放位置。

② 在下面的列表框中选择要插入的图像文件,并选中"预览图像"复选框。

③ 单击"确定"按钮,完成背景图像的设置,效果如图 5-16 所示。

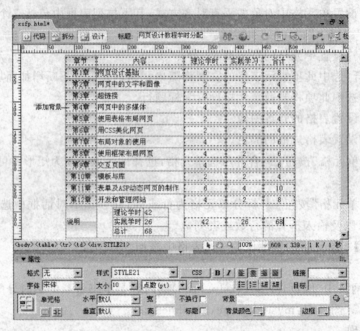

图 5-16　单元格设置背景效果

步骤 5:预览效果。保存网页,按 F12 键在打开的浏览器中即可看到在单元格中添加背景后的网页效果,如图 5-17 所示。

图 5-17　案例效果

5.2　表格的基本操作

在创建表格并向表格输入内容之后,有时需要对表格做进一步的处理,如调整表格的高度和宽度、添加或删除行或列、合并单元格、拆分单元格以及剪切、复制、粘贴单元格等。

5.2.1　选择表格元素

1. 选择整个表格

下面的几种方法都可以选定整个表格。

方法 1:通过标签选择表格。

将鼠标光标定位到表格的任意单元格中,单击编辑窗口左下角标签选择器中的<table>标签即可。

方法 2:通过边框选择表格。

将鼠标光标移到表格的边框上,当鼠标光标变为 ↔ 或 ⇳ 形状时,单击鼠标即可。

方法 3:通过单元格选择表格。

将光标置于表格内的任意位置,选择"修改"|"表格"|"选择表格"命令,即可选中整个表格。

方法 4:通过快捷菜单选择表格。

用鼠标右击表格中的任一单元格,从弹出的快捷菜单中选择"表格"|"选择表格"命令,即可选中整个表格。

2. 选择单元格

在网页中可以选择单个单元格、连续的多个单元格和不连续的多个单元格。

(1) 选中单个单元格

方法 1:将光标置于要选中的单元格中,然后按 Ctrl+A 组合键,即可选中该单元格。

方法 2:将光标置于要选中的单元格中,然后选择"编辑"|"全选"命令,也可选中该单元格。

方法 3:将光标置于要选中的单元格中,然后单击文档窗口左下角的<td>标签可以选中一个单元格。

(2) 选中连续单元格

方法 1:将光标置于第 1 个单元格,按住鼠标左键不放并拖曳鼠标至最后一个单元格,则可选中多个连续的单元格。

方法 2:将光标置于第 1 个单元格,按住 Shift 键不放,用鼠标左击最后一个单元格,则可选中多个连续的单元格。

(3) 选中不连续的多个单元格

按住 Ctrl 键不放,然后单击要选中的单元格即可选中不相邻的多个单元格。

3. 选择行或列

选择表格的行或列的方法如下:

(1) 当鼠标位于要选择的列顶或行首时,鼠标指针变成了 ↓ 或 → 形状时,单击鼠标左键即可选中列或行。

（2）按住鼠标左键不放从上至下或从左至右拖曳鼠标，即可选中列或行。

4. 调整表格高度和宽度

用"属性"面板中的"宽"和"高"文本框能精确地调整表格的大小，而用鼠标拖动调整则显得更为方便快捷。调整表格大小的具体方法如下：

（1）调整表格的宽度：选中整个表格，将光标置于表格右边控制点上，当光标变成 ↔ 形状时，拖动鼠标即可调整整个表格宽度，各列会被均匀调整。

（2）调整表格的高度：选中整个表格，将光标置于表格底边控制点上，当光标变成 ↕ 形状时，拖动鼠标即可调整整个表格高度，各行会被均匀调整。

（3）同时调整表格的宽和高：选中整个表格，将光标置于表格右下角控制点上，当光标变成 ↘ 形状时，拖动鼠标即可同时调整表格的宽度和高度。

5.2.2 操作表格的行或列

1. 添加行或列

添加行或列的步骤如下：

（1）将光标置于要添加行或列的单元格内。

（2）按鼠标右键，从弹出的快捷菜单中选择"表格"菜单，弹出如图 5-18 所示的"表格"子菜单。

（3）用户可以选择"插入行"、"插入列"、"插入行或列"命令之一。

- 插入行：选择此命令，则在所选单元格的上面插入一行。
- 插入列：选择此命令，则在所选单元格的左边插入一列。
- 插入行或列：选择此命令，则弹出如图 5-19 所示的"插入行或列"对话框。可以选择插入"行"或"列"，输入插入的行数或者列数，选择插入位置，单击"确定"按钮。

用户也可以使用"插入"面板上的"布局"选项卡中的 按钮来实现在当前单元格处上边、下边插入行和左边、右边插入列。

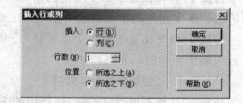

图 5-18 "表格"子菜单   图 5-19 "插入行或列"对话框

2．删除行或列

删除表格行或列的步骤如下：

（1）选定要删除的行或列。

（2）单击鼠标右键，从弹出的快捷菜单中选择"表格"|"删除行"|"删除列"命令，或者选择菜单"修改"|"表格"|"删除行"|"删除列"命令，或者按 Delete 键可以删除行或列。

注意：按 Ctrl＋Shift＋M 组合键删除光标所在的行，Ctrl＋Shift＋－组合键删除光标所在的列。

5.2.3　拆分或合并单元格

1．拆分单元格

拆分单元格的步骤如下：

（1）选定要拆分的单元格。

（2）执行下列操作之一：

① 右击鼠标，从弹出的快捷菜单中选择"表格"|"拆分单元格"命令。

② 选择菜单"修改"|"表格"|"拆分单元格"命令。

③ 单击"单元格"属性面板上的"拆分单元格为行或列"按钮 北，弹出如图 5-20 所示的"拆分单元格"对话框。

（3）选择拆分为行或列，并输入行数或列数，单击"确定"按钮，完成拆分。

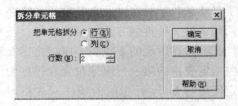

图 5-20　"拆分单元格"对话框

注意：一次只能对一个单元格进行拆分。

2．合并单元格

合并单元格的步骤如下：

（1）选定要合并的单元格。

注意：所选区域必须是矩形。

（2）执行下列操作之一：

① 右击鼠标，从弹出的快捷菜单中选择"表格"|"合并单元格"命令。

② 选择菜单"修改"|"表格"|"合并单元格"命令。

③ 单击"单元格"属性面板上的"合并所选单元格"按钮，则将所选"单元格"合并。

5.2.4　剪切、复制、粘贴单元格

1．剪切单元格

选中要剪切的单元格，选择"编辑"|"剪切"命令，则单元格中的内容被清除。

2．复制单元格

选中要复制的单元格，选择"编辑"|"拷贝"命令，单元格中的内容被保存到剪贴板中。

3. 粘贴单元格

将光标置于相应的位置,选择"编辑"|"粘贴"命令,粘贴单元格。

5.2.5 表格的排序

Dreamweaver CS3 允许按表格列的内容对表格进行排序。选择"命令"|"排序表格"命令,打开"排序表格"对话框,如图 5-21 所示。

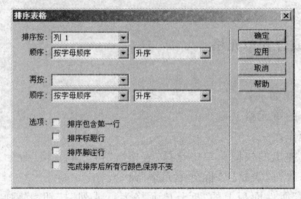

图 5-21 "排序表格"对话框

参数说明:

- "排序按":确定哪个列的值用于对表格的行进行排序。
- "顺序":确定是按字母还是数字顺序以及是升序还是降序对列进行排序。
- "再按":确定在不同列上第 2 种排列方法的排列顺序。在其后面的下拉列表中指定应用第 2 种排列方法的列,在后面的下拉列表中指定第 2 种排序方法的排序顺序。
- "排序包含第一行":指定表格的第一行应该包含在排序中。
- "排序标题行":指定使用与 body 行相同的条件对表格 thead 部分中的所有行进行排序。
- "排序脚注行":指定使用与 body 行相同的条件对表格 tfood 部分中的所有行进行排序。
- "完成排序后所有行颜色保持不变":指定排序之后表格行属性应该与同一内容保持关联。

【案例 5.6】 网页中表格的排序。

1. 要求

"学生成绩报告单"网页中(网页:mysite\xscj. html)列出了某班学生一学期的各科成绩及总成绩〔图 5-22(a)〕,请将该班学生成绩按总分从高到低显示〔图 5-22(b)〕。

(a)

(b)

图 5-22 学生成绩报告单网页排序前和排序后的效果

2. 案例实现

步骤 1: 启动 Dreamweaver CS3,打开网页"xscj.html",如图 5-23 所示。

步骤 2: 选择"命令"|"排序表格"菜单命令,打开"排序表格"对话框。

步骤 3: 设置"排序表格"对话框,如图 5-24 所示。

① 在"排序按"下拉列表中选择"列 8"(总分)选项。

② 在"顺序"下拉列表中选择"按数字顺序"选项。

③ 选择排序方式为"降序"。

④ 不选中复选框。

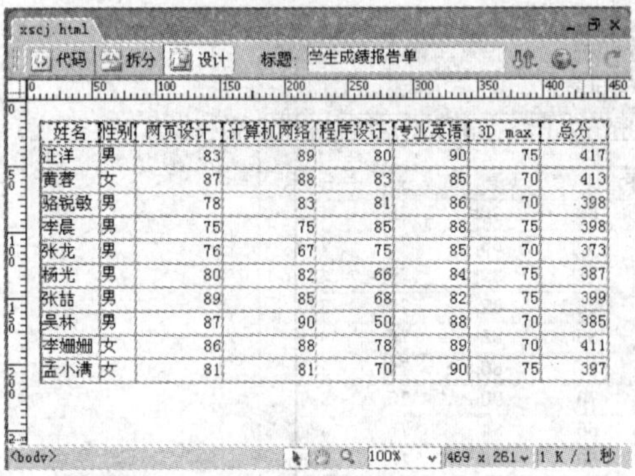

图 5-23 打开的原始网页 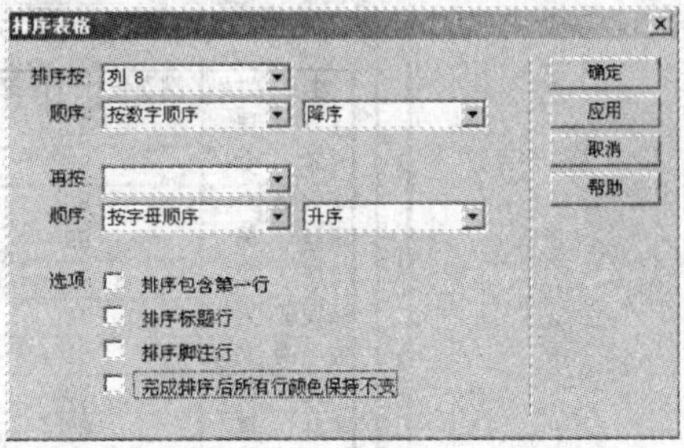　　　　　图 5-24 设置"排序表格"对话框

步骤 4: 单击"确定"按钮,完成排序设置,如图 5-25 所示。

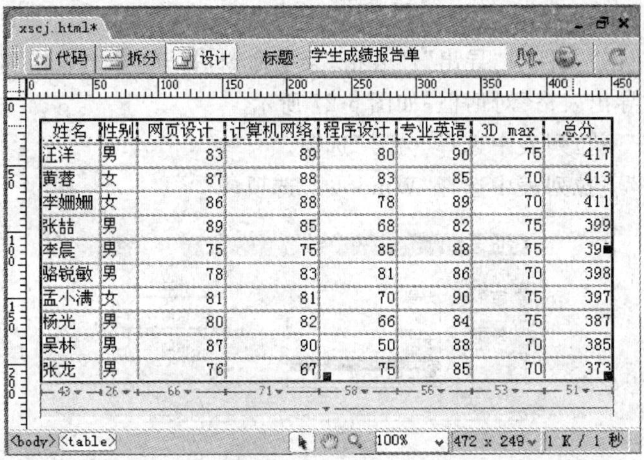

图 5-25 设置"排序表格"效果

步骤 5: 保存网页,按 F12 键在浏览器中显示,如图 5-22(b)所示。

5.2.6 导入和导出表格数据

1. 导出表格数据

Dreamweaver CS3 提供了导出表格数据功能,用户可以将网页中的数据导出到文本文件中,然后再用其他软件对数据进行处理。

【案例 5.7】 导出表格数据。

1. 要求

(1) 将学生成绩报告单中的(网页文件名：xscj. html)成绩表导出到名为"student. txt"文件中。

(2) 用分号(；)作分隔符。

2. 案例实现

步骤 1: 启动 Dreamweaver CS3,打开网页"xscj. html"。

步骤 2: 选中表格,如图 5-26 所示。

姓名	性别	网页设计	计算机网络	程序设计	专业英语	3D max	总分
汪洋	男	83	89	80	90	75	417
黄蓉	女	87	88	83	85	70	413
李姗姗	女	86	88	78	89	70	411
张喆	男	89	85	68	82	75	399
李晨	男	75	75	85	88	75	39■
骆锐敏	男	78	83	81	86	70	398
孟小涛	女	81	81	70	90	75	397
杨光	男	80	82	66	84	75	387
吴林	男	87	90	50	88	70	385
张龙	男	76	67	75	85	70	373

图 5-26　选中表格

步骤 3: 依次单击"文件"|"导出"|"表格"菜单命令,打开"导出表格"对话框。

步骤 4: 设置"导出表格"对话框,如图 5-27 所示。

① 在"定界符"下拉列表中选择"分号"选项。

② 在"换行符"下拉列表中选择"Windows"选项。

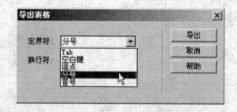

图 5-27　设置"导出表格"对话框

步骤 5: 单击"导出"按钮,打开"表格导出为"对话框。

步骤 6: 设置"表格导出为"对话框。如图 5-28 所示。

① 在"保存在"下拉列表中选择"mysite\exam"目录。

② 在"文件名"文本框中输入"student. txt"字符。

步骤 7: 单击"保存"按钮,完成表格数据的导出。

步骤 8: 用记事本打开文件"student. txt",如图 5-29 所示。

图 5-28　设置"表格导出为"对话框

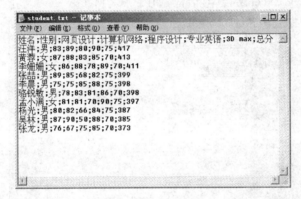

图 5-29　在记事本中打开"student. txt"文件

2. 导入表格式数据

在网页中经常需要插入表格数据,若要在表格中插入大量的数据时,其工作量将非常大。Dreamweaver CS3 提供了表格导入功能,用户可以导入其他程序创建的表格文件,文件可以是 XML 到模板、表格式数据、Excel 文档、Word 文档。

【**案例 5.8**】　导入表格数据。

1. 要求

(1) 将 Excel 表中(文件名:student. xls,位置:mysite/exam)的数据导入新建的 example5_5_1 网页中。Excel 表中数据如图 5-30 所示。

	A	B	C	D	E	F	G	H
1				计网051成绩表				
2	姓名	性别	网页设计	计算机网络	程序设计	专业英语	3D max	总分
3	汪洋	男	83	89	80	90	75	417
4	黄蓉	女	87	88	83	85	70	413
5	骆锐敏	男	78	83	81	86	70	398
6	李晨	男	75	75	85	88	75	398
7	张龙	男	76	67	75	85	70	373
8	杨光	男	80	82	66	84	75	387
9	张喆	男	89	85	68	82	75	399
10	吴林	男	87	90	50	88	70	385
11	李姗姗	女	86	88	78	89	70	411
12	孟小满	女	81	81	70	90	75	397

图 5-30　Excel 数据表

（2）将案例 5.8 中导出的数据（文件名：student.txt，位置：mysite/exam）导入到新建的 example5_5_2.html 网页中。student.txt 文件中的数据如图 5-31 所示。

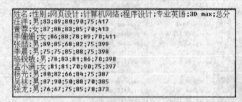

图 5-31　表格式数据表

2. 案例实现

（1）导入 Excel 文档中的数据

步骤 1：启动 Dreamweaver CS3，新建一个空白的网页，保存该网页，命名为 example5_5_1.html。

步骤 2：选择"文件"|"导入"|"Excel 文档"菜单命令，打开"导入 Excel 文档"对话框。

步骤 3：设置"导入 Excel 文档"对话框，如图 5-32 所示。

图 5-32　设置"导入 Excel 文档"对话框

① 在"查找范围"下拉列表中选择"mysite\exam"（D 盘）。

② 在列表框中选择"student.xls"文件。

步骤 4：单击"打开"按钮，完成"Excel 文档"的导入，如图 5-33 所示。

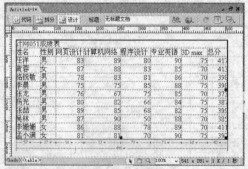

图 5-33　导入 Excel 文档后的网页显示效果

（2）导入格式化数据

步骤 1： 启动 Dreamweaver CS3，新建一个空白的网页，保存该网页，命名为 example5_5_2.html。

步骤 2： 选择"文件"|"导入"|"表格式数据"菜单命令，打开"导入表格式数据"对话框。

步骤 3： 设置"导入表格式数据"对话框，如图 5-34 所示。

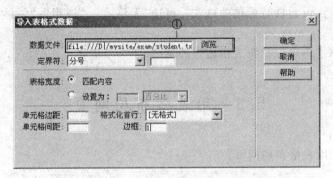

图 5-34 设置"导入表格式数据"对话框

① 单击"浏览"按钮，在打开的对话框中选择文件"student.txt"。

② 在"定界符"下拉列表中选择"分号"。

③ 其他选项默认。

步骤 4： 单击"确定"按钮，完成表格式数据的导入，如图 5-35 所示。

姓名	性别	网页设计	计算机网络	程序设计	专业英语	3D max	总分
汪洋	男	83	89	80	90	75	417
黄蓉	女	87	88	83	85	70	413
李姗姗	女	86	88	78	89	70	411
张喆	男	89	85	68	82	75	399
李晨	男	75	75	85	82	75	398
骆锐敏	男	78	83	81	86	70	398
孟小满	女	81	81	70	90	75	397
杨光	男	80	82	66	84	75	387
吴林	男	87	90	50	88	70	385
张龙	男	76	67	75	85	70	373

图 5-35 导入表格式数据的效果

"导入表格式数据"对话框中各参数意义如下：

- 数据文件：输入要导入的数据文件的路径及文件名，或单击右边的"浏览"按钮进行选择。
- 定界符：选择定界符，使之与导入的数据文件格式匹配。包括"Tab"、"逗点"、"分号"、"引号"和"其他"5 个选项。

- 表格宽度:设置导入表格的宽度。它有两个选项:
  - ➤ 匹配内容:选中此单选项,创建一个根据最长文件进行调整的表格。
  - ➤ 设置为:选中此单选项,在后面的文本框中输入表格的宽度(像素)或百分比数。
- 单元格边距:设置单元格内容和单元格边界之间的像素数。
- 单元格间距:设置两相邻单元格间的像素数。
- 格式化首行:设置首行标题的格式。可选"无格式"、"加粗"、"斜体"和"加粗斜体"4 个选项。
- 边框:以像素为单位设置表格边框的宽度。

5.3 用表格布局网页

【案例 5.9】 用表格布局网页。

1. 要求

利用表格进行页面布局,制作如图 5-36 所示的网页。网页中的图片名为 beijin1.jpg,位于 mysite\image 文件夹中。网页保存到 mysite\exam 文件夹中,文件名称为"简历.html"。

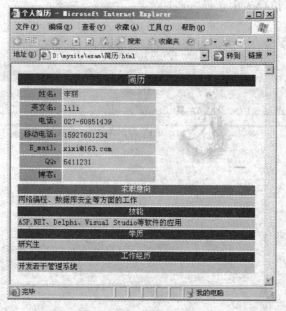

图 5-36 案例效果

2. 案例实现

步骤 1:启动 Dreamweaver CS3,新建一个空白的网页,保存该网页,取名为"简历.html","标题"文本框中输入"个人简历"。

步骤 2:选择"插入记录"|"表格"命令,打开"表格"对话框。

步骤 3:设置"表格"对话框,如图 5-37 所示。

① 在"行数"文本框中输入"10","列数"文本框中输入"1"。

② 在"表格宽度"文本框中输入"500"。

③ 在"边框粗细"文本框中输入"0"。

步骤 4：单击"确定"按钮，插入表格，如图 5-38 所示。

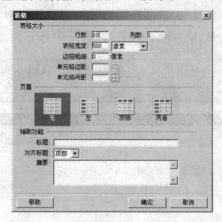

图 5-37　设置"表格"对话框

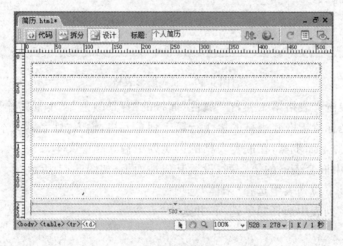

图 5-38　插入表格

步骤 5：将鼠标光标定位到第 1 行单元格中，输入文本"个人简历"，并居中对齐。

步骤 6：在"属性"面板的"文本颜色"框中输入"♯FFFFFF"，"背景颜色"文本框中输入"♯333333"，如图 5-39 所示。

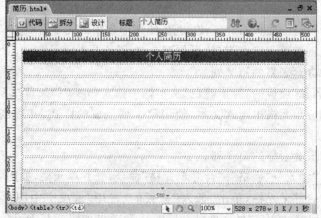

图 5-39　插入文本并格式化文本

步骤 7：将鼠标光标定位到第 1 行单元格中。选择"插入记录"|"表格"命令，打开"表格"对话框，设置"行数"和"列数"文本框分别为"7"和"3"，"表格宽度"为"500"，"边框粗细"为"0"。然后单击"确定"按钮，插入嵌套表格，如图 5-40 所示。

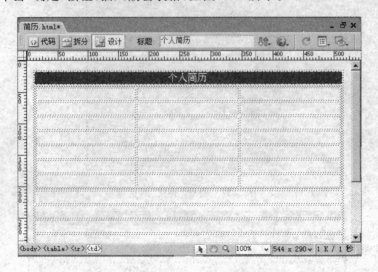

图 5-40　插入嵌套表格

步骤 8：选中嵌套表格第 1 列，在"属性"面板的"背景颜色"文本框中输入"♯999999"。

步骤 9：将光标置于嵌套表格的第 1 行第 1 列单元格，输入"姓名："文本。

步骤 10：依照上面步骤，在嵌套表格的第 1 列中输入相应文本。

步骤 11：选中嵌套表格的第 1 列，设置其属性面板，如图 5-41 所示。

① 在"字体"下拉列表中选择"宋体"选项。

② 在"大小"列表中选择"10"选项，并选中"点数"。

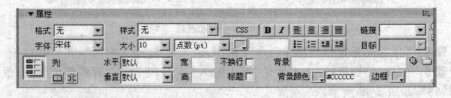

图 5-41　设置"属性"面板

步骤 12：单击"属性"面板右对齐按钮██，使选中列中的文本右对齐。

步骤 13：适当调整单元格宽度，效果如图 5-42 所示。

步骤 14：选中嵌套表格的第 2 列。

步骤 15：在"属性"面板的"背景颜色"文本框中输入"♯CCCCCC"。

步骤 16：在相应单元格中输入文本，使用第 1 列生成的样式，并适当调整该列宽度，效果如图 5-43 所示。

步骤 17：选中嵌套表格的第 3 列。

步骤 18：选择"修改"|"表格"|"合并单元格"命令，合并单元格，如图 5-44 所示。

步骤 19：选中合并单元格，单击"插入"面板的"常用"选项卡中图片按钮██，从弹出的"选择图像源文件"对话框中选择文件"beijin1.jpg"，效果如图 5-45 所示。

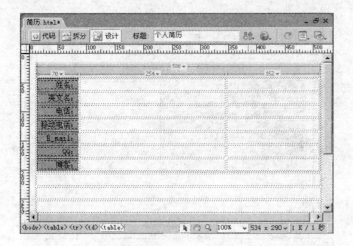

图 5-42　输入文本并设置背景颜色

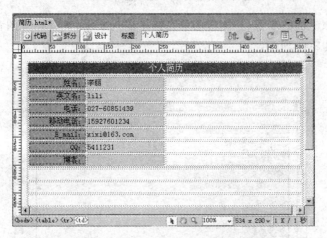

图 5-43　添加第 2 列的文本及背景颜色

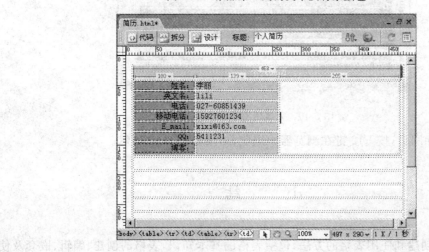

图 5-44　合并单元格

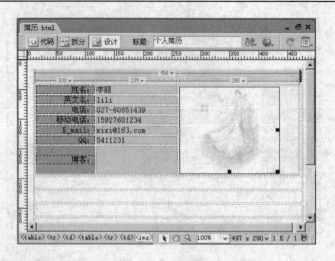

图 5-45　添加图像

步骤 20：依照上面的步骤，在相应的单元格中输入文本，设置相应的背景颜色和前景颜色，最终效果如图 5-46 所示。

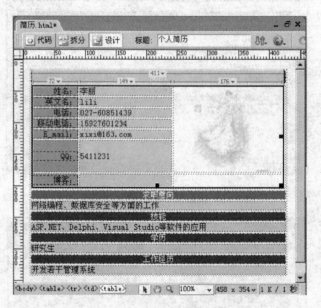

图 5-46　完成所有添加效果

步骤 21：保存网页，按 F12 键在浏览器中浏览，结果如图 5-46 所示。

小　　结

本章介绍了创建和使用表格的方法，包括表格的基本知识，表格的创建、编辑、嵌套及使用表格布局页面等内容。通过本章的学习，读者应掌握表格的基本操作方法，并且能够利用表格布局网页。

习　题

1. 选择题

（1）Dreamweaver CS3 提供了两种编辑和查看表格的方式：＿＿＿＿＿＿＿ 模式和
＿＿＿＿＿＿＿模式。在＿＿＿＿＿＿模式下,表格显示为方框;在＿＿＿＿＿＿模式下,表格显示为行和列
的网格。

（2）嵌套表格是指＿＿＿＿＿＿＿＿＿＿＿。

（3）要导入表格式数据文件,可选择＿＿＿＿＿＿＿命令或＿＿＿＿＿＿＿命令。

2. 填空题

（1）要插入表格,可单击"插入"面板的"常用"选项卡中的＿＿＿＿＿＿按钮。

　　A. 田　　　　　B. 図　　　　　C. 圖　　　　　D. 図

（2）选中表格后,在"属性"面板中单击圖按钮可以＿＿＿＿＿＿。

　　A. 设置边框的粗细　　　　　　　B. 将表格宽度转换成像素

　　C. 设置边框的颜色　　　　　　　D. 删除表格多余的行高

（3）如果要使表格的边框在实际文档显示效果中不显示出来,可以设置表格的＿＿＿＿＿＿
属性值为 0。

　　A. 单元格间距　B. 单元格边距　　　C. 边框粗细　　　　D. 表格宽度

（4）下面列出的哪一项是表格中没有的属性?　＿＿＿＿＿＿

　　A. 背景颜色　　B. 间距　　　　C. 换行　　　　　　D. 自动伸展

（5）在 Dreamweaver CS3 中要控制伸展布局表格中的间距,应使用＿＿＿＿＿＿功能。

　　A. 间隔图像　　B. 自动伸展　　　C. 图像占位符　　D. 媒体插件

实　训

根据本章所学知识,利用表格进行网页布局,完成如图 5-47 的网页设计。

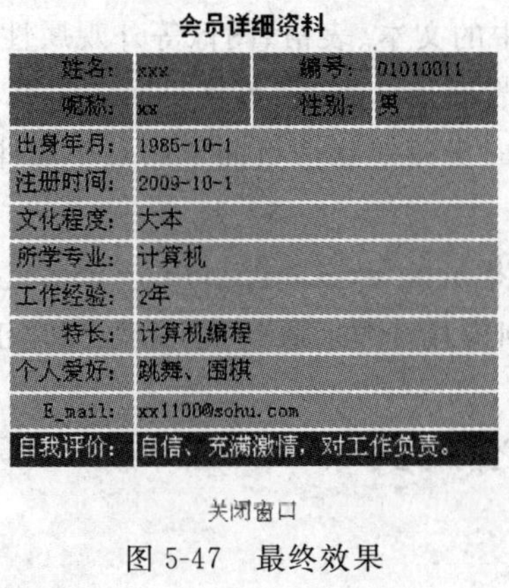

图 5-47　最终效果

用CSS美化网页

本章将学习以下内容：

☞ CSS 样式表的使用

☞ CSS 的属性设置

☞ 使用 CSS 布局创建页面

☞ 使用 CSS 样式定义字体大小

☞ 应用 CSS 样式制作阴影文字

☞ 使用 CSS 为图片添加边框

CSS 是 Cascading Style Sheets 的缩写，简称为层叠样式表。CSS 是一种格式化网页元素的标准方法，它允许网页设计者定义网页元素的样式，应用在网页设计中可使站内的多个页面以统一的样式显示，令整个网站的内容在风格上保持一致。由于样式表 CSS 语言通俗易懂，而且它的各种特效符合网页设计的需要，所以样式表的应用已经相当普遍。本章主要讲述 CSS 的使用、设置 CSS 属性和使用 CSS 布局页面等内容。

6.1　CSS 基础

CSS 是一组能控制文档中的文本、表格、图像等外观属性的组合，用于控制 Web 页面的外观。通过使用 CSS 样式设置页面的格式，可将页面的内容与表示形式分离开。页面中使用 CSS 样式在进行页面更改时无须对每个页面上的每个属性都进行更新，只需更新 CSS 样式就可以了。

新建一个 HTML 文档，将 mysite\exam\guofeng.txt 文档中的内容复制到新建的文档中。定义 3 个 CSS 样式，分别应用于"标题"、"小标题"和"正文"，尽量使页面看起来美观些。效果如图 6-1 所示。

在介绍案例的具体实现之前，先了解 Dreamweaver CS3 中关于 CSS 的相关知识。

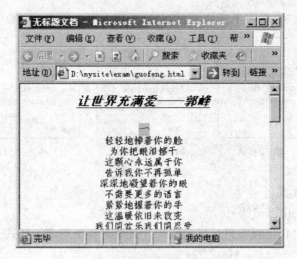

图 6-1　应用了 CSS 样式的页面

6.1.1　Dreamweaver CS3 中 CSS 样式

1. CSS 规则

CSS 格式设置规则由两部分组成:选择器和声明。选择器是标识格式元素的术语(如 font、p、类名称或 ID),而声明则用于定义样式中元素的属性。其格式如图 6-2 所示。

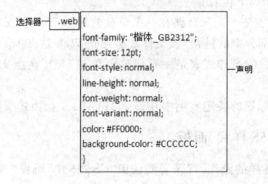

图 6-2　CSS 规则格式

声明由两部分组成:属性(如 font-size)和值(12pt)。上面的规则为.web 标签创建了一个特定的样式:链接到此样式的所有.web 标签都将是 16 点阵大小、楷体、#FF0000 文字颜色、#CCCCCC 背景颜色。

在设计的网页中,可以将.web 标签应用于其他许多标签。通过这种方式,非常便利地更新已定义样式的所有元素的格式。

2. Dreamweaver CS3 中 CSS 样式的类型

Dreamweaver CS3 中 CSS 主要有 3 种,分别是:类 CSS 样式、标签 CSS 样式和伪类 CSS 样式。

(1) 类 CSS 样式

类 CSS 样式如图 6-3(a)所示。

类 CSS 样式可以对任何标签进行样式定义,该样式是比较常用的。其显著特征是名称前有".",在应用样式时,需要手动输入,且只影响到应用该样式的对象。

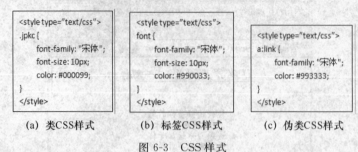

    (a) 类CSS样式   (b) 标签CSS样式   (c) 伪类CSS样式

图 6-3　CSS 样式

（2）标签 CSS 样式

标签 CSS 样式如图 6-3(b)所示。

标签样式可以对特定标签进行样式定义。其显著特征是该类样式会自动为该标签的所有对象应用样式。

（3）伪类 CSS 样式

伪类 CSS 样式如图 6-3(c)所示。

伪类 CSS 样式实际定义的是超链接各状态的显示效果。其显著特征是该类样式会自动为创建了超链接的所有对象应用样式。

3. CSS 的插入位置

CSS 规则可以位于以下位置:

- 外部 CSS 样式表是一系列存储在一个单独的外部 CSS(.css)文件中的 CSS 规则,利用文档文件头部分中的链接,该文件被链接到 Web 站点中的一个或多个页面。
- 内部(或嵌入式)CSS 样式表是一系列包含在 HTML 文档文件头部分的 style 标签内的 CSS 规则。
- 内联样式是在标签的特定实例中在整个 HTML 文档内定义的。

6.1.2　认识"CSS 样式"面板

要对层进行各种各样的操作,首先需要认识"CSS 样式"面板。打开"CSS 样式"面板的方法如下:

方法 1:选择菜单"窗口"|"CSS 样式"命令。

方法 2:按 Shift＋F11 组合键。

打开的"CSS 样式"面板位于 Dreamweaver CS3 编辑窗口的右上角,如图 6-4 所示。

"CSS 样式"面板上参数意义如下:

- 全部 按钮:显示网页中所有 CSS 样式规则。
- 正在 按钮:显示当前选择网页元素的 CSS 样式信息。
- "所有规则"栏:显示当前网页中所有 CSS 样式规则。
- "属性"栏:显示当前选择规则的定义信息。

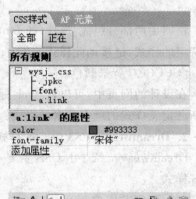

图 6-4　"CSS 样式"面板

- ⚞ 按钮:在"属性"栏中分类显示所有的属性。
- A_{z↓} 按钮:在"属性"栏中按字母顺序显示所有的属性。
- ⚎↓ 按钮:只显示设定了值的属性。
- ⚙ 按钮:链接外部 CSS 文件。
- ⚏ 按钮:新建 CSS 样式规则。
- ✎ 按钮:编辑选择的 CSS 样式规则。
- ⚐ 按钮:删除选择的 CSS 样式规则。

6.1.3　新建 CSS 样式

要使用 CSS 样式,必须创建 CSS 样式。

1. 创建"仅对该文档"的 CSS 样式

【案例 6.1】　创建一个标签名为 web 的 CSS 样式,其样式为:黑体、18 点数、粗体、字体倾斜、文本为蓝色、带下划线。

步骤 1: 启动 Dreamweaver CS3,新建一个普通的 HTML 页面。

步骤 2: 选择"窗口"|"CSS 样式"菜单命令,打开 CSS 样式面板。

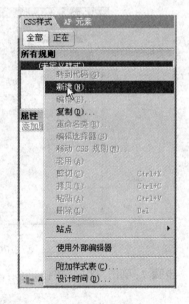

步骤 3: 在 CSS 样式窗口右击"未定义样式",从弹出的菜单中选择"新建"命令,如图 6-5 所示,打开"新建 CSS 规则"对话框。

步骤 4: 设置"新建 CSS 规则"对话框,如图 6-6 所示。

① 在"选择器类型"栏选中"类(可应用于任何标签)"单选按钮。

② 在"名称"下拉列表框中输入名称:web。

③ 在"定义在"栏选中"仅对该文档"单选按钮。

参数说明:

(1) CSS 选择器类型

CSS 选择器类型共有 3 种,分别如下:

① 类:可以把样式属性应用于页面上的任何元素。

② 标签:重新定义特定标签(如 h1)的格式。当更改 h1 标签的 CSS 样式时,所有应用 h1 标签设置了格式的文本都会立即更新。

图 6-5　新建 CSS 样式

③ 高级:可以为具体某个标签组合或包含特定 ID 属性的标签定义格式设置。

图 6-6　设置"新建 CSS 规则"对话框

（2）定义在

可以定义的 CSS 样式的位置。

① 若要将样式放置到已附加到文档的样式表中，只需选择相应的样式表。

② 若要创建外部样式表，则选择"新建样式表文件"。

③ 若要在当前文档中嵌入样式，则选择"仅对该文档"。

步骤 5：单击"确定"按钮，弹出创建的".web 的 CSS 规则定义"对话框。

步骤 6：设置.web 的 CSS 规则，如图 6-7 所示。

① 在"字体"下拉列表框中选择"黑体"。

② 在"大小"下拉列表框中选择字体大小，这里选"18"，在其后的下拉列表框中选择度量单位：点数。

③ 在"粗体"下拉列表框中选择"粗体"选项。

④ 在"样式"列表框中选择"偏斜体"选项。

⑤ 选中"修饰"栏中的"下划线"复选框。

⑥ 单击"颜色"后的"颜色"选择按钮，在弹出的"颜色"选择对话框中选择"蓝色"。

图 6-7　设置.web 的 CSS 规则

步骤 7：单击"确定"按钮，完成.web 的 CSS 规则定义，CSS 面板中显示如图 6-8 所示。

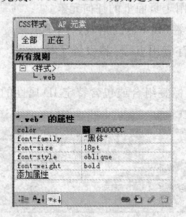

图 6-8　建好的 CSS 样式

2. 创建"样式表文件"

创建"样式表文件"的具体步骤如下：

步骤 1：启动 Dreamweaver CS3，新建一个普通的 HTML 页面。

步骤 2：选择"窗口"|"CSS 样式"菜单命令，打开 CSS 样式面板。

步骤 3：在 CSS 样式窗口右击"未定义样式"（或任一已建样式），从弹出的菜单中选择"新建"命令，打开"新建 CSS 规则"对话框。

步骤 4：新建名称为 web3 的 CSS 样式。

① 在"选择器类型"栏选中"类（可应用于任何标签）"单选按钮。

② 在"名称"下拉列表框中输入文本：web3。

③ 在"定义"栏选中"新建样式表文件"单选按钮。

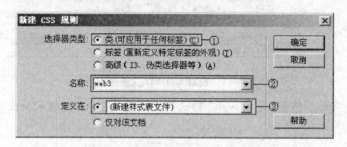

图 6-9　新建名称为 web3 的 CSS 样式

步骤 5：单击"确定"按钮，弹出"保存样式表文件为"对话框。

步骤 6：保存样式表文件 web3，如图 6-10 所示。

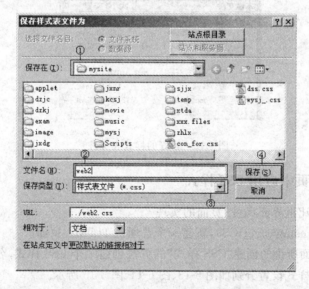

图 6-10　"保存样式表文件为"对话框

① 在"保存在"下拉列表框中选择"样式表文件"web3 的保存位置。

② 在"文件名"文本框中输入字符：web3。

③ 在"保存类型"下拉列表框中选择"样式表文件（ * . css）"。

④ 单击"保存"按钮，保存 web3 样式表文件，并弹出 web3 样式表规则设置对话框。

步骤7：设置 web3 样式表规则，如图 6-11 所示。

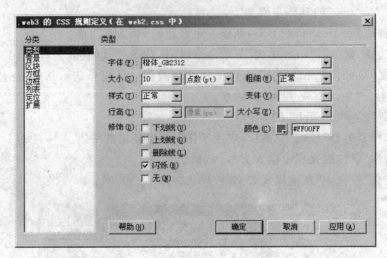

图 6-11 设置 web3 样式表规则

步骤8：单击"确定"按钮，完成 web3 样式表的创建，在站点内显示 web3.css 文件，如图 6-12 所示。

图 6-12 建好的样式表文件

6.1.4 在网页中应用 CSS 样式

【**案例 6.2**】 "让世界充满爱"页面的实现。

步骤1：启动 Dreamweaver CS3，新建一个普通的 HTML 页面。

步骤2：按照前面所讲的创建"CSS 样式"的方法创建 3 个 CSS 样式，名称分别为.title_1、.title_2和.content。样式设置分别如图 6-13、图 6-14、图 6-15 所示。

步骤3：打开 guofeng.txt 文本文档，选中所有内容，复制粘贴到正在编辑的网页页面中，如图 6-16 所示。

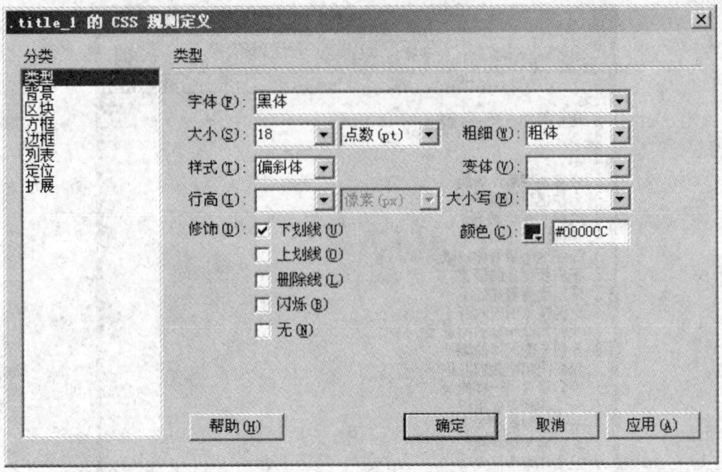

图 6-13　.title_1 的 CSS 样式的设置

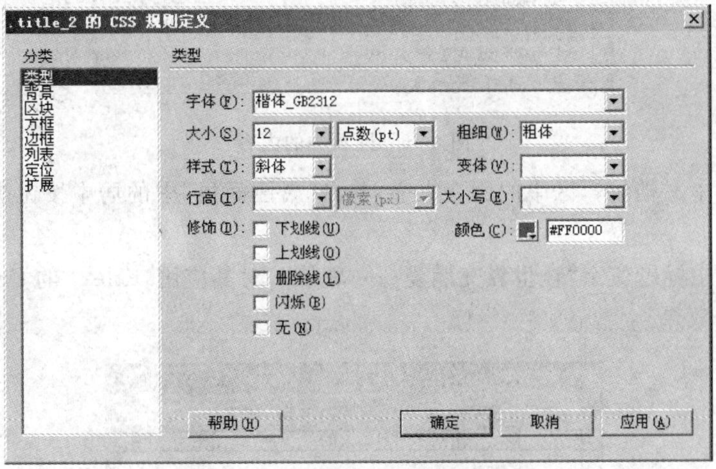

图 6-14　.title_2 的 CSS 样式的设置

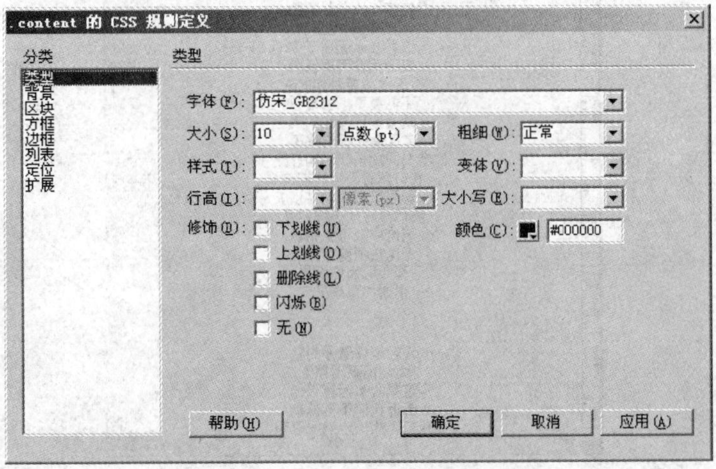

图 6-15　.content 的 CSS 样式的设置

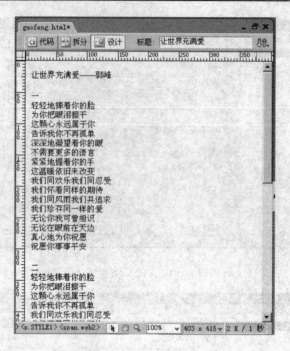

图 6-16　网页中的内容

步骤 4：选中文档编辑区中的所有文字，单击"属性面板"中的居中按钮 ，使所选文字居中。

步骤 5：选中标题文字"让世界充满爱——郭峰"，对其应用 .title_1 的 CSS 样式，得到如图 6-17 所示的效果。

图 6-17　对标题应用 CSS 样式

步骤 6：分别选中"一"、"二"、"三"、"四"，应用 .title_2 的 CSS 样式，得到如图 6-18 所示的效果。

图 6-18 对"一、二、三、四"应用 CSS 样式

步骤 7：选中正文，对其应用 .content 的 CSS 样式，得到如图 6-19 所示的效果。

图 6-19 对正文应用 CSS 样式

步骤 8：保存编辑的文档。命名为 guofeng.html。

步骤 9：预览效果。按 F12 键，在打开的浏览器中可看到其效果。

6.2 定义层叠样式表属性

在 CSS 规则定义对话框中可定义的 CSS 规则很多，主要有 8 种类型。下面分别介绍其定义的方法。

6.2.1 CSS 类型属性的设置

在".title_1 的 CSS 规则定义"对话框的"分类"列表框中选择"类型"选项，如图 6-20 所示，用户可以在对话框右侧对文本的样式进行设置。

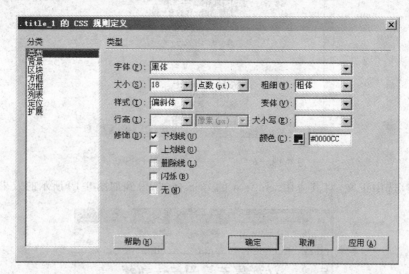

图 6-20 ".title_1 的 CSS 规则定义"的"类型"选项对话框

对话框中各选项的含义如下：

- **字体：**用于设置文本的字体。
- **大小：**用于设置文本字体的大小。
- **粗细：**用于设置文本粗细程度，如"粗体"。"正常"等于 400；"粗体"等于 700。
- **样式：**用于设置文本的特殊格式，如"斜体"、"偏斜体"等。
- **变体：**用于设置文本的变形方式，如"小型大写字母"等。
- **行高：**用于设置文本行与文本行之间的距离。
- **大小写：**用于设置英文文本的大小写形式，如"首字母大写"、"大写"、"小写"等。
- **修饰：**用于设置文本的修饰效果，如下划线、上划线等。
- **颜色：**用于设置文本的颜色。用户可使用颜色选择器选择颜色或直接输入颜色值。

6.2.2 CSS 背景属性的设置

在".title_1 的 CSS 规则定义"对话框的"分类"列表框中选择"背景"选项，如图 6-21 所示,用户可以在对话框右侧对背景的样式进行设置。

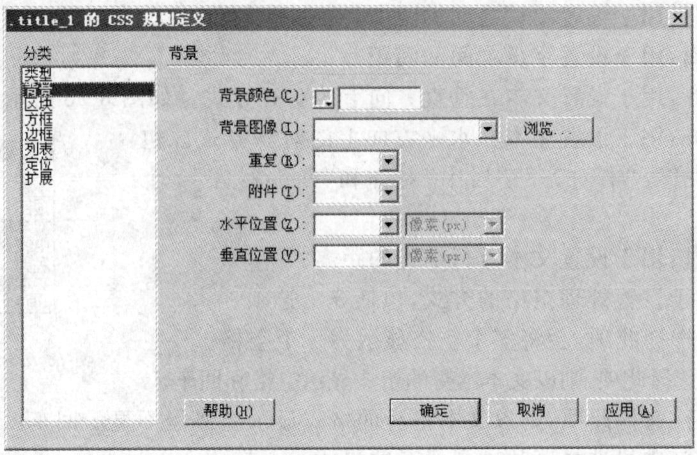

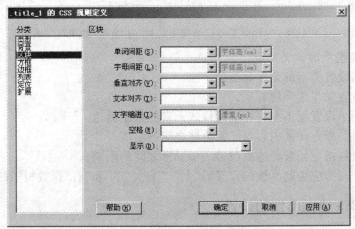

图 6-21　".title_1 的 CSS 规则定义"的"背景"选项对话框

对话框中各选项的含义如下:

- 背景颜色:用于设置背景颜色。
- 背景图像:用于设置背景图像。单击"浏览"按钮,在打开的对话框中可选择背景图像或在下拉列表框中直接输入背景图像的路径及名称。
- 重复:用于设置背景图像的重复方式,有"不重复"、"重复"、"水平重复"和"垂直重复"4 个选项。
- 附件:用于设置背景图像是固定的还是滚动的。
- 水平位置:用于设置背景图像的水平对齐方式。有"左对齐"、"居中"、"右对齐"和"(值)"4 个选项。
- 垂直位置:用于设置背景图像的垂直位置。有"顶部"、"居中"、"底部"和"(值)"4 个选项。

6.2.3　CSS 区块属性的设置

在".title_1 的 CSS 规则定义"对话框的"分类"列表框中选择"背景"选项,如图 6-22 所示,用户可以在对话框右侧对区块的样式进行设置。

图 6-22　".title_1 的 CSS 规则定义"的"区块"选项对话框

对话框中各选项的含义如下：

- 单词间距：用于设置单词之间的距离，只适用于英文。
- 字母距离：用于设置字母之间的间距。
- 垂直对齐：用于设置文本在垂直方向上的对齐方式。如图 6-23 所示。
- 文本对齐：用于设置文本在水平方向上的对齐方式。包括"左对齐"、"右对齐"、"居中"对齐和"两端对齐"4 个选项。
- 文字缩进：用于设置文本首行缩进的距离。
- 空格：用于设置处理空格的方式，包括 3 个选项：
  - ➢ 正常：选择此项，会将多个空格显示为一个空格。
  - ➢ 保留：选择此项，则以文本本身的格式显示空格和回车。
  - ➢ 不换行：选择此项，则以文本本身的格式显示空格但不显示回车。
- 显示：在其中可选择区块中要显示的格式。

图 6-23　垂直对齐方式

6.2.4　CSS 方框属性的设置

在".title_1 的 CSS 规则定义"对话框的"分类"列表框中选择"背景"选项，如图 6-24 所示，用户可以在对话框右侧对背景的样式进行设置。

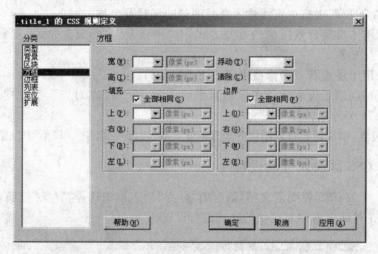

图 6-24　".title_1 的 CSS 规则定义"的"方框"选项对话框

对话框中各选项的含义如下：

- 宽和高：设置方框的宽度和高度。
- 浮动：设置文本的环绕方式。
- 清除：用于设置层不允许在应用样式元素的某个侧边。
- "填充"栏：指定元素内容与元素边框之间的距离。
- "边界"栏：指定元素的边框与另一个元素之间的距离。
- 全部相同：为应用此属性的元素的"上"、"下"、"左"和"右"设置相同的边界属性。

6.2.5　CSS 边框属性的设置

在".title_1 的 CSS 规则定义"对话框的"分类"列表框中选择"背景"选项，如图 6-25 所示,用户可以在对话框右侧对边框的样式进行设置。

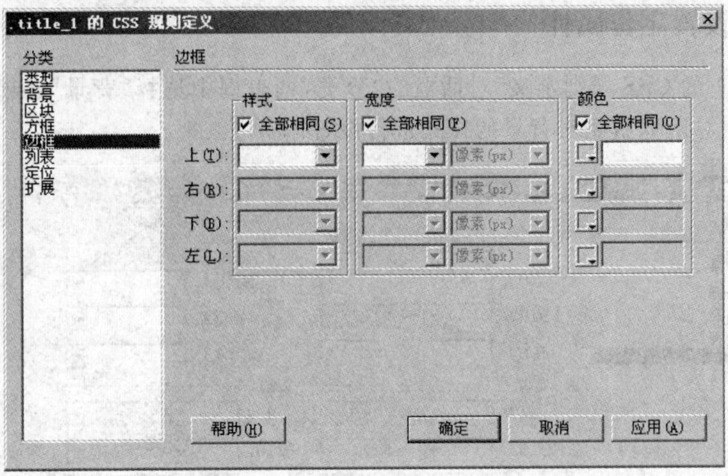

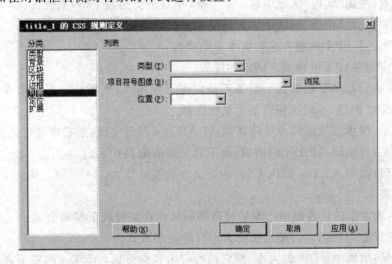

图 6-25 ".title_1 的 CSS 规则定义"的"边框"选项对话框

对话框中各选项的含义如下:

- "样式"栏:用于设置元素上、下、左、右的边框样式。
- "宽度"栏:用于设置元素上、下、左、右的边框宽度。
- "颜色"栏:用于设置元素上、下、左、右的边框颜色。

6.2.6 CSS 列表属性的设置

在".title_1 的 CSS 规则定义"对话框的"分类"列表框中选择"背景"选项,如图 6-26 所示,用户可以在对话框右侧对背景的样式进行设置。

图 6-26 ".title_1 的 CSS 规则定义"的"列表"选项对话框

对话框中各选项的含义如下:

- 类型:设置项目符号或编号的外观。
- 项目符号图像:可以为项目符号指定自定义图像。

• 位置:设置列表项文本是否换行并缩进(外部)或者文本是否换行到左边距(内部)。

6.2.7 设置定位属性

在".title_1 的 CSS 规则定义"对话框的"分类"列表框中选择"背景"选项,如图 6-27 所示,用户可以在对话框右侧对背景的样式进行设置。

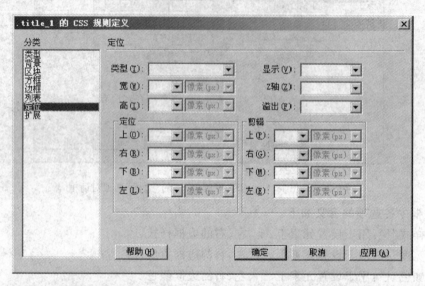

图 6-27 ".title_1 的 CSS 规则定义"的"定位"选项对话框

对话框中各选项的含义如下:

• 类型:用于设置定位的方式,定位 AP Div,包含如下选项。
  ➢ 绝对:使用"定位"区域中输入的坐标(相对于页面左上角)来放置 AP Div。
  ➢ 相对:使用"定位"区域中输入的坐标来放置 AP Div。
  ➢ 静态:将 AP Div 放在它在文本中的位置。
  ➢ 固定:将 AP Div 放置在固定的位置。
• 显示:确定层的显示方式。如果不指定可见性属性,则默认情况下大多数浏览器都继承父级的值,可以选择以下可见性选项之一。
  ➢ 继承:继承层父级的可见性属性,若 AP Div 没有父级,则它将是可见的。
  ➢ 可见:显示该 AP Div 的内容,而不管父级的值是什么。
  ➢ 隐藏:隐藏 AP Div 的内容,而不管父级的值是什么。
• 宽和高
• Z 轴:确定层的堆叠顺序。编号较高的层显示在编号较低层的上面。
• 溢出:确定当层的内容超出层的大小时的处理方式。
  ➢ 可见:增加 AP Div 的大小,使它的所有内容均可见,AP Div 向右下方扩展。
  ➢ 隐藏:保持 AP Div 的大小并剪辑任何时候超出的内容,不提供任何滚动条。
  ➢ 滚动:在 AP Div 中添加滚动条,不论内容是否超出 AP Div 的大小,专门提供滚动条可避免滚动条在动态环境中出现或消失所引起的混乱。
  ➢ 自动:使滚动条仅在 AP Div 的内容超出它的边界时才出现。

- "定位"栏:指定内容的位置和大小。
- "剪辑"栏:定义内容的可见部分。如果指定了剪辑区域,可以通过脚本语言访问。

6.2.8　CSS 扩展属性的设置

在".title_1 的 CSS 规则定义"对话框的"分类"列表框中选择"背景"选项,如图 6-28 所示,用户可以在对话框右侧对背景的样式进行设置。

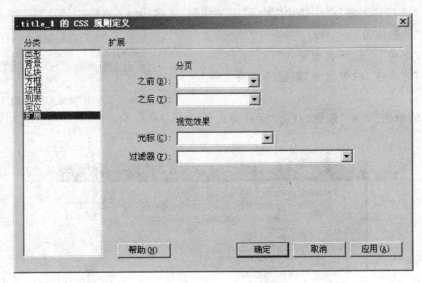

图 6-28　".title_1 的 CSS 规则定义"的"扩展"选项对话框

对话框中各选项的含义如下:
- "分页"栏:控制打印时在 CSS 样式的网页元素之前或者之后进行分页。
- "光标":设置鼠标指针移动到应用 CSS 样式的网页元素上的形状。
- 过滤器:设置 CSS 样式的网页元素的特殊效果。不同的选项有不同的设置参数。

6.3　链接外部 CSS 样式文件

CSS 有外部和内部之分,外部 CSS 不仅可以用于当前网页,而且还可以用于其他网页,它是按 CSS 格式保存为外部文件。

6.3.1　创建外部 CSS

外部 CSS 是作为一个单独文件而存在的,其扩展名为.css,它可以用于多个网页中。

【案例 6.3】　创建一个名为 style.css 的 CSS 样式文件并定义样式".xy"。

1. 要求

字体:黑体 18 点数;字形:粗体、字体倾斜、文本为蓝色。

2. 案例实现

步骤 1:启动 Dreamweaver CS3,新建一个普通的 HTML 页面。

步骤2：选择"窗口"|"CSS样式"菜单命令，打开CSS样式面板。

步骤3：选择"CSS样式"面板中的"全部"选项卡，单击其右下角的"新建CSS规则"按钮，如图6-29所示，打开"新建CSS规则"对话框。

步骤4：设置"新建CSS规则"对话框，如图6-30所示。

① 在"选择器类型"栏中选中"类（可用于任何标签）（C）"单选按钮。

② 在"名称"下拉列表中输入".xy"。

③ 在"定义在"栏中选中"新建样式表文件"单选按钮。

步骤5：单击"确定"按钮，打开"保存样式表文件为"对话框。

图6-29 单击"新建CSS规则"按钮

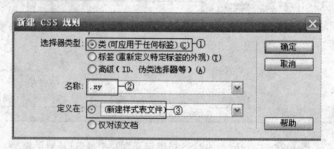

图6-30 "新建CSS规则"对话框

步骤6：设置"保存样式表文件为"对话框，如图6-31所示。

① 在"保存在"下拉列表框中选择保存CSS表文件的位置。

② 在"文件名"文本框中输入样式表文件的名称"style.css"。

③ 设置"URL"文本框（一般自动填充）和"相对于"下拉列表框。

图6-31 设置"保存样式表文件为"对话框

步骤 7:单击"保存"按钮,打开".xy 的 CSS 定义规则(在 style.css 中)"对话框。

步骤 8:设置".xy 的 CSS 定义规则(在 style.css 中)"对话框,如图 6-32 所示。

① 在"分类"列表中选择"类型"选项。

② 在"字体"列表框中选择"黑体"选项。

③ 在"大小"下拉列表框中选择"18",其后的下拉列表框中选择"点数"选项。

④ 在"粗细"下拉列表框中选择"粗体"选项。

⑤ 在"样式"下拉列表框中选择"倾斜"选项。

⑥ 在"颜色"文本框中输入"♯0000FF",或单击按钮从打开的"颜色拾取器"中选择颜色。

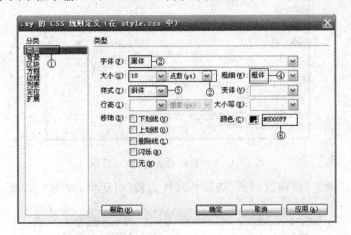

图 6-32 设置".xy 的 CSS 定义规则(在 style.css 中)"对话框

步骤 9:单击"确定"按钮,完成样式".xy"的定义,如图 6-33 所示。

图 6-33 定义的".xy"样式

6.3.2 通过链接使用外部样式表

通过链接可以将已经建好的 CSS 样式表文件链接到当前页面中,链接外部 CSS 样式文件的具体步骤如下:

步骤 1:打开"CSS 样式"面板。

步骤 2:单击"CSS 样式"面板中的右下角的"附加样式表"命令按钮 ,打开"链接外部样式表"对话框。

步骤 3:单击"文件/URL"下拉列表框后的"浏览"按钮,打开"选择样式表文件"对话框。

步骤 4:选择样式表文件,如图 6-34 所示。

① 在"查找范围"下拉列表框中选择外部 CSS 文件的位置。

② 在文件列表框中选择需要的外部 CSS 文件。

图 6-34 "选择样式表文件"对话框

步骤 5:单击"确定"按钮返回到"链接外部样式表"对话框,如图 6-35 所示。

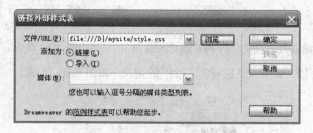

图 6-35 "链接外部样式表"对话框

步骤 6:在"添加为"栏中选择"链接"单选按钮。

步骤 7:单击"确定"按钮,将该 CSS 文件链接到编辑的网页中。

注意:在"添加为"栏中选中"导入"单选按钮,可直接将外部 CSS 样式文件中的样式导入到当前网页中。

步骤 8:在 Dreamweaver CS3 的编辑窗口单击"代码"按钮切换到代码视图,查看网页代码,可以看到链接外部 CSS 样式文件的代码,如图 6-36 所示。

```
<link href="file:///D|/mysite/style.css" rel="stylesheet" type="text/css" />
```

图 6-36 链接外部 CSS 样式文件的代码

小　结

CSS 层叠样式表是一组格式设置规则,用于控制 Web 页面内容的外观。通过使用 CSS 样式设置页面的格式,可将页面的内容与表示形式分离开。本章主要介绍"CSS 样式"面板、

CSS 层叠样式表的规则、样式、属性的应用,外部 CSS 样式文件的创建及链接外部 CSS 样式文件。读者通过本章的学习,应能够创建、编辑和使用样式,并能根据自己的需要应用 CSS 样式轻松制作网页。

习　题

1. 填空题

(1) 层叠样式表(CSS)是一组格式设置规则,用于控制 Web 页内容的_____。通过使用 CSS 样式设置页面的格式,可将页面的_____和_____分离开。

(2) CSS 规则由两部分组成,分别是_____和_____。

(3) Dreamweaver CS3 中自定义样式和类样式的名称必须以_____开头。

(4) CSS 样式属性共分为 8 类,在设置 AP 元素的 CSS 样式属性时,应使用_____。

(5) _____是唯一可以应用于文档中任何文本的 CSS 样式类型。

2. 选择题

(1) 下面哪一个不是 CSS 样式?_____

    A. 伪类 CSS 样式　　　　　　　　　　B. 类 CSS 样式

    C. 标签 CSS 样式　　　　　　　　　　D. HTML CSS 样式

(2) 要在 CSS 样式中设置文本的字体和颜色,需要在 CSS 规则定义对话框的_____分类中进行设置。

    A. 方框　　　　　B. 类型　　　　　C. 列表　　　　　D. 定义

(3) 要链接一个外部样式表,可单击"CSS 样式"面板中的_____按钮。

    A. 附加样式表　　B. 新建 CSS 规则　　C. 编辑样式表　　D. 复制样式表

实　训

根据本章所学知识,将图 6-37 页面改为使用 CSS 定义的样式。

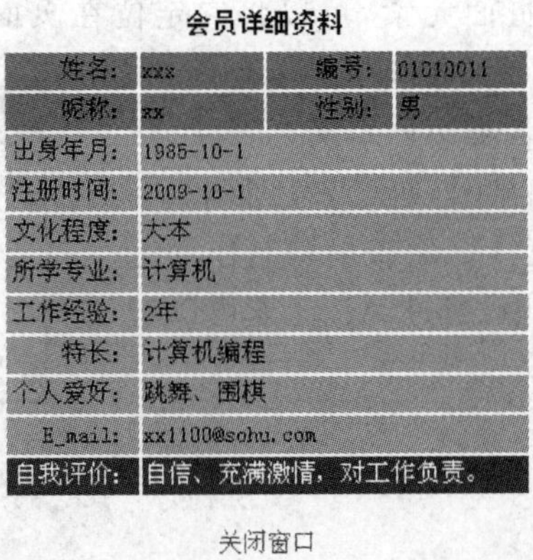

会员详细资料

姓名:	xxx	编号:	01010011
昵称:	xx	性别:	男
出身年月:	1985-10-1		
注册时间:	2009-10-1		
文化程度:	大本		
所学专业:	计算机		
工作经验:	2年		
特长:	计算机编程		
个人爱好:	跳舞、围棋		
E_mail:	xxl100@sohu.com		
自我评价:	自信、充满激情,对工作负责。		

关闭窗口

图 6-37　最终效果

第7章
布局对象的使用

本章将学习以下内容：

☞ 创建 AP 元素

☞ 设置 AP 元素属性

☞ 编辑 AP 元素

☞ AP 元素和表格的转换

☞ 利用 AP Div 制作导航菜单

☞ 使用 Spry 布局对象

Dreamweaver CS3 中的 AP 元素是一种可以在网页中自由定位的、用于放置网页元素的特殊容器。使用 AP 元素可以将特定内容放置在网页中的任意位置，并且可以制作移动、显示/隐藏某些特定内容等特殊特效。本章将介绍有关 AP 元素的知识，包括 AP 元素的概念与作用，AP 元素的创建与编辑、AP 元素属性的设置以及 AP 元素和表格相互转换的方法等内容。

7.1   在网页中使用 AP Div

AP Div 是一种 HTML 页面元素，可以将它定位在页面的任意位置。具体地讲，AP Div 是一个绝对定位的 Div 标签，它们是 Dreamweaver CS3 在默认情况下插入的各类 AP 元素。所有 AP 元素都将在"AP 元素"面板中显示，如图 7-1 所示。

AP 元素的主要功能是设计页面布局和制作动态效果。在 Dreamweaver CS3 中，通过 AP 元素可以对文档内容实现精确定位。

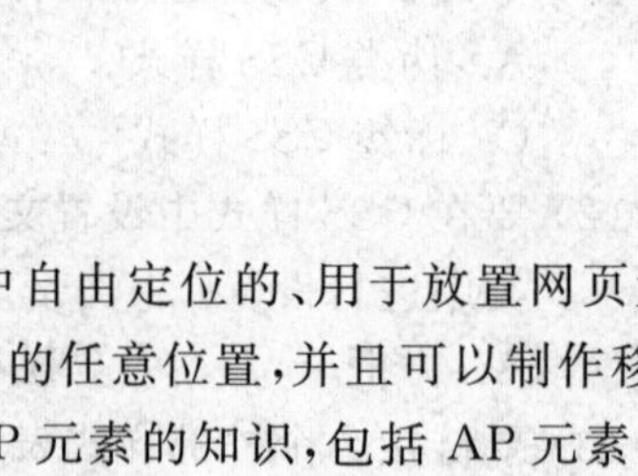

图 7-1   "AP 元素"面板

7.1.1   创建 AP Div

1. 创建 AP Div

在 Dreamweaver CS3 中有两种创建 AP Div 的方法。

方法 1：将光标定位到需插入 AP Div 的位置，然后选择"插入记录"|"布局对象"|"AP Div"命令。

方法 2：切换到"插入"面板的"布局"选项卡，单击"绘制 AP Div"按钮，在网页中按住鼠标左键拖动鼠标即可绘制一个 AP Div 元素。

创建的 AP Div 如图 7-2 所示。

技巧：按住 Ctrl 键不放，在"布局"选项卡中单击"绘制 AP Div"按钮，然后在网页中单击并拖动可连续绘制多个 AP Div。

2. 创建嵌套 AP Div

和表格一样，AP Div 也可以进行嵌套。在某个 AP Div 内部创建的 AP Div 称为嵌套 AP Div 或子 AP Div，嵌套 AP Div 外部的 AP Div 称为父 AP Div，子 AP Div 可以浮动于父 AP Div 之外的任何位置，其大小不受父 AP Div 限制。

创建嵌套的 AP Div 的方法很简单，具体操作步骤如下：

步骤 1：将鼠标光标定位到所需创建子 AP Div 的 AP Div 内。

步骤 2：选择"插入记录"|"布局对象"|"AP Div"命令，完成嵌套 AP Div 的创建，如图 7-3 所示。

图 7-2　创建的 AP Div

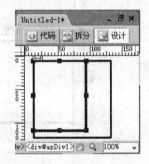

图 7-3　创建的子 AP Div

7.1.2　认识"AP 元素"面板

"AP 元素"面板用于对 AP Div 进行管理和操作。选择"窗口"|"AP 元素"命令或按 F2 键，即可打开"AP 元素"面板，如图 7-4 所示。

网页中的 AP Div 都会显示在"AP 元素"面板的列表框中，AP Div 按照嵌套的树状结构显示。

"AP 元素"面板分为 3 栏，最左边的是眼睛标记，用鼠标单击该标记，可以显示或隐藏所有的 AP 元素；中间显示的是 AP 元素的名称，用户可以双击进行重命名；最右侧是 AP 元素在 Z 轴排列的情况，修改其值可改变其排列位置。

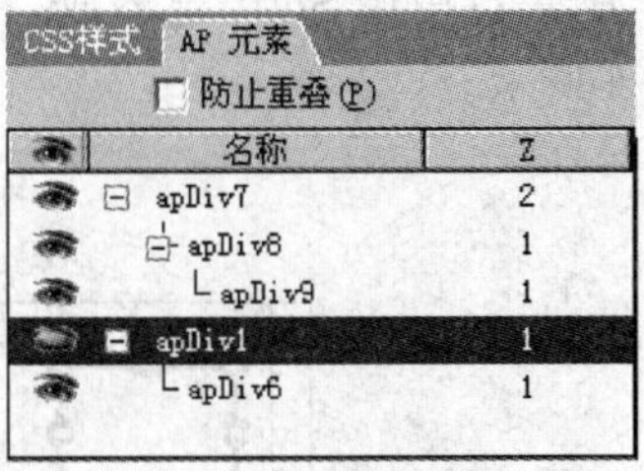

图 7-4　"AP 元素"面板

在"AP 元素"面板中可进行如下操作：

（1）双击 AP Div 名称可对 AP Div 进行重命名。

（2）单击 AP Div 后面的数字可修改 AP Div 的重叠顺序（即 Z 轴顺序），数字越大的将位于上面。

（3）单击 AP Div 名称可以选中该 AP Div，选中的 AP Div 名称会以反白显示。

（4）选中某个 AP Div 后，按住鼠标左键不放，向上或向下拖动 AP Div 到合适位置可以设置 AP Div 的重叠顺序。

7.2 AP Div 的编辑操作

7.2.1 选择 AP Div

要对 AP Div 进行操作和设置需先将其选中，单个 AP Div 和多个 AP Div 的选择方法不同。

1. 单个 AP Div 的选择

选择单个 AP Div 有如下几种方法。

方法 1：在编辑窗口中单击要选择的 AP Div 的边框。

方法 2：在"AP 元素"面板中单击要选择的 AP Div 的名称，如图 7-5 所示。

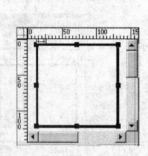
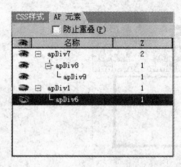

图 7-5　选择单个 AP Div

方法 3：在编辑窗口中单击要选择的 AP Div 左上角选择柄。

2. 多个 AP Div 的选择

选择多个 AP Div 有如下几种方法。

方法 1：按住 Shift 键不放，在编辑窗口中依次单击要选中的 AP Div 边框。

方法 2：按住 Shift 键不放，在"AP 元素"面板中依次单击要选中的 AP Div 的名称，如图 7-6 所示。

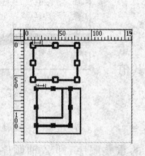
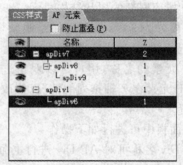

图 7-6　选择多个 AP Div

方法 3：按住 Shift 键不放，在编辑窗口中依次单击要选择的 AP Div 左上角选择柄。

7.2.2 调整 AP Div 大小

在网页制作过程中,创建的 AP Div 的大小如果不符合要求,就需要对其进行调整。下面简要介绍单个 AP Div 和多个 AP Div 大小调整的方法。

1. 调整单个 AP Div 的大小

单个 AP Div 大小的调整有以下几种方法。

(1)选中要调整大小的 AP Div,在"属性"面板的"宽"和"高"文本框中输入所需的宽度和高度值。此种方法实现精确调整。

(2)将鼠标光标移至 AP Div 的边缘,当鼠标光标变为 ↕、↔、↖、↗ 形状时按住鼠标左键不放,将其拖动到所需大小后释放鼠标。

(3)在编辑窗口中选中要调整大小的 AP Div,按住 Ctrl 键不放,再按键盘上的方向键,可调整其大小,每按一次,调整 1 个像素的大小。

(4)在编辑窗口中选中要调整大小的 AP Div,按住 Shift 键不放,再按键盘上的方向键,可调整其大小,每按一次,调整 10 个像素的大小。

2. 调整多个 AP Div 的大小

选择需调整大小的多个 AP Div,然后再选择"修改"|"排列顺序"命令中的"设成宽度相同"或"设成高度相同"命令,可将选择的所有 AP Div 的宽度或高度设置为最后选择的 AP Div 的宽度或高度。

在 AP Div"属性"面板的"宽"和"高"文本框中输入相应的宽度和高度值,再按 Enter 键,可以将选中的所有 AP Div 调整为设定的大小。

7.2.3 移动 AP Div

选择需移动的 AP Div,将鼠标光标移到 AP Div 边框中,当鼠标光标变为 ✛ 形状时,按住鼠标左键不放拖动 AP Div 对象到需要的位置后释放鼠标左键即可。

7.2.4 对齐 AP Div

对齐 AP Div 的操作比较简单。选中需对齐的 AP Div,选择"修改"|"排列顺序"命令,打开其子菜单,如图 7-7 所示。

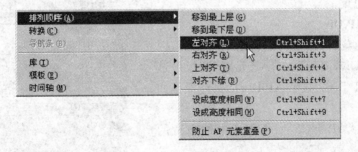

图 7-7 "排列顺序"子菜单

- 左对齐:选择此命令,在水平方向上所有 AP Div 与最后选中的 AP Div 的左边缘对齐。
- 右对齐:选择此命令,在水平方向上所有 AP Div 与最后选中的 AP Div 的右边缘对齐。

- 上对齐:选择此命令,在垂直方向上所有 AP Div 与最后选中的 AP Div 的上边缘对齐。
- 对齐下缘:选择此命令,在垂直方向上所有 AP Div 与最后选中的 AP Div 的下边缘对齐。

7.2.5　改变 AP Div 的堆叠顺序

由于 AP Div 可以重叠,故 AP Div 有一个堆叠顺序的问题,即 Z 轴顺序,通常先创建的 AP Div 的 Z 轴顺序值低,而后创建的 AP Div 的 Z 轴顺序值高一些,且 Z 轴顺序值大的 AP Div 会遮盖 Z 轴顺序值小的 AP Div 的内容。设置 AP Div 堆叠顺序有以下 3 种方式。

1. 在"属性"面板中更改 AP Div 的堆叠顺序

在"属性"面板中更改 AP Div 的堆叠顺序的步骤如下。

步骤 1:选择需更改堆叠顺序的 AP Div。

步骤 2:在"属性"面板中的"Z 轴"文本框中输入所需的数值。

步骤 3:按 Enter 键确认。

2. 在"AP 元素"面板中更改 AP Div 的顺序

在"AP 元素"面板中更改 AP Div 的顺序的步骤如下。

步骤 1:按 F2 键打开"AP Div"面板,选择所需的 AP Div。

步骤 2:按住鼠标左键不放将其上下拖动,当到达所需的位置后释放鼠标左键即可。

3. 用菜单命令更改堆叠顺序

用菜单更改堆叠顺序的步骤如下。

步骤 1:选择所需更改堆叠顺序的 AP Div。

步骤 2:选择"修改"|"排列顺序"|"移到最上层"命令,将所选的 AP Div 移到最上层。

7.2.6　显示或隐藏 AP Div

1. 隐藏 AP Div

隐藏 AP Div 的具体步骤如下。

步骤 1:选中要设置可见性的 AP Div。

步骤 2:右击选择的 AP Div,在弹出的快捷菜单中选择"可视性"|"隐藏"命令,如图 7-8 所示。

步骤 3:在编辑窗口空白处单击鼠标左键,AP Div 即被隐藏。

2. 显示 AP Div

AP Div 隐藏后,在编辑窗口是不可见的,因此要显示 AP Div,需要先在"AP 元素"面板中选择要显示的 AP Div。显示 AP Div 的具体操作如下:

步骤 1:在"AP 元素"面板中选中被隐藏的 AP Div。

步骤 2:右击编辑窗口中选中的 AP Div,在弹出的快捷菜单中选择"可视性"|"可见"命令,选中的 AP Div 即可见。

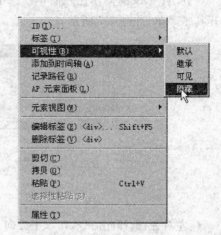

图 7-8　选择"隐藏"命令

7.2.7　在 AP Div 中添加内容

在 AP Div 中添加内容非常简单，只需将光
标插入点定位到 AP Div 中，然后添加文本、图像、Flash 影片和表格等元素对象。

7.3　AP Div 的属性设置

AP Div 的属性可以在"属性"面板中进行设置，但选中单个 AP Div 的"属性"面板与选中多个 AP Div 的"属性"面板不同，下面分别介绍。

7.3.1　单个 AP Div 的属性设置

选中要设置属性的单个 AP Div，其"属性"面板如图 7-9 所示。

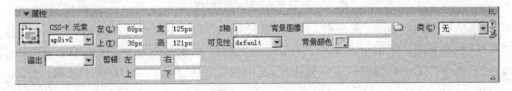

图 7-9　单个 AP Div 的"属性"面板

面板中各项参数含义如下：

- "CSS-P 元素"文本框：为当前 AP Div 命名，该名称可在脚本中引用。
- "左"文本框：设置 AP Div 左边相对于页面左边或父 AP Div 左边的距离。
- "上"文本框：设置 AP Div 左边相对于页面顶端或父 AP Div 顶端的距离。
- "宽"文本框：设置 AP Div 的宽度值。
- "高"文本框：设置 AP Div 的高度值。
- "Z 轴"文本框：设置 AP Div 的 Z 轴顺序，也就是设置嵌套 AP Div 在网页中的重叠顺序，较高值的 AP Div 位于较低值的 AP Div 的上方。
- "可见性"下拉列表框：设置 AP Div 的可见性。可选如下值：
  ➢ Default：其可见性由浏览器决定，为默认值。
  ➢ Inherit：表示继承其父 AP Div 的可见性。
  ➢ Visible：表示显示 AP Div 及其内容，与父 AP Div 无关。
  ➢ Hidden：表示隐藏 AP Div 及其内容，与父 AP Div 无关。
- "背景图像"文本框：设置 AP Div 的背景图像，单击其右侧的"浏览文件"按钮，在打开的"选择图像源文件"对话框中选择所需的背景图像。
- "背景颜色"文本框：设置 AP Div 的背景颜色。
- "类"下拉列表框：选择 AP Div 的样式。
- "溢出"下拉列表框：设置当 AP Div 中的内容超出 AP Div 的范围后显示内容的方式，有以下选项值：
  ➢ Visible：当 AP Div 中的内容超出 AP Div 范围时，照样显示。

➢ Hidden：当 AP Div 中的内容超出 AP Div 范围时，超出部分被隐藏。

➢ Scroll：不管 AP Div 中的内容是否超出 AP Div 范围，都将出现滚动条。

➢ Auto：当 AP Div 中的内容超出 AP Div 范围时，自动出现滚动条。

- "剪辑"栏：用来指定 AP Div 的哪一部分是可见的，输入的数值是距离 AP Div 的 4 个边界的距离，单位为像素。

7.3.2　多个 AP Div 的属性设置

选择多个 AP Div 后其"属性"面板如图 7-10 所示。

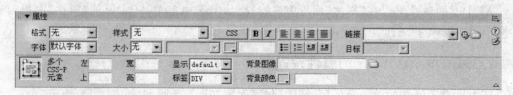

图 7-10　多个 AP Div 的"属性"面板

多个 AP Div 的"属性"面板中，上部可以设置 AP Div 中文本的样式，其设置方法与文本"属性"面板相同。下部分与单个 AP Div 的"属性"面板基本相同，只是多个 AP Div 的"属性"面板中多了一个"标签"下拉列表框，其中包括 DIV 和 SPAN ID 两个选项。

7.4　AP Div 和表格的转换

AP Div 与表格都可以用来页面中定位其他对象，这两者间也可直接进行转换。

7.4.1　将 AP Div 转换为表格

由于早期一些浏览器不支持 AP Div，因此 AP Div 的使用受到了局限。现在的网页设计中，通常是用 AP Div 将元素精确定位，然后再将 AP Div 转换为表格。

将 AP Div 转换为表格的步骤如下。

步骤 1：在 Dreamweaver CS3 中打开原始网页文件。

步骤 2：选择"修改"|"转换"|"AP Div 到表格"命令，弹出"将 AP Div 转换为表格"对话框，如图 7-11 所示。

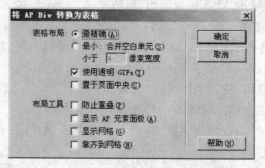

图 7-11　"将 AP Div 转换为表格"对话框

步骤 3:设置对话框,然后单击"确定"按钮,将 AP Div 转换为表格。

"将 AP Div 转换为表格"对话框中各参数意义如下:

- "最精确"单选按钮:以精确方式转换,为每一个 AP Div 建立一个单元格。若 AP Div 间存在间距,则创建附加单元格,以保证各单元格之间的距离。
- "最小:合并空白单元"单选按钮:以最小方式转换,去掉宽度和高度小于指定像素数目的空单元格。
- "使用透明 GIFs"复选框:用来定义是否使用透明 GIF 图像。
- "置于页面中央"复选框:选择该选项,转换的表格将在页面中居中对齐,否则将左对齐。
- "防止重叠"复选框:选中此复选框,可以防止 AP Div 重叠。如果有重叠发生,则无法进行转换工作。此项一般要选择。
- "显示 AP 元素面板"复选框:选中此复选框,将 AP Div 转换成表格后会显示"AP 元素"面板。
- "显示网格"复选框:选中此复选框,AP Div 转换成表格后会显示网格。
- "靠齐到网格"复选框:选中此复选框,AP Div 转换成表格后,会启动网格对齐功能。

7.4.2　将表格转换为 AP Div

Dreamweaver CS3 中,还可以将表格转换成 AP Div。将 AP Div 转换成表格的步骤如下:

步骤 1:在 Dreamweaver CS3 的编辑窗口选中要转换成 AP Div 的表格。

步骤 2:选择"修改"|"转换"|"将表格转换为 AP Div"命令,打开"将表格转换为 AP Div"的对话框,如图 7-12 所示。

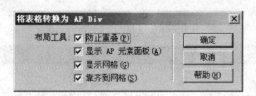

图 7-12　"将表格转换为 AP Div"对话框

步骤 3:设置对话框的参数,然后单击"确定"按钮,完成将表格转换为 AP Div。

"将表格转换为 AP Div"对话框各参数含义如下:

- "防止重叠"复选框:选中此复选框,可防止转换的 AP Div 重叠。
- "显示 AP 元素面板":选中此复选框,当表格转换成 AP Div 后,会显示"AP 元素"面板。
- "显示网格"复选框:选中此复选框,表格转换成 AP Div 后会显示网格。
- "靠齐到网格"复选框:选中此复选框,表格转换成 AP Div 后会启用网格对齐功能。

7.5　利用 AP Div 制作导航菜单

利用 AP Div 和表格可以制作导航菜单的框架,然后通过添加行为来控制菜单的显示和隐藏。

【案例 7.1】　利用 AP Div 制作一个导航菜单,当鼠标经过菜单时,会自动弹出菜单。

效果如图 7-13 所示。

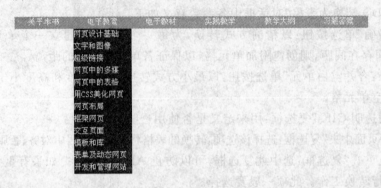

图 7-13　案例效果

步骤 1：启动 Dreamweaver CS3，新建一个空白的 HTML 网页，以"主页.html"名保存。

步骤 2：切换到"插入"面板的"布局"选项卡，单击"绘制 AP Div"按钮，在编辑区按住鼠标左键不放拖动，绘制一个区域，松开鼠标，此时插入一个 AP Div。

步骤 3：选中插入的 AP Div，在 AP Div 的"属性"面板的"左"、"上"、"高"、宽文本框中分别输入"50px"、"25px"、"600px"和"20px"，设置背景颜色为浅灰色（♯999999），如图 7-14 所示。AP Div 的属性设置完成后的效果如图 7-15 所示。

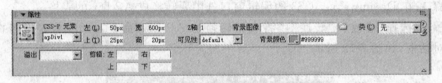

图 7-14　设置 AP Div 的"属性"面板

图 7-15　AP Div 的效果

步骤 4：将光标定位在 AP Div 内，选择"插入记录"|"表格"命令，弹出"表格"对话框。

步骤 5：设置"表格"对话框，如图 7-16 所示。

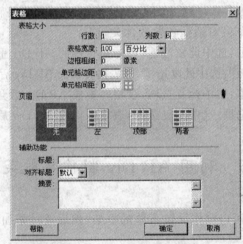

图 7-16　设置"表格"对话框

① 在对话框的"行"文本框中输入"1","列"文本框中输入"6"。

② 在"表格宽度"文本框中输入"100",单位选择"百分比"。

③ "边框粗细"、"单元格边距"和"单元格间距"均设为"0"。

步骤 6：单击"确定"按钮，将一个 1 行 6 列的表格插入到 AP Div 中。如图 7-17 所示。

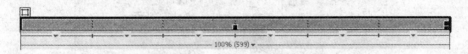

图 7-17　插入表格效果

步骤 7：选中创建的表格，在"属性"面板的"宽"和"高"文本框中分别输入"100"和"20"，即使单元格的高度与 AP Div 相同，单元格的总长度与 AP Div 的长度也相同，如图 7-18 所示。

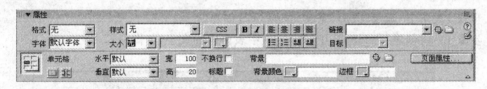

图 7-18　设置表格"属性"面板

步骤 8：在每个单元格中输入文字，并居中对齐。效果如图 7-19 所示。

图 7-19　在表格中添加文字

步骤 9：按 Shift＋F11 组合键，打开"CSS 样式"面板，用鼠标右击"样式"标签，弹出"新建 CSS 规则"对话框。选中"类（可用于任何标签）"单选按钮，在"名称"文本框中输入"ss"，选中"仅对该文档"单选按钮，如图 7-20 所示。

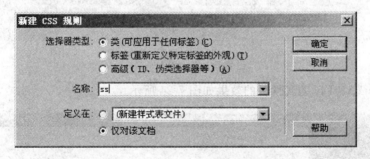

图 7-20　"新建 CSS 规则"对话框

步骤 10：单击"确定"按钮，打开".ss 的 CSS 规则定义"对话框。

步骤 11：设置对话框，如图 7-21 所示。

① 在"分类"列表框中选择"类型"选项。

② 在"类型"栏中设置"字体"为"宋体"，"大小"为"10 号（点数）"，颜色选择"白色"（＃FFFFFF）。

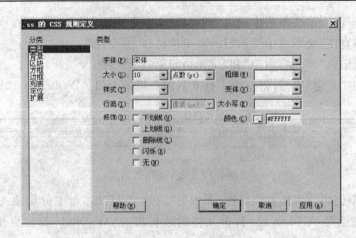

图 7-21 设置".ss 的 CSS 规则定义"对话框

步骤 12:单击"确定"按钮,完成.ss 的 CSS 创建。

步骤 13:将创建的 CSS 应用于图 7-19 中表格内的文字,如图 7-22 所示。

图 7-22 应用 CSS 样式

步骤 14:在"插入"面板中切换到"布局"选项卡,单击"绘制 AP Div"按钮 ,将鼠标光标移至编辑窗口,按住鼠标左键不放拖动出一个区域,插入另一个 AP Div。

步骤 15:选中插入的 AP Div,在其"属性"面板的"CSS-P 元素"下拉列表框中输入"first",在"左"、"上"、"宽"和"高"文本框中分别输入"50px"、"45px"、"100px"和"60px"值,设置背景颜色为浅蓝色(♯0000CC),如图 7-23 所示。

图 7-23 设置添加的 AP Div 的"属性"面板

设置"first"AP Div 的属性后的效果如图 7-24 所示。

图 7-24 设置"first"AP Div 的属性后的效果

步骤 16:将光标定位在"first"AP Div 内,选择"插入记录"|"表格"命令,弹出"表格"对话框。

步骤 17:设置"表格"对话框,如图 7-25 所示。

① 在"表格"对话框的"行"文本框中输入"3","列"文本框中输入"1"。

② 在"表格"对话框的"表格宽度"文本框中输入"100",单位选择"百分比"。

③ 在"表格"对话框的"边框粗细"、"单元格边距"和"单元格间距"均设为"0"。

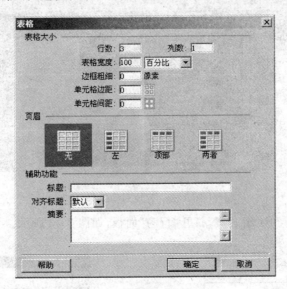

图 7-25　设置"表格"对话框

步骤 18:单击"确定"按钮,插入表格。

步骤 19:选中插入的表格,在其"属性"面板中设置高度为"20px",宽度为"100px",如图 7-26 所示。

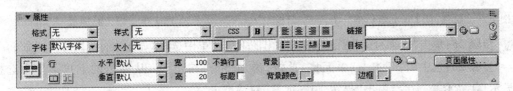

图 7-26　设置插入表格的"属性"面板

步骤 20:在插入的表格中输入文字,居中对齐,应用.SS 的 CSS 样式,如图 7-27 所示。

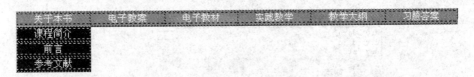

图 7-27　添加表格中的文字并应用.ss 的样式

步骤 21:重复前面的步骤,分别为"电子教案"、"电子教材"、"实践教学"、"教学大纲"和 "习题答案"添加 AP Div,且在 AP Div 的"CSS-P 元素"下拉列表框中分别输入"dzja"、 "dzjc"、"sjjx"、"jxdg"和"xtda"。

步骤 22:在新建的 AP Div 中插入表格,然后输入相应的文字,完成后的结果如图 7-28 所示。

步骤 23:按 F2 键打开"AP 元素"面板,单击"first"、"dzja"、"dzjc"、"sjjx"、"jxdg"和"xtda"元素前面的眼睛图标 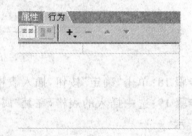，将这 6 个 AP Div 元素隐藏起来，如图 7-29 所示。

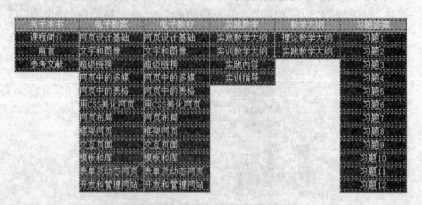

图 7-28 完成后的效果

步骤 24：按 Shift＋F4 组合键，打开"行为"面板，如图 7-30 所示。

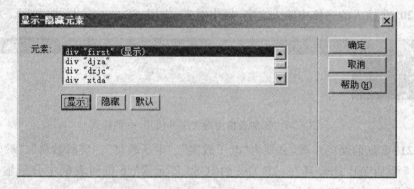

图 7-29 隐藏 AP Div 元素后的"AP 元素"面板   图 7-30 "行为"面板

步骤 25：单击"添加行为"按钮 ＋ ，从弹出的下拉菜单中选择"显示事件"|"IE 5.0"命令。

步骤 26：选中"关于本书"单元格，单击"添加行为"按钮 ＋ ，从弹出的下拉菜单中选择"显示-隐藏元素"命令，弹出"显示-隐藏元素"对话框。

步骤 27：设置"显示-隐藏元素"对话框，如图 7-31 所示。

图 7-31 "显示-隐藏元素"对话框

① 在"元素"列表框中选择 div "first"选项。

② 单击"显示"按钮。此时"元素"列表中的 div "first"后面添加了"显示"。

步骤 28：单击"确定"按钮，并将该行为的触发事件设置为"onMouseOver"，即当鼠标指针移到"关于本书"文本上时显示菜单,如图 7-32 所示。

图 7-32 添加"显示"行为后的"行为"面板

步骤 29:继续在"行为"面板中单击"添加行为"按钮 **+.**,在弹出的菜单中选择"显示-隐藏元素"命令,弹出"显示-隐藏元素"对话框。

步骤 30:设置"显示-隐藏元素"对话框,如图 7-33 所示。

① 在"元素"列表中选择 div "first"选项。

② 单击"隐藏"按钮。此时在 div "first"选项后添加了"隐藏"文本。

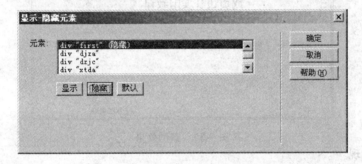

图 7-33 "显示-隐藏元素"对话框

步骤 31:单击"确定"按钮,并将该行为的触发事件设置为"onMouseOut",即当鼠标指针从"关于本书"文本移走时隐藏菜单,如图 7-34 所示。

图 7-34 添加"隐藏"行为后的"行为"面板

步骤 32:对其他的文本进行类似的操作,完成显示和隐藏菜单的设置。

步骤 33:保存编辑的文档,按 F12 键在浏览器中浏览,效果如图 7-13 所示。

7.6 使用 Div+CSS 布局网页

Div 标签义称为区隔标记,是 AP Div 的一种,它的主要作用是将页面分割成不同区域。

使用 Div+CSS 进行网页布局,不仅十分灵活,而且代码简洁,是目前 Web2.0 推荐的做法。在 Div+CSS 的布局模式中,Div 主要用于布局和定位,而 CSS 则控制如何显示。

【**案例 7.2**】 使用 Div+CSS 制作网站首页,效果如图 7-35 所示。

1. 要求

(1) 使用 Div 和 CSS 设计网页。

(2) 标题文字为幼圆 18px;文本文字为宋体 12px。

(3) 标题背景图像名:btbg.jpg,文本背景图像名:head_h2.gif,存放在本地站点 image 文件夹中。

图 7-35 案例效果

2. 案例实现

步骤 1:启动 Dreamweaver CS3,新建一个 HTML 网页,并以"index1.html"文件名保存。

步骤 2:选择"插入记录"|"布局对象"|"Div 标签"菜单命令,打开如图 7-36 所示的对话框。

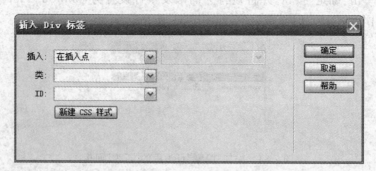

图 7-36 "插入 Div 标签"对话框

步骤 3:单击"新建 CSS 样式"命令按钮,打开"新建 CSS 规则"对话框。

步骤 4:设置"新建 CSS 规则"对话框,如图 7-37 所示。

① 在"选择器类型"栏选择"类(应用于任何标签)(C)"单选按钮。

② 在"名称"下拉列表框中输入".top1"。

③ 在"定义在"栏中选择"仅对该文档"单选按钮。

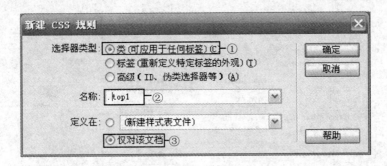

图 7-37 设置"新建 CSS 样式"对话框

步骤 5：单击"确定"按钮，弹出".top1 的 CSS 规则定义"对话框。

步骤 6：设置".top1 的 CSS 规则定义"对话框，如图 7-38 所示。

① 在"分类"列表中选择"类型"选项。

② 在"字体"下拉列表框中选择"幼圆"选项。

③ 选择字体的"大小"为 18 像素，字型为"粗体"。

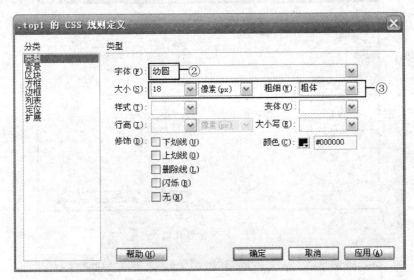

图 7-38 设置".top1 的 CSS 规则定义"对话框

　　步骤 7：在"分类"列表框中选择"背景"选项，切换到该分类。单击"背景图像"后面的"浏览"按钮，打开"选择图像源文件"对话框。

　　步骤 8：在"查找范围"下拉列表框中选择图像所在位置，在列表框中选择图像文件名"btbg.jpg"，如图 7-39 所示。

　　步骤 9：单击"确定"按钮，返回到设置背景对话框，如图 7-40 所示。

　　步骤 10：在"分类"列表中选择"方框"选项，切换到该分类，在"文本对齐"下拉列表框中选择"居中"选项，如图 7-41 所示。

　　步骤 11：在"分类"列表框中选择"方框"选项，切换到该分类，在"宽"和"高"下拉列表框中分别输入"400"和"100"，在"边界"栏的"上"下拉列表框中输入"0"，如图 7-42 所示。

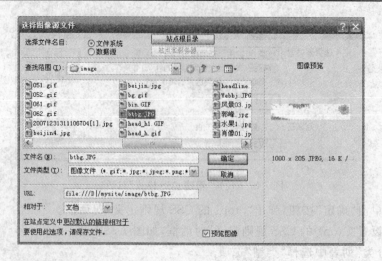

图 7-39 "选择图像源文件"对话框

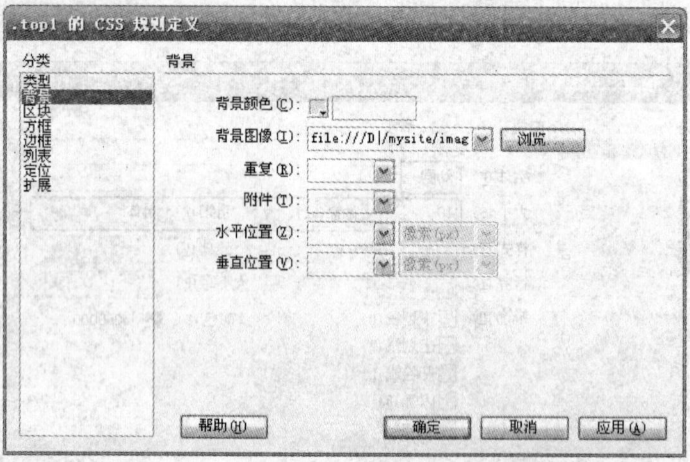

图 7-40 设置背景

图 7-41 设置文本对齐方式

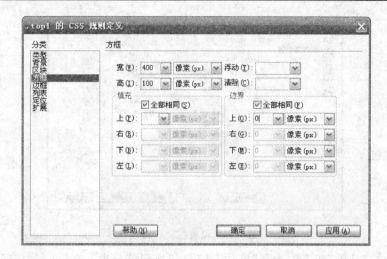

图 7-42　设置方框属性

步骤 12: 单击"确定"按钮,返回到"插入 Div 标签"对话框,单击"确定"按钮,完成".top1"标签的规则定义。

步骤 13: 输入文字"网页设计实用教程",效果如图 7-43 所示。

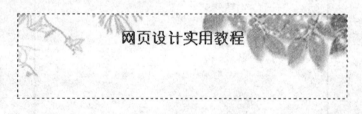

图 7-43　应用 Div 效果

步骤 14: 选择"插入记录"|"布局对象"|"Div 标签"菜单命令,打开"新建 Div 标签"对话框。

步骤 15: 在对话框中单击"新建 CSS 样式"命令按钮,打开"新建 CSS 规则"对话框。

步骤 16: 在"选择器类型"栏中选择"类(可应用于任何标签)"单选按钮,在"名称"下拉列表框中输入".header",在"定义在"栏中选择"仅对该文档"单选按钮,如图 7-44 所示。

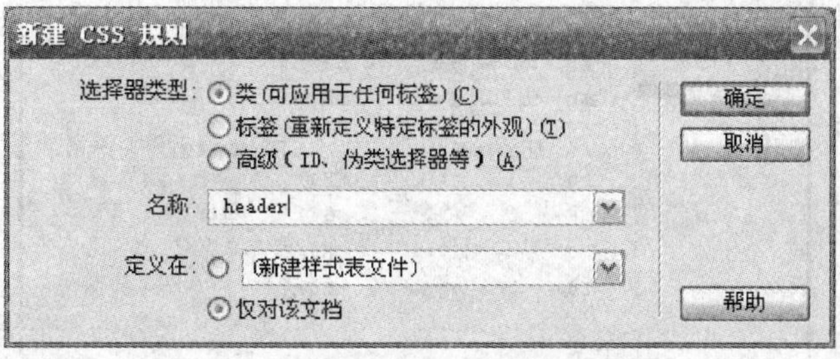

图 7-44　设置"新建 CSS 规则"对话框

步骤 17: 单击"确定"按钮,打开".header 的 CSS 规则定义"对话框。

步骤 18: 在"分类"列表中选择"类型"选项,切换到该分类。

步骤 19: 在"字体"下拉列表中选择"宋体",字号"大小"12 像素(12px),如图 7-45 所示。

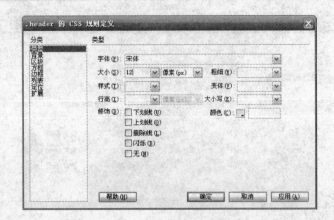

图 7-45 设置"类型"属性

步骤 20：在"分类"列表中选择"区块"选项，切换到该分类。在"文本对齐"下拉列表框中选择"居中对齐"选项，如图 7-46 所示。

图 7-46 设置"区块"属性

步骤 21：在"分类"列表中选择"方框"选项，切换到该分类。在"高"和"宽"下拉列表框中分别输入"400"和"25"数值，如图 7-47 所示。

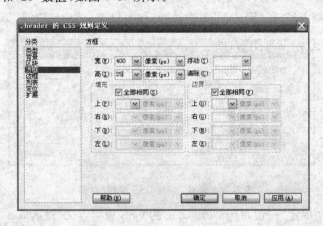

图 7-47 设置"方框"属性

步骤 22：单击"确定"按钮，返回到"新建 Div 标签"对话框。单击"确定"按钮，创建一个 Div 区域，如图 7-48 所示。

图 7-48　插入 Div 区域效果

步骤 23：选中刚创建的 Div 区域，在"插入"面板的"常用"选项卡中单击"表格"按钮 ⊞，弹出"表格"对话框。

步骤 24：在对话框中的"行数"和"列数"文本框中分别输入"1"和"5"，"表格宽度"文本框中输入"100"（按"百分比"计算），边框粗细设置为"0"，如图 7-49 所示。

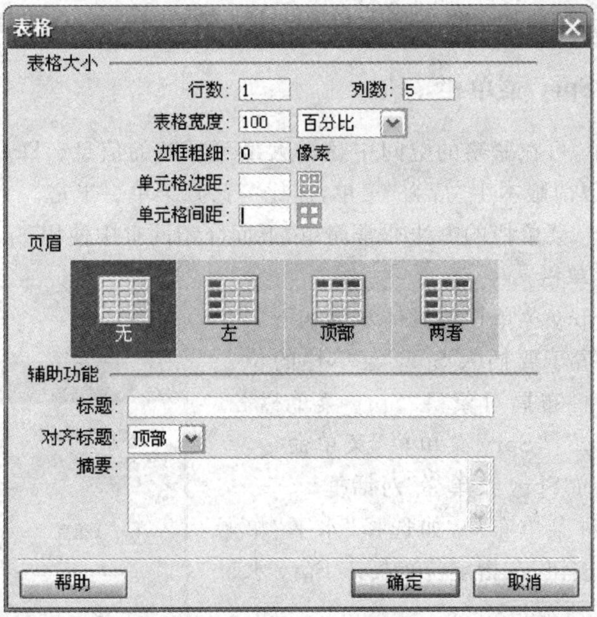

图 7-49　"表格"对话框

步骤 25：选中插入的表格，在其"属性"面板中的"宽"文本框中输入"80"，如图 7-50 所示。

图 7-50　表格"属性"面板

步骤 26：在表格的各单元格中输入文字，如图 7-51 所示。

图 7-51　添加的所有文字

步骤 27：保存当前编辑的文档，按 F12 键在浏览器中浏览，效果如图 7-35 所示。

7.7　使用 Spry 布局对象

Spry 框架是一个可用来构建更加丰富的网页的 JavaScript 和 CSS 库。使用该框架，可以显示 XML 数据，并创建用来显示动态数据的交互式页面元素，而无须刷新整个页面。

7.7.1　使用 Spry 菜单栏

网页中使用菜单，可在紧凑的空间中显示大量可导航的信息。Dreamweaver CS3 使用 Spry 菜单栏代替了以前版本中"行为"菜单，但比"行为"菜单更丰富。

网页中使用 Spry 菜单栏的方法非常简单，下面介绍网页中使用 Spry 菜单的具体步骤。

1. 插入 Spry 菜单栏

在网页中插入 Spry 菜单栏的具体步骤如下。

步骤 1：将光标置于要插入 Spry 菜单栏的位置，选择"插入记录"｜"布局对象"｜"Spry 菜单栏"或"插入记录"｜"Spry"｜"Spry 菜单栏"菜单命令，打开如图 7-52 所示的"Spry 菜单栏"对话框。

步骤 2：选择一种菜单布局，如选择"水平"单选按钮，单击"确定"按钮，在指定位置插入 Spry 水平菜单栏，如图 7-53 所示。

2. 编辑 Spry 菜单栏

选中插入的 Spry 菜单栏后，其"属性"面板如图 7-54 所示，使用其中的各选项可设置不同的参数值。

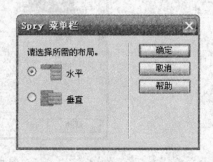

图 7-52　"Spry 菜单栏"对话框

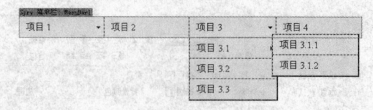

图 7-53　插入的 Spry 菜单栏

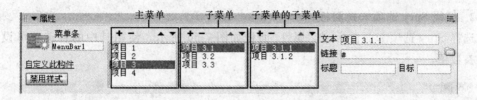

图 7-54　Spry 菜单栏的"属性"面板

Spry 菜单栏的"属性"面板中各选项的功能如下：

- "菜单条"：给插入的 Spry 菜单栏定义一个名字。
- "主菜单"：用于显示所有主菜单选择。
- "子菜单"：用于显示所选主菜单的所有子菜单项。
- "子菜单的子菜单"：用于显示所选子菜单的所有子菜单项。

在"主菜单"、"子菜单"和"子菜单的子菜单"窗口面板上都有 ✚、━、▲、▼ 4 个按钮,其作用如下：

- ➤ ✚：添加菜单项。单击该按钮,添加一个相应的菜单项。
- ➤ ━：删除菜单项。单击该按钮,删除相应列表框中选择的菜单项。
- ➤ ▲：上移项。单击该按钮,向上移动列表框中选择的菜单项。
- ➤ ▼：下移项。单击该按钮,向下移动列表框中选择的菜单项。
- "文本"：用于更改菜单项的名称。
- "链接"：用于链接目标。可以在文本框中直接输入链接目标,或单击其后的"浏览"按钮 □,从打开的"选择文件"对话框中选中一个文件。
- "标题"：用于输入工具提示的文本。
- "目标"：用于指定要在何处打开所链接的页面。

7.7.2　使用 Spry 选项卡式面板

Spry 选项卡式面板是一组面板,用来将内容存储到紧凑空间中。站点访问者通过单击要访问的面板上的选项卡来隐藏或显示存储在选项卡式面板中的内容。当访问者单击不同的选项卡时会打开不同的面板。在给定时间内,选项卡式面板构件中只有一个内容面板处于打开状态。

1. 插入 Spry 选项卡式面板

在网页中使用 Spry 选项卡式面板的方法非常简单,具体步骤如下。

将光标置于页面中要插入 Spry 选项卡式面板的位置,选择"插入记录"|"布局对象"|"Spry 选项卡式面板"菜单命令,插入 Spry 选项卡面板,如图 7-55 所示。

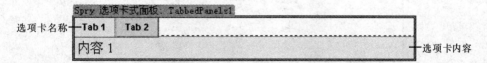

图 7-55　插入的 Spry 选项卡面板

2. 编辑 Spry 选项卡式面板

选择 Spry 选项卡面板后,其"属性"面板如图 7-56 所示。使用其中的各选项可设置不同的参数值。

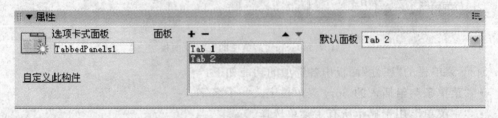

图 7-56 "Spry 选项卡式面板"的"属性"面板

Spry 选项卡式面板的"属性"面板中各选项的功能如下:

- "选项卡式面板":给插入的"Spry 选项卡式面板"定义一个名字。
- "面板":列出选项卡名称。
- "默认面板":用于设置运行时当前的选项卡。
- ✚:添加面板。单击该按钮,添加一个选项卡式面板。
- ━:删除面板。单击该按钮,删除选中的选项卡式面板。
- ▲:在列表中向上移动面板。单击该按钮,在列表中将将选中的面板向上移动。
- ▼:在列表中向下移动面板。单击该按钮,在列表中将将选中的面板向下移动。

7.7.3 使用 Spry 折叠式

折叠式构件是一组可折叠的面板,可以将大量内容存储在一个紧凑的空间中。当访问者单击不同的面板标签时,折叠构件的面板会相应地展开或收缩。在折叠构件中,每次只能有一个内容面板处于打开且可见的状态。

1. 插入 Spry 折叠式构件

在网页中插入 Spry 折叠式构件的步骤如下。

将光标置于页面中要插入 Spry 折叠式构件的位置,选择"插入记录"|"布局对象"|"Spry 折叠式"菜单命令,插入 Spry 折叠式构件,如图 7-57 所示。

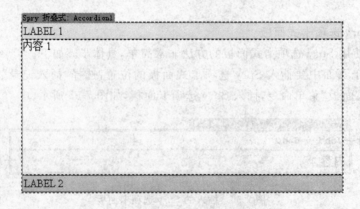

图 7-57 Spry 折叠式构件

2. 编辑 Spry 折叠式构件

选择 Spry 折叠式构件,Spry 折叠式的"属性"面板如图 7-58 所示,使用其中的各选项可设置不同的参数值。

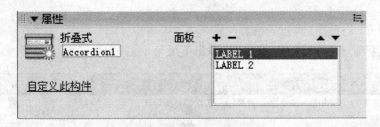

图 7-58 Spry 折叠式的"属性"面板

Spry 折叠式的"属性"面板中各选项的功能如下:

- "折叠式":给插入的"Spry 折叠式"定义一个名字。
- "面板":列出折叠式面板。

7.7.4 使用 Spry 可折叠面板

可折叠面板构件是一个面板,可以将大量内容存储在一个紧凑的空间中。用户单击构件的标签即可隐藏或显示存储在可折叠面板中的内容。

1. 插入 Spry 可折叠面板构件

在网页中插入 Spry 可折叠面板构件的步骤如下。

将光标置于页面中要插入"Spry 可折叠面板"构件的位置,选择"插入记录"|"布局对象"|"Spry 可折叠面板"菜单命令,插入"Spry 可折叠面板"构件,如图 7-59 所示。

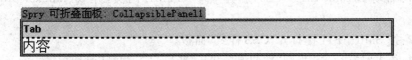

图 7-59 插入的"Spry 可折叠面板"构件

2. 编辑 Spry 可折叠面板构件

选择"Spry 可折叠面板"构件,"Spry 可折叠面板"的"属性"面板如图 7-60 所示,使用其中的各选项可设置不同的参数值。

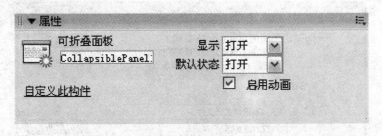

图 7-60 "Spry 可折叠面板"的"属性"面板

"Spry 可折叠面板"的"属性"面板中各选项的功能如下:

- "可折叠面板":给插入的"Spry 可折叠面板"构件定义一个名字。

- "显示"：设置"可折叠面板"的状态，有"打开"和"已关闭"两个选项。
- "默认状态"：设置"可折叠面板"在浏览器中显示时的默认状态。

【案例 7.3】 设计一个菜单式主页，效果如图 7-61 所示。

1. 要求

(1) 使用 CSS 样式格式化表格。

(2) 当鼠标置于"关于本书"菜单时，弹出下级菜单。

图 7-61 案例效果

2. 案例实现

步骤 1：启动 Dreamweaver CS3，新建一个 HTML 网页，并以"index2. html"文件名保存。

步骤 2：按 Shift＋F11 键打开"CSS 样式"面板。

步骤 3：单击"新建 CSS 规则"按钮 ，打开"新建 CSS 规则"对话框。

步骤 4：在对话框的"选择器类型"栏中选择"类（可应用于任何标签）（C）"单选按钮，在"名称"下拉列表框中输入". top2"，在"定义在"栏中选中"仅对该文档"单选按钮，如图 7-62所示。

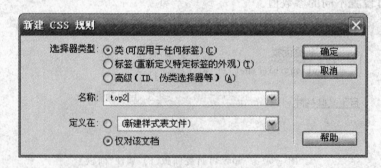

图 7-62 "新建 CSS 规则"对话框

步骤 5：单击"确定"按钮，弹出". top 的 CSS 规则定义"对话框。

步骤 6：在"分类"列表中选择"类型"选项，切换到该分类。在"字体"下拉列表中选择"幼圆"选项，设置字体的"大小"为"18 像素"，在"粗细"下拉列表框中选择"粗"选项，如图 7-63 所示。

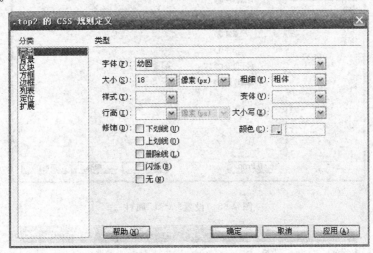

图 7-63　设置"类型"属性

步骤 7：在"分类"列表中选择"背景"选项，切换到该分类。单击"背景图像"后的"浏览"按钮，打开"选择图像源文件"对话框，从中选择背景图像，如图 7-64 所示。

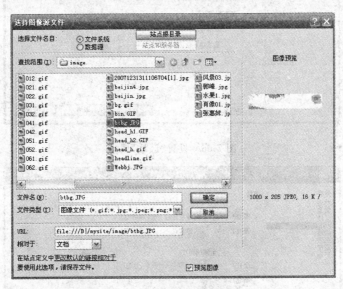

图 7-64　"选择图像源文件"对话框

步骤 8：单击"确定"按钮，返回设置"背景"属性对话框，如图 7-65 所示。

步骤 9：在"分类"列表中选择"区块"选项，切换到该分类。在"文本对齐"下拉列表框中选择"居中"选项，如图 7-66 所示。

步骤 10：在"分类"列表中选择"方框"选项，切换到该分类。在"宽"和"高"文本框中分别输入"500"和"100"数值，如图 7-67 所示。

步骤 11：单击"确定"按钮，完成.top2 的 CSS 定义。

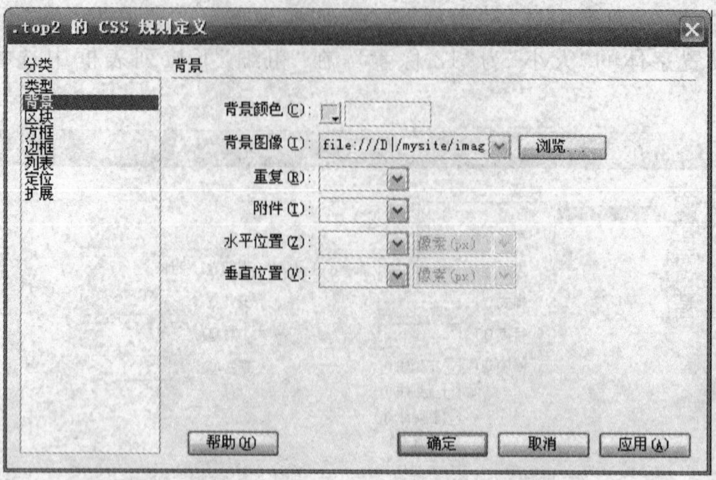

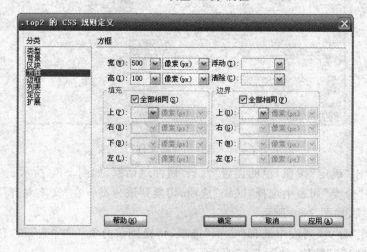

图 7-65 设置"背景"属性

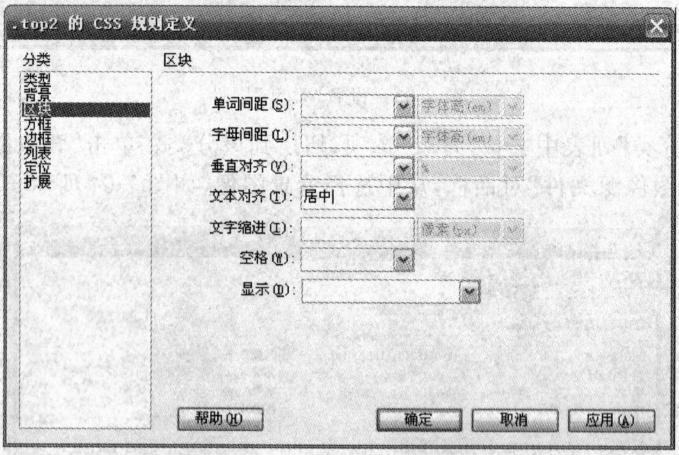

图 7-66 设置"区块"属性

图 7-67 设置"方框"属性

步骤 12：依照上面的步骤，定义.header2 的 CSS。字体：宋体，12 像素；"文本对齐"："居中"。

步骤 13：按组合键 Ctrl＋Alt＋T，打开"表格"对话框。

步骤 14：在"行数"和"列数"文本框中分别输入"2"和"1"，"表格宽度"设为"500"，以像素为单位，"边框粗细"设为"0"，如图 7-68 所示。

图 7-68　"表格"对话框

步骤 15：单击"确定"按钮，在编辑窗口创建了一个二行一列的表格。

步骤 16：选中插入的表格的第一行单元格，在其"属性"面板的"样式"列表中选择"top2"选项，并输入文字"网页设计实用教程"，效果如图 7-69 所示。

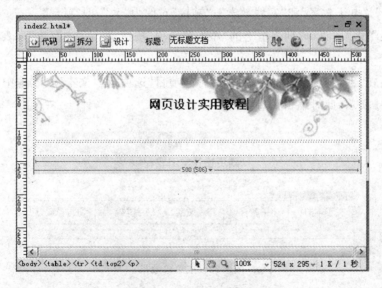

图 7-69　插入的表格

步骤17:将鼠标光标置于表格的第二行单元格中,在其"属性"面板中的"样式"列表框中选择"header1"选项。

步骤18:选择"插入记录"|"布局对象"|"Spry 菜单栏"菜单命令,打开" Spry 菜单栏"对话框。在"布局栏"中选择"水平"单选按钮,然后再单击"确定"按钮,在单元格中插入了一个"Spry 菜单栏",如图 7-70 所示。

图 7-70 创建的 Spry 菜单栏

步骤19:选中插入的"Spry 菜单栏",单击其"属性"面板的"主菜单"列表框中"项目 1"选项,在"文本"文本框中输入"关于本书",在"链接"文本框中输入"♯",即空链接,如图 7-71 所示。

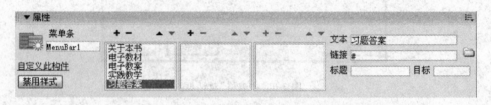

图 7-71 设置所有主菜单项

步骤20:用同样的方式,将"主菜单"列表框中的"项目 2"、"项目 3"、"项目 4"分别更改为"电子教材"、"电子教案"和"实践教学";"链接"对像为"♯",即空链接。

步骤21:单击"主菜单"列表框上的"添加菜单项"按钮➕,在"主菜单"列表框中添加"无标题项目"。

步骤22:在"主菜单"列表框中选择"无标题项目"选项,在"文本"文本框中输入"习题答案",如图 7-71 所示,此时编辑窗口如图 7-72 所示。

图 7-72 主菜单效果

步骤23:在"Spry 菜单栏"的"属性"面板的"主菜单"列表框中选择"电子教案"选项,显示"电子教案"的所有子菜单。选择"项目 3.1"子菜单,单击"子菜单"列表框上方的"删除菜单项"按钮,将"项目 3.1"删除,如图 7-73 所示。

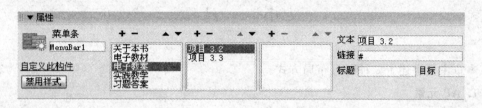

图 7-73 删除子菜单项

步骤 24:以同样的方式将"子菜单"列表框中的"项目 3.2"和"项目 3.3"子菜单项删除,删除后的效果如图 7-74 所示。

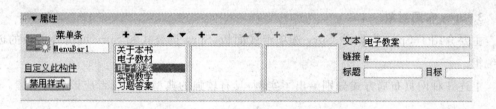

图 7-74 删除其他多余子菜单项

步骤 25:选择"主菜单"列表框中的"关于本书"菜单项,显示"关于本书"的所有子菜单。分别将"项目 1.1"、"项目 1.2"和"项目 1.3"子菜单项的"文本"设置为"本书简介"、"前言"和"参考文献",如图 7-75 所示,此时编辑窗口如图 7-76 所示。

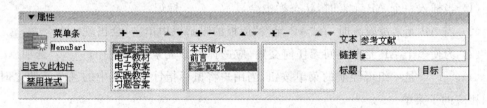

图 7-75 修改"关于本书"的子菜单项

图 7-76 编辑窗口效果

步骤 26:保存编辑的文档,按 F12 键在浏览器中显示,当鼠标放到"关于本书"标题时,效果如图 7-61 所示。

小   结

本章主要讲述了 3 种网页布局方式。

1. AP 元素

主要介绍了 AP 元素的概念与应用，AP 元素的创建、编辑、属性设置，AP 元素与表格间的相互转换的方法等内容。

2. Div 标签

主要介绍了 Div 标签在网页中的应用。

3. Spry 布局对象

主要介绍了 Spry 菜单栏、Spry 选项卡式面板、Spry 折叠式和 Spry 可折叠面板的创建和编辑。

上述 3 种网页布局方式分别给出了实例，具有较强的典型性。读者应该努力掌握。

习   题

1. 填空题

（1）当插入一个 AP 元素时，状态栏中会显示_____标记。

（2）当 AP 元素被隐藏时，在"AP 元素"面板的眼睛栏中单击，会出现一个_____。

（3）为使多个 AP 元素之间无任何交集，应选择"AP 元素"面板中的_____选项。

（4）_____是一组可导航的菜单按钮，当用户将鼠标指针指向其中的某个按钮上时，将显示相应的子菜单。

（5）Spry 菜单栏按照布局方式的不同，可分为_____和_____两类。

2. 选择题

（1）在 AP 元素中可以插入_____。

    A. AP 元素   B. 表格   C. 各种按钮   D. 以上都可以

（2）对于默认创建的 Spry 菜单栏构件，每个菜单栏的名称分别为_____加"数字"。

    A. Menu   B. 菜单   C. 项目   D. 模板名

实   训

1. 使用 AP 元素布局一个网页，将其转换成表格。

2. 在新建文档中创建如图 7-77 所示的 Spry 选项卡面板。

图 7-77　Spry 选项卡面板示例

第8章

使用框架布局网页

本章将学习以下内容：

☞ 框架集和框架的创建

☞ 选择框架和框架集

☞ 框架和框架集的属性设置

☞ 嵌套框架

☞ 框架集中的链接

框架是网页中最常使用的页面布局方式之一，它是一种特殊的 HTML 网页，其作用是把浏览器窗口划分为若干个不同的区域，每个区域可以分别显示不同的网页。框架集是组织框架的一个页面，被称为父框架，只用于定义文档中框架的结构、数量、尺寸及装入框架的页面文件，而框架是一个网页文档，常被称为子框架，它不仅可以在框架集中显示，而且可单独在浏览器中显示。本章学习框架的相关知识。

8.1 制作一个简单框架网页

使用框架技术制作名为"郭峰的主打歌"的网页，上方固定，下方分为左右两个框架。其显示效果如图 8-1 所示。

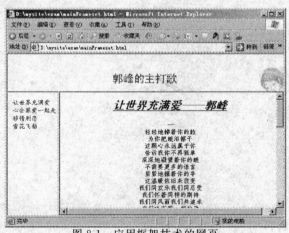

图 8-1 应用框架技术的网页

在介绍案例的具体实现之前,首先了解框架的一些基本操作。

8.1.1 建立框架集

Dreamweaver CS3 提供了多种创建框架集的方法。下面几种方法都可创建框架。

方法 1:从"新建文档"对话框中创建。

步骤 1:在 Dreamweaver CS3 窗口中,选择"文件"|"新建"命令,打开"新建文档"对话框。

步骤 2:创建框架集。如图 8-2 所示。

① 单击窗口左边中"示例中的页"选项卡,出现"示例文件夹"列表框。

② 选择"示例文件夹"列表框中的"框架集"选项。

③ 在"示例页"列表框中选择一种框架集。这里选择"上方固定,左侧嵌套"选项。

④ 单击"创建"按钮,即可在编辑窗口中看到创建的框架集。

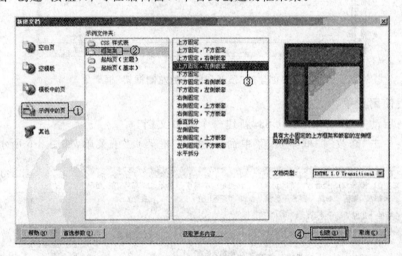

图 8-2 "创建框架集"对话框

方法 2:使用预定义框架格式创建框架。

步骤 1:在打开的 Dreamweaver CS3 文档编辑窗口中,单击"插入"面板的"布局"选项卡中的"框架"按钮右侧的按钮,弹出图 8-3 所示的"预定义框架"格式快捷菜单。

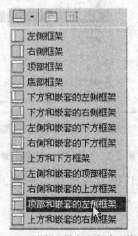

图 8-3 选择"预定义框架"格式

步骤 2:选择一种"预定义框架"格式,这里选择"顶部和嵌套的左侧框架"菜单命令,在弹出的对话框中单击"确定"按钮,得到如图 8-4 所示的"顶部和嵌套的左侧框架"框架集。

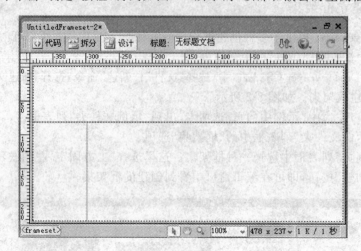

图 8-4　创建的"顶部和嵌套的左侧框架"框架集

方法 3:使用菜单。

步骤 1:启动 Dreamweaver CS3,新建一个网页文档。

步骤 2:单击"修改"|"框架页"菜单命令,弹出"框架页"子菜单,如图 8-5 所示。

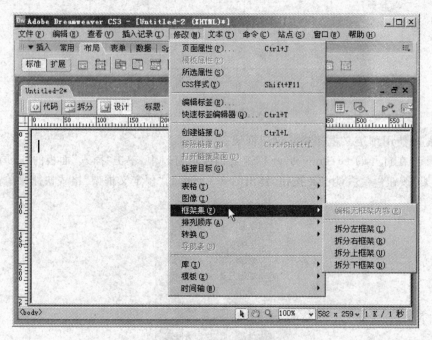

图 8-5　使用菜单创建框架

步骤 3:选择一种框架格式,如"拆分左框架",则将当前编辑窗口分成左右两个框架。如图 8-6 所示。

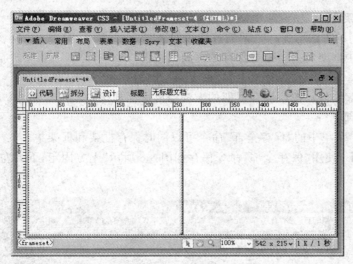

图 8-6 创建左右两个框架

8.1.2 保存框架集网页文件

当编辑完框架和框架文件后,必须对框架及框架文件进行保存。保存时既可以分别保存框架网页文档,又可以一次性保存所有的网页文档。

1. 保存框架

步骤 1:将鼠标光标定位到要保存的框架中。

步骤 2:选择"文件"|"保存框架"命令,打开"另存为"对话框。

步骤 3:保存文件,如图 8-7 所示。

① 在打开的对话框的"保存在"下拉列表框中选择文件的保存位置。

② 在"文件名"下拉列表框中输入要保存的文件名称。

③ 单击"保存"按钮,完成框架网页文件的保存。

图 8-7 保存文件对话框

2．保存框架集

保存框架集的方法与保存框架的方法相似。

步骤 1：选中框架集。单击要保存的框架集边框。

步骤 2：选择"文件"|"保存框架页"命令，打开"另存为"对话框。

步骤 3：保存文件。按照保存框架的方法即可保存框架集。

3．保存全部

使用"文件"菜单中的"保存全部"命令可以同时保存框架和框架集。

【案例 8.1】　使用"保存全部"命令保存如图 8-8 所示"上方固定，下方左右两个框架"的框架集。

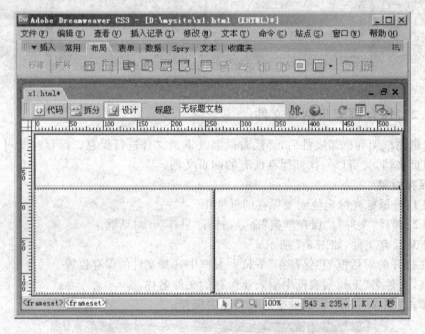

图 8-8　"上方固定，下方左右两个框架"的框架集。

步骤 1：选择"文件"|"保存全部"命令，弹出"另存为"对话框，此时整个框架边框会出现一个阴影框，因此询问的是框架集的名称。按照上面所述方法保存框架集。取名 x1.html。

步骤 2：单击"保存"按钮，此时右边框架内出现虚线，提示保存的是右边框架，在"文件名"下拉列表框中输入 right.html。

步骤 3：单击"保存"按钮，此时左边框架内出现虚线，提示保存的是左边框架，在"文件名"下拉列表框中输入 left.html。

步骤 4：单击"保存"按钮，此时顶部框架内出现虚线，提示保存的是顶部框架，在"文件名"下拉列表框中输入 top.html。

步骤 5：单击"保存"按钮，完成全部框架的保存操作。

8.1.3　创建嵌套框架集

在网页中，有时需要在框架中创建框架集，框架中包含的框架集称之为嵌套框架集。其创建方法是将鼠标光标定位到需要创建框架集的框架中，然后创建需要的框架集即可。

【案例 8.2】　利用创建嵌套框架集的方法创建一个上方固定，下方左右两个框架的框架集。

步骤 1： 启动 Dreamweaver CS3，新建一个 HTML 网页。

步骤 2： 选择"修改"|"框架集"|"拆分上框架"命令，将当前编辑窗口分成上下两个框架，如图 8-9 所示。

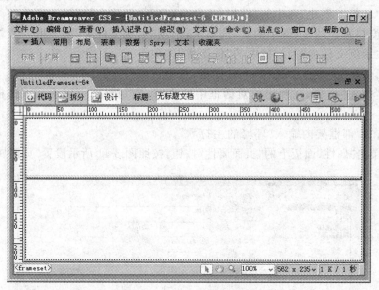

图 8-9　创建上下两个框架

步骤 3： 将鼠标光标置于第 2 个框架（即下方的框架）中。

步骤 4： 选择"修改"|"框架集"|"拆分左框架"（或"拆分右框架"）命令，将当前的框架拆分成左右两个框架，如图 8-10 所示。

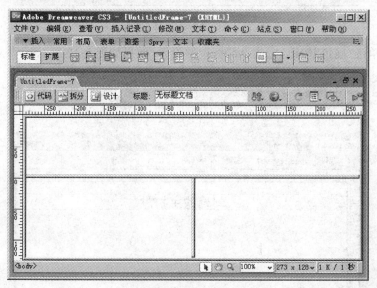

图 8-10　在框架中创建框架集

8.1.4　创建一个简单的框架网页

下面详细介绍本节的案例。顶部框架中的背景图名称 beijin4. jpg，存放在 mysite\image 文件夹中。

【案例 8.3】 创建一个简单的框架网页。

步骤 1：启动 Dreamweaver CS3。

步骤 2：新建"上方固定，左侧嵌套"的框架集。

① 单击"从模板创建"列中的"框架集"命令，打开"新建文档"对话框。

② 单击窗口左边的"示例中的页"选项卡，出现"示例文件夹"列表框。

③ 选择"示例文件夹"列表框中的"框架集"选项。

④ 在"示例页"列表框中选择"上方固定，左侧嵌套"选项。

⑤ 单击"创建"按钮，在弹出的对话框中单击"确定"按钮，可以看到编辑框中出现了一个框架集。

步骤 3：在顶部框架内输入"郭峰的主打歌"。

步骤 4：单击"属性"面板上的"页面属性"按钮，按照图 8-11 所示设置"页面属性"各参数。

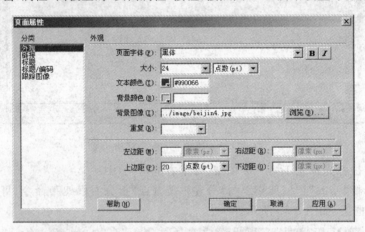

图 8-11 "页面属性"设置

步骤 5：单击"确定"按钮，完成顶部框架的设置，效果如图 8-12 所示。

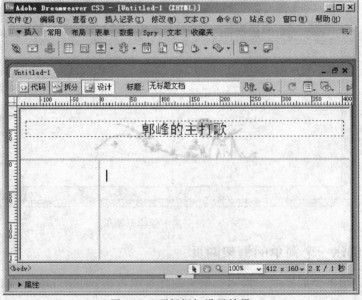

图 8-12 顶部框架设置效果

步骤 6：新建"仅对该文档"CSS 样式，并命名为 content，规则定义如图 8-13 所示。

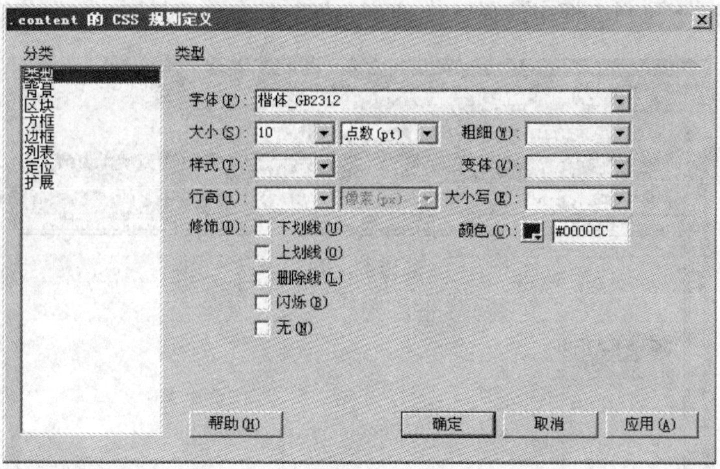

图 8-13　定义名为 content 的 CSS 规则

步骤 7：设置左框架。

① 在左框架中新建一个边框粗细为"0"、单元格边距为"1"、单元格间距为"0"的 4 行 1 列的表格。

② 在各单元格中添加文字。

③ 对表格应用 content 样式。选中表格，在"属性"面板中单击"样式"下拉列表框，从中选择"content"选项，适当调整表格和左框架，如图 8-14 所示。

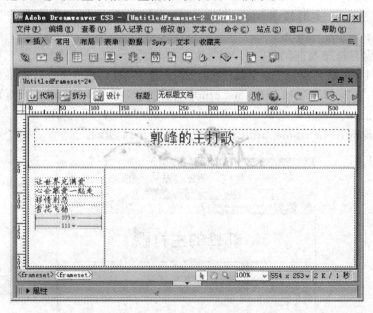

图 8-14　设置左框架

步骤 8：给"让世界充满爱"文本添加链接，链接页面打开的目标页面为 mainFrame，如图 8-15 所示。

① 选中"让世界充满爱"文本。

② 单击"属性"面板中"链接"后的"浏览文件"按钮，从打开的"选择文件"对话框中选

择链接路径及链接文件。路径:D:\mysite\exam,文件名:guofeng_1.html。

③ 在"目标"下拉列表框中选择"mainFrame"选项。

图 8-15　给文本添加链接

步骤 9:对其他文本添加链接。"心会跟爱一起走"文本链接名:mysite\exam\guofeng_2.html;"移情别恋"文本链接名:mysite\exam\guofeng_3.html;"雪花飞扬"文本链接名:mysite\exam\guofeng_4.html。

步骤 10:保存框架及框架集。

选择"文件"|"保存全部"命令,在弹出的"另存为"对话框中,给框架集命名为 main_frame.html,右框架命名为 rightFrame.html,左框架命名为 leftFrame.html,顶部框架命名为 topFrame.html。

步骤 11:预览 main_frame.html 页面,效果如图 8-16 所示。

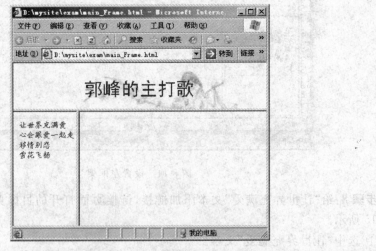

图 8-16　"郭峰的主打歌"框架页面

8.2　框架和框架集的基本操作

本节所使用的示例是"郭峰的主打歌"框架页面。

8.2.1　选择框架和框架集

在对框架或框架集进行操作时,首先应学会如何选择框架或框架集。框架或框架集的选择是在编辑窗口中进行的。

1. 选择框架

步骤 1:将鼠标光标置于要选择的框架上。

步骤 2:按住 Alt 键不放,然后单击鼠标左键即可。如图 8-17 所示。

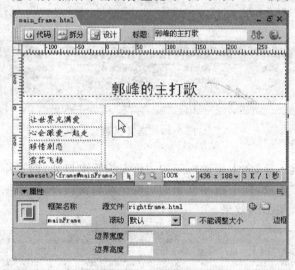

图 8-17　选择框架

2. 选择框架集

步骤 1:将鼠标光标移动到框架集的边框上,如图 8-18 所示。

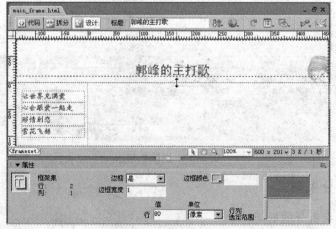

图 8-18　选择框架集

步骤2：单击鼠标左键即可选中框架集。

8.2.2 删除框架

在 Dreamweaver CS3 中，使用框架布局网页，若某一框架不需要时，可将其删除。删除框架的操作步骤如下。

步骤1：在打开的网页中，选择要删除的框架，如图 8-19 所示。

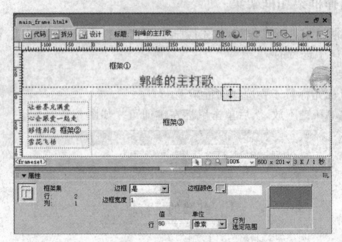

图 8-19 选择框架

步骤2：删除框架。

① 按住鼠标左键不放，向上拖动框架的边框至编辑窗口外，则删除框架①。

② 按住鼠标左键不放，向下拖动框架的边框至编辑窗口外，则删除框架②和③。

图 8-20 是删除框架①的效果。

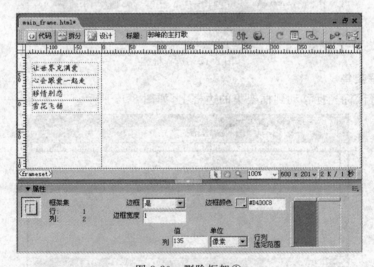

图 8-20 删除框架①

8.2.3 拆分框架

步骤1：选中要拆分的框架。

步骤2：选择"修改"|"框架集"菜单命令，从弹出的子菜单中选择一种拆分方式，即可将

选中的框架拆分成上、下或左、右两个框架。

　　步骤 3：依此方法，可对框架进行任意拆分。如图 8-21 是对"郭峰的主打歌"网页右框架进行上、下拆分的效果（即选择"拆分上框架"或"拆分下框架"）。

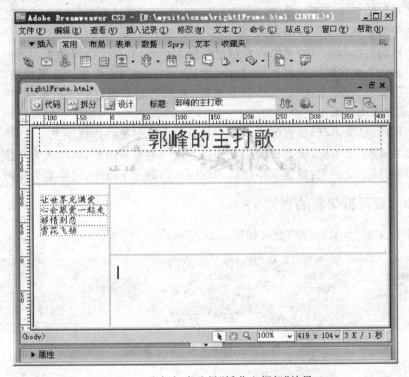

图 8-21　右框架中选择"拆分上框架"效果

8.3　框架和框架集的属性

　　框架集创建好后，根据实际情况需要对框架或框架集进行多种操作，如选择、删除、以及设置属性等。

8.3.1　设置框架的属性

　　当选中某个框架后，其"属性"面板如图 8-22 所示。

图 8-22　框架的"属性"面板

参数说明：

- "框架名称"文本框：指定一个名称作为链接指向的目标或脚本中引用的对象。
- "源文件"文本框：指定在框架当中显示的框架网页的路径及文件名称。可以直接输入名字，或单击文本框右侧的 📁 按钮选择文件。

- "边框"下拉列表框:设置是否显示框架的边框,可选值为"是"、"否"和"默认"。缺省值为"默认",表示显示边框。
- "滚动"下拉列表框:设置框架是否出现滚动条。在其下拉列表框中有 4 个选项。
  - ➤ "是":始终显示滚动条。
  - ➤ "否":始终不显示滚动条。
  - ➤ "自动":当框架中的文档内容超出框架大小时,自动出现滚动条。
  - ➤ "默认":大多数浏览器使用"默认"值,表示"自动",不设置相应属性的值。
- "不能调整大小"复选框:选中该复选框,表示当浏览器打开该框架网页时不能通过拖动框架边框来改变框架大小。
- "边框颜色"文本框:设置与当前框架相邻的所有框架的边框颜色。
- "边界宽度"文本框:设置框架边框和内容之间的左右边距,以像素为单位。
- "边界高度"文本框:设置框架边框和内容之间的上下边距,以像素为单位。

8.3.2　设置框架集的属性

当选中框架集后,其"属性"面板如图 8-23 所示。

图 8-23　框架集的"属性"面板

参数说明:

- "边框"下拉列表框:设置框架是否有边框。是——有边框,否——没边框。
- "边框颜色"文本框:设置整个框架集的边框颜色。可以使用颜色选择器选择一个颜色,或直接在其后的文本框中输入颜色的十六进制值。例如:♯FF0000,红色。
- "边框宽度"文本框:指定框架集中所有边框的宽度,以像素为单位。
- "行"或"列"文本框:"属性"面板中显示的行或列,是由框架集的结构决定的。用户可以直接输入值。
- "单位"下拉列表框:行或列的度量单位,其下拉列表框中有"像素"、"百分比"和"相对"3 个选项。
  - ➤ 像素:将选定行或列的大小设置为一个绝对值。对于始终保持相同大小的框架而言,此选项是最佳选择。
  - ➤ 百分比:指定选定列或行应相当于其框架集的总宽度或总高度的百分比。
  - ➤ 相对:指定在为"像素"和"百分比"为单位的框架分配空间后,为选定列或行分配其余可用空间;剩余空间在大小设置为"相对"的框架中按比例划分。

小　　结

　　本章主要介绍了创建和使用框架与框架集的知识,包括框架和框架集的定义、创建框架与框架集的方法、选择框架与框架集的方法、设置框架与框架集的属性,以及编辑框架页面等内容。通过本章的学习,读者应了解框架和框架集的概念与用途,并掌握创建和使用框架与框架集的方法、设置框架与框架集的属性及编辑框架页面等内容。

习　题

1. 填空题

(1) 框架提供一个将_____划分为多个区域,每个区域都可以显示不同 HTML 文档的方法。

(2) 要插入一个嵌套在左下方的左框架,应使用_____命令。

(3) 如果一个页面在浏览器中显示为包含 3 个框架的单个页面,则它实际上至少由_____文档组成。

(4) 在 Dreamweaver CS3 中创建框架集有两种方法,分别是_____和_____。

(5) 框架名称必须以_____开始。

2. 选择题

(1) 按_____组合键,在编辑窗口右侧将显示"框架"面板。

　　A. Shift+F1　　　　　　　　　　B. Shift+F2

　　C. Shift+Alt+F2　　　　　　　　D. Ctrl+Shift+F1

(2) 如果某个页面被划分为两个框架,那么它实际上包含的是_____个独立的文件。

　　A. 1　　　　　B. 2　　　　　　C. 3　　　　　　D. 4

(3) _____存储了页面框架大小和位置的信息。

　　A. 框架页面　　B. 框架组　　　C. 框架集　　　　D. 框架

(4) 按住_____键可以在文档窗口中单击选择一个框架。

　　A. Shift　　　　　　　　　　　　B. Alt

　　C. Shift+Alt　　　　　　　　　　D. Alt+Ctrl+Shift

(5) 在框架集面板或文档窗口中选择框架集后,选择_____命令可保存框架集文件。

　　A. "文件"|"框架集另存为"　　　B. "文件"|"保存框架"

　　C. "文件"|"保存所有框架"　　　D. "文件"|"保存全部"

实　训

1. 制作一个顶部和左侧框架布局的网页,并设置各框架的背景颜色。

2. 保存框架,浏览网页时主框架及左右框架中都将打开一个已有的文档。

交 互 页 面

本章将学习以下内容：

☞ 了解行为

☞ 了解事件

☞ 行为的基本操作

☞ 行为的使用

☞ 创建时间轴动画

行为(Behavior)是 Dreamweaver CS3 中内置的 JavaScript 脚本程序,它可以在网页上实现一些交互功能。设计者只需将其附加到对象,就可实现动态页面的效果,实现用户与页面的交互,用户不必亲自编写 JavaScript 代码。

9.1 行   为

行为是 Dreamweaver CS3 中内置的脚本程序,由事件和动作组成。事件是动作被触发的条件,而动作是用于完成特定任务的预先编好的 JavaScript 代码。Dreamweaver CS3 中添加行为到页面是通过"行为"面板实现的。在"行为"面板中,先为对象指定一个动作,然后再指定触发该动作的事件,完成行为的创建。

9.1.1 事件、动作与"行为"面板

1. 事件

事件用于指定选定的行为动作在哪种情况下发生。例如,当浏览者将鼠标指针指向某链接并单击时,浏览器响应 onClick 事件。每个浏览器都提供一组事件,不同的浏览器有不同的事件,但大部分浏览器都支持常用的事件。Dreamweaver CS3 中常见的事件及其说明如表 9-1 所示。

表 9-1 Dreamweaver CS3 中常见的事件及其说明

事　件	说　　明
onAbort	在浏览器中停止加载网页文档的操作时发生的事件
onAfterUpdate	表单文档的内容被更新时发生的事件

续表

事　件	说　明
onBeforeUpdate	表单文档的项目发生变化时发生的事件
onBlur	鼠标移动到窗口或框架外侧等非激活状态时发生的事件
onChange	访问者更改表单文档的初始设定值时发生的事件
onClick	用鼠标单击选定元素时发生的事件
onDragDrop	拖动选定的元素后放开时发生的事件
onDragstart	拖动选定元素时发生的
onError	加载网页文档的过程中发生错误时触发该事件
onFinish	当用户在选择框元素的内容中完成一个循环时触发
onFocus	当指定的元素变成用户交互的焦点时触发
onKeyDown	当用户按下任意键时触发
onKeyPress	当用户按下任意键释放时触发
onKeyUp	当用户释放了按下的任意键后触发
onLoad	加载网页文档时，产生该事件
onMouseDown	单击鼠标左键时发生的事件
onMouseMove	当鼠标经过选定元素上面时发生的事件
onMouseOut	当鼠标离开某对象范围时触发的事件
onMouseOver	当鼠标移动到某对象范围的上方时触发的事件
onMouseUp	松开鼠标左键时触发该事件
onReset	重置表单文档为初始值时发生的事件
onResize	访问者改变窗口或框架的大小时发生的事件
onScroll	访问者在浏览器中移动了滚动条时发生的事件
onSelect	当文本框中的内容被选中时所发生的事件
onStart	开始移动文字（Marquee）功能时发生的事件
onSubmit	访问者传送表单文档时发生的事件
onUnLoad	当用户离开页面时触发

2. 动作

动作就是当用户触发事件后所执行的脚本代码，这些代码执行特定的任务，如打开浏览器窗口以及显示或隐藏层等，一般使用 JavaScript 或 VBScript 编写。

为对象添加行为后，该对象只要发生了指定的事件，浏览器就会调用与该事件关联的动作。

3. 行为面板

在 Dreamweaver CS3 中，选择"窗口"|"行为"命令或按 Shift＋F4 组合键可以打开"行为"面板，如图 9-1 所示。

使用该面板可以将行为附加到页面对象上，并可以修改以前所附加行为的参数。

图 9-1　"行为"面板

"行为"面板中各按钮的意义如下：

- ▤：单击该按钮只显示已设置的事件列表。
- ▥：单击该按钮显示所有事件列表，如图 9-2 所示。
- **+**：单击该按钮会弹出如图 9-3 所示的"行为"菜单，在菜单中选择相应的行为后，会打开相应的对话框，设置完成后即可为对象添加行为。
- **−**：单击该按钮将删除在"行为"面板中选择的行为。
- ▲：单击该按钮将所选择的行为向上移动。若该按钮为灰色，则表示不能移动。
- ▼：单击该按钮将所选择的行为向下移动。

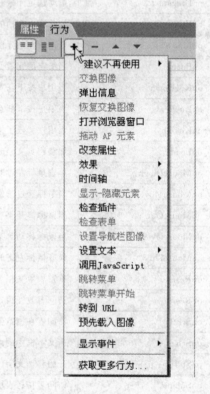

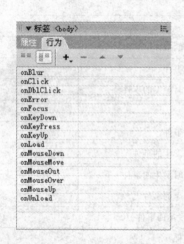

图 9-2　显示所有事件　　　　　　　　　图 9-3　行为菜单命令

"行为"菜单中各行为的意义如表 9-2 所示。

表 9-2　Dreamweaver CS3 中常见的行为及其说明

行　　为	说　　明
交换图像	用于创建鼠标经过图像时用其他图片代替。注意：交换图像应与原图像尺寸相同
弹出消息	用于创建进入某个网页前弹出提示对话框
恢复交换图像	用于将最后一组交换的图像恢复为它们以前的原文件
打开浏览器窗口	用于打开一个具有特定属性（包括其大小）、特性（是否可以调整大小、是否具有菜单条等）和名称的窗口
拖动 AP 元素	允许访问者拖动 AP 元素。该行为可用于创建拼板游戏和鼠标移动而发生位置的网页特效
改变属性	用于更改选择对象的属性值

续表

行　　为	说　　明
效果	用于设置视觉增强效果
时间轴	用于控制时间轴,可以播放、停止动画
显示-隐藏元素	用于显示、隐藏或恢复一个或多个 AP 元素的默认可见性,该行为用于在用户与网页进行交互时显示信息
检查插件	确认是否设有运行网页的插件
检查表单	检查表单文本域中输入的数据类型是否正确
设置导航栏图像	用于将图像设为导航条图像或更改导航条中图像的动作
设置文本	用于设置 AP 元素文本、文本域文字、框架文本和状态栏文本。有以下选项: • 设置容器的文本:用于将页面上出现在容器中的内容和格式替换为指定的内容,该内容可以包括任何有效的 HTML 源代码 • 设置文本域文字:用指定的内容替换表单文本域的内容 • 设置框架文字:用于允许动态设置框架的文本,用指定的内容替换框架的内容和格式设置。该内容可以包括任何有效的 HTML 源代码 • 设置状态栏文本:用于设置在浏览器窗口状态栏左侧显示的消息
调用 JavaScript	用于指定当发生某事件时应执行的函数或 JavaScript 代码行
跳转菜单	若在表单中插入跳转菜单,则自动创建一个菜单对象并向其附加一个 Jump-Menu(或 JumpMenuGo)行为
跳转菜单开始	用于允许用户将一个"转到"按钮和一个跳转菜单关联起来
转到 URL	用于在当前窗口或指定的框架中打开一个新的 URL
预先载入图像	用于将不立即显示在网页中的图像载入浏览器缓存中,可用于防止当图像显示时由于下载导致的延迟
显示事件	设置浏览器及版本,显示事件窗口根据此设置决定浏览器支持的事件。可选择 4.0 and Browsers、HTML 4.01、IE 4.0、IE 5.0、IE 6.0、Netscape 4.0 和 Netscape5.0 注意:选择不同,显示事件窗口显示的事件不同,版本越高,事件越多
获取更多行为…	包括一些某些用户习惯使用但系统建议不再使用的行为。有以下几项: • 控制 Shockwave 或 Flash:用于使用行为来播放、停止、倒带或转到 Shock-wave 或 Flash 影片中的帧 • 播放声音:用于播放声音 • 显示弹出式菜单:用于创建或编辑 Dreamweaver 弹出式菜单,或者打开并修改已插入 Dreamweaver 文档的 Fireworks 弹出菜单 • 检查浏览器:用于设置网页在不同浏览器中的效果 • 隐藏弹出式菜单:用于将设置的弹出式菜单隐藏起来

9.1.2　添加行为

添加行为就是将行为添加到网页的各个对象中,如<body>标签、超链接、图像或表单等网页对象,从而达到交互的效果。

不同的浏览器版本支持不同的动作,因此在添加行为前首先要明确支持该动作行为的浏览器的最低版本。

【案例 9.1】 添加行为练习。

1. 要求

（1）打开 index. htm(位置:mysite)网页,添加一个行为。

（2）当用户浏览该网页时状态栏中显示"欢迎使用本书的辅助资料"字样。

2. 案例实现

步骤 1:启动 Dreamweaver CS3,打开 index. htm 网页,单击编辑窗口左下角的<body>标签,选中整个页面,如图 9-4 所示。

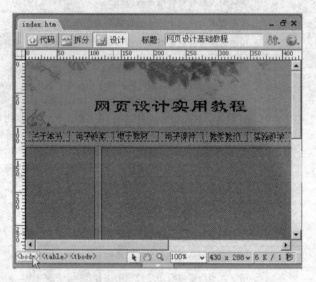

图 9-4　选中对象

步骤 2:按 Shift＋F4 键,打开"行为"面板。

步骤 3:在"行为"面板中单击"添加行为"按钮 **＋** ,从弹出的下拉菜单的"显示事件"子菜单中选择不同版本的浏览器,查看各种浏览器支持的行为,这里选择"IE 6.0",如图 9-5 所示。

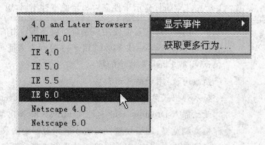

图 9-5　选择浏览器类型

步骤 4:单击"行为"面板的"添加行为"按钮 **＋** ,从弹出的下拉菜单中选择"设置文本"｜"设置状态栏文本"命令,弹出"设置状态栏文本"对话框。

步骤 5:在"消息"文本框中输入要显示在状态栏中的文本信息"欢迎使用本书的辅助资料",如图 9-6 所示。

步骤 6:单击"确定"按钮,行为即添加到"行为"面板中,如图 9-7 所示。

步骤 7:选择"onMouseOver"事件选项,单击其右侧的下拉按钮 **▼** ,在弹出的下拉列表中选择"onLoad"选项，如图9-8所示。

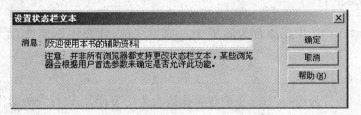

图 9-6　"设置状态栏文本"对话框

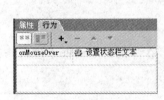

图 9-7　添加的行为

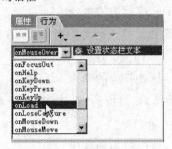

图 9-8　选择"onLoad"事件

步骤 8：保存文件，按 F12 键在浏览器中浏览，效果如图 9-9 所示。可以看到，网页底部的状态栏中显示指定文本信息。

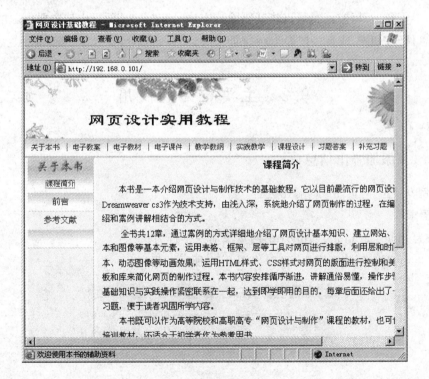

图 9-9　网页显示效果

9.1.3 编辑行为

Dreamweaver CS3 中添加行为后不是一成不变的,用户可以修改行为,也可以删除行为。

1. 修改添加的行为

可以对添加的行为进行修改,主要包括修改行为的事件、修改行为的动作和修改行为的顺序。

（1）修改行为的事件

先选择要修改行为的对象,然后在"行为"面板的触发事件对应的下拉列表中重新选择需要的事件即可。

（2）修改行为的动作

在"行为"面板的"动作"列表中双击要修改的动作,在弹出的对话框中进行修改,单击"确定"按钮即可。

（3）修改行为的顺序

选择要调整顺序的行为,单击"增加事件值"按钮▲或"降低事件值"按钮▼将其上移或下移。

2. 删除行为

对于不需要的某种行为,可以将其删除。方法是在"行为"面板中选中要删除的行为,单击"删除事件"按钮▬或直接按 Delete 键即可。

9.2　主要行为的使用

9.2.1 添加弹出信息

【案例 9.2】　网页加载时弹出公告。

1. 要求

（1）为 index. htm（位置：mysite）网页添加一个行为。

（2）当用户浏览该网页时自动弹出图 9-10 所示的提示。

图 9-10　打开网页时弹出的提示对话框

2.案例实现

步骤1：启动 Dreamweaver CS3，打开 index.htm 网页，单击编辑窗口左下角的<body>标签，选中整个页面。

步骤2：按 Shift+F4 键，打开"行为"面板。

步骤3：单击"行为"面板的"添加行为"按钮 +,，从弹出的下拉菜单中选择"弹出信息"命令，弹出设置"弹出信息"对话框。

步骤4：在"消息"文本框中输入弹出的对话框中显示的文本信息"浏览本网页的最佳分辨率 1024×768，IE 6.0 浏览器。"，如图 9-11 所示。

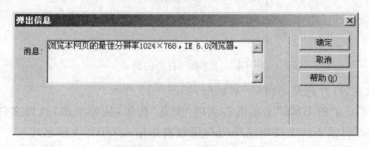

图 9-11 设置"弹出信息"对话框

步骤5：单击"确定"按钮，行为即添加到"行为"面板中，如图 9-12 所示。

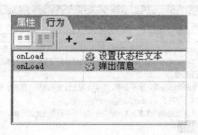

图 9-12 添加"弹出信息"行为

步骤6：若"弹出信息"行为的事件不是"onLoad"事件，则将其事件修改为"onLoad"事件。

步骤7：保存网页，按 F12 键在浏览器中浏览，弹出如图 9-10 所示的对话框。

9.2.2 打开浏览器窗口

【**案例 9.3**】 为页面对象添加"打开浏览器窗口"行为。

1.要求

(1) 为 first_qy.htm(位置：mysite/first)网页添加一个行为。

(2) 当用户浏览该网页时鼠标指向"编者"文字，打开如图 9-13 所示的网页窗口(网页名：zzjj.htm，位置：mysite/first)。

2.案例实现

步骤1：启动 Dreamweaver CS3，打开 first_qy.htm 网页，选中编辑窗口"编者"文字，如图 9-14 所示。

步骤2：按 Shift+F4 键，打开"行为"面板。

步骤 3：单击"行为"面板的"添加行为"按钮 **+₋**，从弹出的下拉菜单中选择"打开浏览器窗口"命令，弹出"打开浏览器窗口"对话框。

图 9-13　指定打开的网页

步骤 4：设置"打开浏览器窗口"对话框，如图 9-15 所示。

① 单击"要显示的 URL"文本框右侧的"浏览"按钮，从弹出的"选择文件"对话框中选择"mysite/first"目录下的文件"zzjj. htm"（可以直接输入 URL 文件名）。

② 在"窗口宽度"和"窗口高度"文本框中分别输入"300"和"250"。

③ 选中"需要时使用滚动条"复选框。

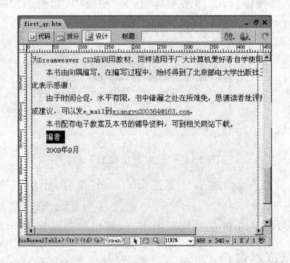

图 9-14　在打开的原文件中选中对象

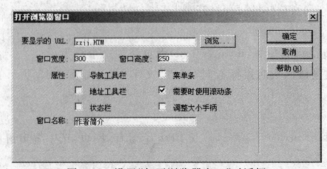

图 9-15　设置"打开浏览器窗口"对话框

"打开浏览器窗口"对话框中的各项参数含义如下：

- "要显示的 URL"文本框：设置要显示的文档，可以单击"浏览"按钮从弹出的"选择文件"对话框中选择，也可以直接输入要显示的 URL 文档。
- "窗口宽度"文本框：设置打开的浏览器窗口的宽度。
- "窗口高度"文本框：设置打开的浏览器窗口的高度。
- "属性"栏：设置打开的浏览器窗口的基本属性。
- "窗口名称"文本框：设置打开的窗口的名称，不设置则显示"无标题文档"。

步骤 5：单击"确定"按钮，行为添加到"行为"面板中，如图 9-16 所示。

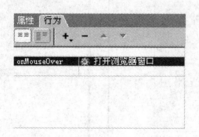

图 9-16 添加"打开浏览器窗口"行为

步骤 6：保存编辑的网页文件，按 F12 键在浏览器中浏览效果，当鼠标指向"编者"时，如图 9-17 所示。

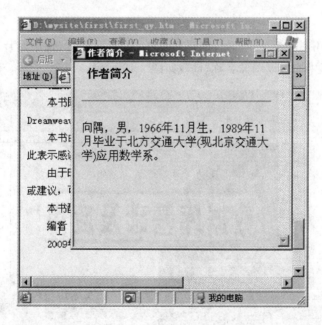

图 9-17 网页运行效果

9.2.3 交换图像

【**案例 9.4**】 为页面中的图像添加"交换图像"行为。

1. 要求

（1）为 first_first.htm（位置：mysite/first）网页添加一个行为。

（2）当用户浏览该网页时鼠标置于"封面"图片上时，"封面"图片变为"封底"。其效果如图 9-18 所示。

图 9-18　案例效果（左为原始文档，右为交换图像）

2. 案例实现

步骤 1：启动 Dreamweaver CS3，打开 first_first.htm 网页，选中图片，在"属性"面板的"图像名称"文本框中输入该图像名称"t1"，如图 9-19 所示。

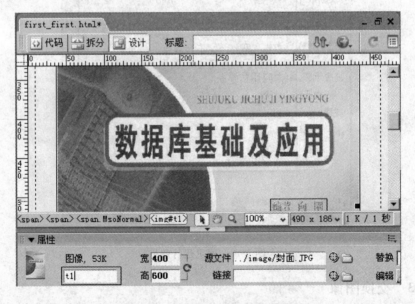

图 9-19　打开原文件并选中图像

步骤 2：按 Shift＋F4 键，打开"行为"面板。

步骤 3：单击"行为"面板的"添加行为"按钮，从弹出的下拉菜单中选择"交换图像"命令,弹出"交换图像"对话框。

步骤 4:在对话框的"图像"列表中选择"图像 t1",如图 9-20 所示。

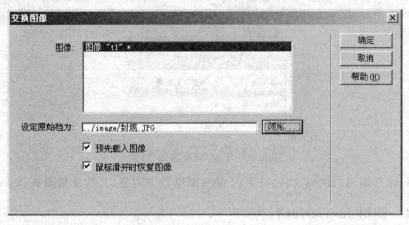

图 9-20　"交换图像"对话框

"交换图像"对话框中各参数含义如下:

- "图像"列表框:显示文档中的所有图像,在其中选择需要添加交换图像行为的图像。
- "设定原始档为"文本框:单击"浏览"按钮,在打开的对话框中双击选择替换的图像文件。
- "预先载入"图像复选框:选中该复选框,在页面载入时,替换图像就会载入浏览器缓存中,以防止显示延迟。
- "鼠标滑开时恢复图像"复选框:选中该复选框,可使鼠标离开图像后,图像恢复为原始图像。

步骤 5:单击"设定原始为"文本框右侧的"浏览"按钮,在弹出的"选择图像源文件"对话框中选择"封底.jpg"图像作为交换图像,如图 9-21 所示。

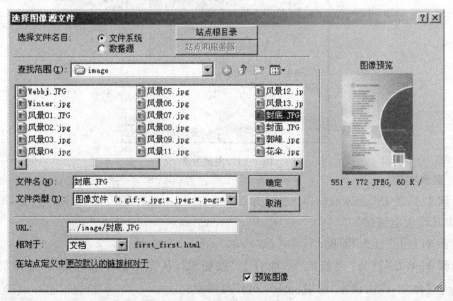

图 9-21　"选择图像源文件"对话框

步骤6：单击"确定"按钮，返回"交换图像"对话框。

步骤7：单击"交换图像"对话框中的"确定"按钮，添加"交换图像"行为，此时的"行为"面板如图 9-22 所示。

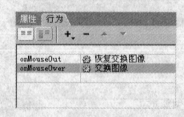

图 9-22 添加"交换图像"行为

步骤8：保存编辑的网页文件，按 F12 键在浏览器中浏览，其效果如图 9-18 所示。

9.2.4 调用 JavaScript 行为

调用 JavaScript 行为在事件发生时执行自定义的函数或 JavaScript 代码行。JavaScript 可以是自己编写的，也可以是网上各种免费的 JavaScript 库中提供的代码。

【案例9.5】 在页面中添加"调用 JavaScript"行为。

1. 要求

（1）为 example9_1. html（位置：mysite/exam）网页添加一个"调用 JavaScript"行为。

（2）当用户浏览该网页时，单击"注意："文本，弹出图 9-23 所示的提示。

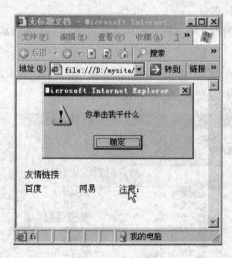

图 9-23 案例效果

2. 案例实现

步骤1：启动 Dreamweaver CS3，打开 example9_1. html 网页，选中对象"注意："文本对象，并为其设置空链接。

步骤2：打开"行为"面板。

步骤3：单击"行为"面板的"添加行为"按钮 +，从弹出的下拉菜单中选择"调节用 JavaScript"命令，弹出设置"调用 JavaScript"对话框。

步骤4：在 JavaScript 文本框中输入"alert("你单击我干什么")；"文字，如图 9-24 所示。

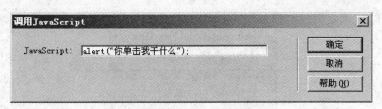

图 9-24　"调用 JavaScript"对话框

步骤 5：单击"确定"按钮，将"调用 JavaScript"行为添加到"行为"面板中，修改该行为事件为 onClick 事件，如图 9-25 所示。

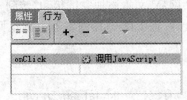

图 9-25　添加"调用 JavaScript"行为

步骤 6：保存编辑的网页文件，按 F12 键在浏览器中浏览，单击"注意:"链接，效果如图 9-23 所示。

9.2.5　转到 URL 行为

"转到 URL"行为可以在当前窗口或指定的框架中打开一个新页面。利用该行为可以通过一次单击更改两个或多个框架的内容。

【案例 9.6】　在页面中添加"转到 URL 行为"行为。

1. 要求

（1）为 example9_1.html（位置：mysite/exam）网页添加两个"转到 URL"行为。

（2）当用户浏览该网页时，单击"百度"和"网易"链接，分别打开其主页。

2. 案例实现

步骤 1：启动 Dreamweaver CS3，打开 example9_1.html 网页，选中对象"百度"文本对象，并为其设置空链接。

步骤 2：打开"行为"面板。

步骤 3：单击"行为"面板的"添加行为"按钮 **+_**，从弹出的下拉菜单中选择"转到 URL"命令，弹出"转到 URL"对话框。

步骤 4：在对话框的"打开在"列表中选择"主窗口"，"URL"文本框中输入"www.baidu.com"文本，如图 9-26 所示。

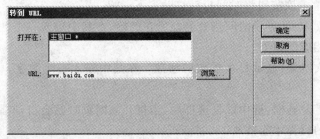

图 9-26　"转到 URL"对话框

步骤5：单击"确定"按钮，添加"转到 URL"行为到"行为"面板中，如图9-27所示。

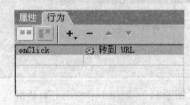

图9-27 添加"转到 URL"行为

步骤6：依照上面步骤，为"网易"文本添加空链接和"转到 URL"行为。

步骤7：保存编辑的网页文件，按 F12 键在浏览器中浏览网页，单击"百度"或"网易"链接，打开其相应的主页。

9.3 时间轴动画

通过添加时间轴行为，可以在 Dreamweaver CS3 中制作不需要任何 ActiveX 控件、插件或 Java Applet（但需要 JavaScript）的简单动画。

9.3.1 认识时间轴

在 Dreamweaver CS3 编辑窗口中选择"窗口"|"时间轴"命令，打开"时间轴"面板，如图9-28所示。

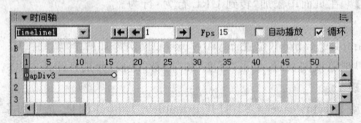

图9-28 "时间轴"面板

"时间轴"面板中各部分功能如下：

- "时间轴名称"下拉列表框：当网页中包含多个时间轴时，可以选择其他时间轴。
- ⏮ 按钮：单击该按钮将时间指针移动到第一帧。
- ◀ 按钮：单击该按钮将时间指针移动到上一帧。
- ▶ 按钮：单击该按钮将时间指针移动到下一帧。
- "当前帧"文本框：显示时间指针当前所在的帧，在其中输入一个数字，可以将时间指针移动到相应的帧上。
- "每秒帧"文本框：显示每秒播放的帧数。在其中输入一个数字，可以设定每秒播放的帧数。
- "自动播放"复选框：选中该复选框后，当打开该网页时就会自动播放动画，否则需要执行相应的行为才能播放。
- "循环"复选框：选中该复选框后，当打开该网页时就会循环播放动画，否则只播放一次。

- 行为层：在其中可添加各种行为，以对时间轴进行控制。
- 元素层：可以在其中添加网页中的一些元素，并通过添加关键帧和改变网页元素的属性来实现动画效果。
- 关键帧：元素层中空心圆◌为关键帧。

9.3.2　制作时间轴动画

【**案例 9.7**】　制作一个时间轴动画，实现在网页中图片左右移动。

1. 要求

（1）新建一个名为"动画.html"的网页，在网页中添加时间轴动画，它能实现图片的左右移动。

（2）图片放在 mysite/image 文件夹中，名为"水果 1.jpg"。

2. 案例实现

步骤 1：启动 Dreamweaver CS3，新建空白的 HTML 网页，按名为"动画.html"保存。

步骤 2：切换到"插入"面板的"布局"选项卡，单击"绘制 AP Div"按钮▤，在页面上画出一个方框，插入一个 AP Div。在"属性"面板中设置"宽"和"高"的值为"100px"。将光标置入 AP Div 中，定位插入点，如图 9-29 所示。

步骤 3：切换到"插入"面板的"常用"选项卡，单击"图像"按钮▦▾，从打开的"选择图像源文件"对话框中选择图像文件"水果 1.jpg"，在"属性"面板中设置图像文件的"宽"和"高"都为"100"，如图 9-30 所示。

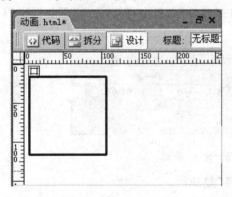

图 9-29　插入 AP Div 元素

图 9-30　在 AP Div 中插入图像

步骤 4：用鼠标右键单击"AP Div"，从弹出的快捷菜单中选择"添加到时间轴"命令，打开"时间轴"面板。

步骤 5：将鼠标放置到 AP Div 左上角，拖动 AP Div 到时间轴上的第 1 帧，在"时间轴"面板中会增加一个长度为 15 帧的时间轴，如图 9-31 所示。

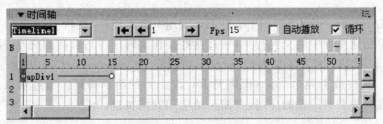

图 9-31　添加时间轴

步骤 6：在时间轴中选中第 15 帧，在 AP Div 的"属性"面板中将其"左"设置为"100px"，其他值不变，如图 9-32 所示。

图 9-32　设置 AP Div"属性"面板

步骤 7：选中 AP Div，拖动 AP Div 到时间轴上的第 16 帧，在"时间轴"面板中会增加一个长度为 15 帧的时间轴，如图 9-33 所示。

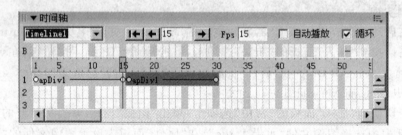

图 9-33　添加时间轴

步骤 8：在时间轴中选中第 30 帧，在 AP Div 的"属性"面板中将其"左"设置为"6px"（即初始位置），其他值不变，如图 9-34 所示。

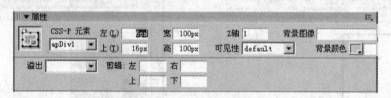

图 9-34　设置 AP Div 的"属性"面板

步骤 9：选中"时间轴"中的"自动播放"和"循环"复选框。

步骤 10：保存编辑的网页文件，按 F12 键在浏览器中浏览。可以看到，图像沿左右两边不停地移动。

小　　结

行为是 Dreamweaver CS3 中内置的 JavaScript 脚本程序，在网页中进行一系列动作，可以帮助用户构建页面中的交互行为，通过这些动作实现用户与页面的交互，用户不必亲自编写 JavaScript 代码。通过添加时间轴行为，可以在 Dreamweaver CS3 中制作不需要任何 ActiveX 控件、插件或 Java Applet（但需要 JavaScript）的简单动画。通过本章的学习，读者应能熟练掌握行为和时间轴的应用，并能灵活应用到网页设计中。

习　题

1. 填空题

（1）Dreamweaver CS3 中的行为由_____和_____组成的。

（2）为某网页添加载入时弹出窗口行为时，触发该动作的默认事件是_____。

（3）_____行为可以为网页添加_____多个链接。

（4）在创建时间轴动画的过程中，可以使用行为控制时间轴动画，若要添加双击停止播放行为，应为其添加_____事件。

（5）选择添加时间轴动画的对象，再选择_____菜单中的"时间轴"|"增加对象到时间轴"命令，可添加时间轴动画。

2. 选择题

（1）打开"行为"面板的快捷键是_____。

　　A．Ctrl+F4　　　　　　　　　　　B．Shift+F4

　　C．Ctrl+Shift+F4　　　　　　　　D．Ctrl+Alt+F4

（2）在行为的事件中，表示用鼠标左键双击选定的元素而触发的是_____。

　　A．OnClick　　　B．OnDblClick　　　C．OnMouseOut　　D．OnMouseOver

（3）在打开网页的同时能自动弹出窗口特效的事件是_____。

　　A．OnLoad　　　B．OnClick　　　　C．OnMouseOut　　D．OnMouseOver

（4）若用户想在浏览器窗口底部显示文本消息，应在"添加行为"|"设置文本"子菜单中选择_____命令。

　　A．设置状态栏文本　　　　　　　　B．设置文本域文本

　　C．设置 AP 元素文本　　　　　　　D．设置框架文本

实　训

1．利用"打开浏览器窗口"行为，制作一个当鼠标移到"通知"文本上时自动弹出窗口的效果，弹出的窗口效果如图 9-35 所示。

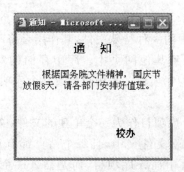

图 9-35　习题 1 要求效果

2．在制作好的主页中利用"设置状态栏文本"行为，在状态栏中显示"欢迎您光临本网站"。

第10章

模板与库

本章将学习以下内容:

☞ 模板的创建与编辑

☞ 应用模板创建网页

☞ 导入导出 XML 内容

☞ 创建库项目

☞ 利用库项目更新网站

为了体现网站的专业性,通常同一网站中的所有页面一般都具有统一的风格,即采用大致相同的网页布局结构、同样的版式、导航条和 Logo 等。如果利用常规的网页创作手段,则不得不在每个网页中重复制作相同的内容,这是很麻烦的。用户可以使用 Dreamweaver CS3 提供的库与模板功能,将具有相同版面结构的网页制作成模板,将相同的元素制作成为库项目,并存放在库中以便随时调用,可以让用户创建出具有统一风格的网页,从而能更方便地维护网站。

通过本章的学习,读者能了解模板与库的基础知识及应用,在网页设计中能熟练地应用它们。

10.1 使用库项目

库是 Dreamweaver CS3 中的一种特殊文件,其作用是将网页中常用到的对象转化为库文件,然后作为一个对象插入到其他网页中。库中存储的对象可以是图像、表格、声音、Flash、插件等元素,通常称之为库项目。当用户更改某个库项目时,系统会自动更新所有使用该项目的页面。

Dreamweaver CS3 将每个库项目作为一个单独的文件(文件扩展名.lbi)存储在每个站点的本地根文件夹中的 Library 文件夹中,且每个站点都有自己的库。在使用库项目时,Dreamweaver CS3 不是在网页中插入库项目,而是插入一个指向库项目的链接。换句话说,Dreamweaver CS3 是向文档中插入该项目的 HTML 源代码副本,并添加一个包含对原始外部项目引用的 HTML 注释。自动更新过程就是通过这个外部引用来实现的。

10.1.1　认识"资源"面板中的库

在使用库项目前,先来认识"资源"面板中的库。

打开"资源"面板中的"库"类别操作如下:

步骤 1:启动 Dreamweaver CS3。

步骤 2:选择"窗口"|"资源"菜单命令(快捷键:F11),显示"资源"面板,如图 10-1 所示。

步骤 3:单击"资源"面板左下角中的"库"按钮 ,进入"库"类别,如图 10-2 所示。

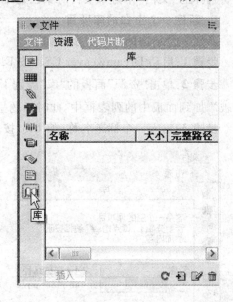

图 10-1　"资源"面板　　　　　　　图 10-2　"库"类别

"资源"面板中"库"类别下各选项的功能如下:

- "图像" :单击该按钮列出当前站点中包含的所有图像。
- "颜色" :单击该按钮列出当前站点中使用过的所有颜色。
- "URLs" :单击该按钮列出当前站点中设置的超链接,如空链接、电子邮件链接、绝对链接及相对链接等。
- "Flash" :单击该按钮列出当前站点中应用的 Flash 动画。
- "Shockwave ":单击该按钮列出当前站点中应用的 Shockwave。
- "影片" :单击该按钮列出当前站点中应用的影片。
- "脚本" :单击该按钮列出当前站点中应用行为后得到的脚本文件。
- "模板" :单击该按钮列出当前站点中创建的模板。
- "库" :单击该按钮列出当前站点中创建的库项目。
- "插入"按钮 :当单击的是除"颜色"和"模板"按钮外的按钮,在列表框中选择任意选项,再单击"插入"按钮,可将列表框中选中的对象插入到当前网页中;当单击的是"颜色"和"模板"按钮,"插入"按钮变为"应用"按钮,单击"应用"按钮,可将列表框中选择的对象应用于当前打开的文档中。
- "刷新站点列表" :单击该按钮,刷新当前站点,将新建对象显示到列表框中。

- "新建库项目" ：单击该按钮，创建一个新的库项目。
- "编辑" ：单击该按钮，编辑选择的对象。
- "删除" ：单击该按钮，删除列表框中选择的对象。

10.1.2 创建库项目

Dreamweaver CS3 中创建库项目有两种方法，一种是新建一个空白的库项目，另一种是将选择的"文档"作为库项目对象创建库项目。

1. 新建一个空白的库项目

新建一个空白的库项目步骤如下。

步骤 1：启动 Dreamweaver CS3，按 F11 键打开"资源"面板。

步骤 2：单击"资源"面板的"库"类别下"新建库项目"按钮 ，一个新的、无标题的库项目被添加到面板中的列表框中，此时标题呈修改状态，如图 10-3 所示。

步骤 3：输入一个标题名称，如 Lib，按 Enter 键确认，如图 10-4 所示。

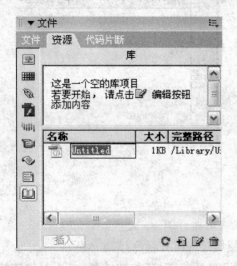

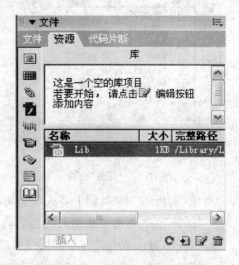

图 10-3　创建名为 Untitled 的库项目　　　　图 10-4　创建名为 Lib 的库项目

此时本地站点的 Library 文件夹下出现库文件名"Lib. lbi"。

步骤 4：若要编辑库项目，则单击"库"类别下的"编辑"按钮 ，打开选中的库项目文件编辑窗口，编辑完成后选择"文件"|"保存"菜单命令保存库项目。

2. 将文档内容转换为库项目

将文档内容转换为库项目的具体步骤如下。

步骤 1：在文档中选择需要保存为库项目的内容。

步骤 2：按 F11 键打开"资源"面板的"库"类别。

步骤 3：执行下列操作之一，可将选中的文档内容转换为库项目。

方法 1：将选中的内容拖至"资源"面板的"库"类别中。

方法 2：选择"修改"|"库"|"增加对象到库"菜单命令，选中的内容出现在库面板的列表中。

步骤 4：库项目内容显示在库面板上，为新建库项目输入名称。

3．将库项目应用到网页中

库项目创建好后用户就可以直接在网页中使用库项目了，在网页中使用库项目就是将库项目插入到当前编辑的网页中。

在网页中插入库项目的具体操作步骤如下。

步骤 1：启动 Dreamweaver CS3，打开要插入库项目的网页。

步骤 2：将鼠标光标定位到网页中要插入库项目的位置。

步骤 3：在"资源"面板的"库"类别中选择要插入的库文件，单击面板左下角的"插入"按钮，即在插入点插入库项目。

注意：插入到网页中的库项目不可编辑。

4．更新库项目

如果修改了库项目，在保存库项目的时候，会弹出如图 10-5 所示的对话框，询问是否更新链接。单击"更新"按钮，则网站内所有与该库项目相关的网页都将被更新，如图 10-6 所示。

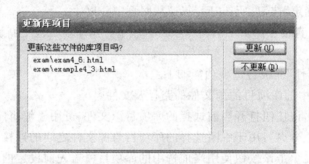

图 10-5　"更新库项目"对话框

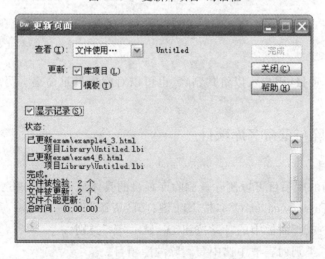

图 10-6　"更新页面"对话框

5．在网页中分离库项目

用户若想在编辑的网页中直接编辑而不受库项目约束，可以将网页的库项目和源文件分离。在网页中分离库项目的操作步骤如下。

步骤 1：启动 Dreamweaver CS3，打开要分离库项目的网页文件。

步骤 2：选中插入到网页中的库项目，此时"库项目"的"属性"面板如图 10-7 所示。

图 10-7 "库项目"的"属性"面板

步骤 3：单击"从源文件中分离"按钮，弹出如图 10-8 所示的提示对话框。

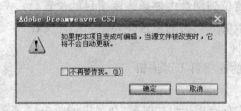

图 10-8 提示对话框

步骤 4：单击"确定"按钮，所选"库项目"从网页中分离。

此时，用户可以直接在网页中编辑库项目区域了。当库项目被更新后，脱离库项目的网页将不会被更新。

"库项目"的"属性"面板各选项功能如下：

- Src：显示选中的库项目的源文件的路径及文件名。
- "打开"：单击该按钮打开当前选择的库项目源文件，可用于编辑库项目。
- "从源文件中分离"：用于中断选择的库项目与源文件之间的连接。
- "重新创建"：单击该按钮使用当前选中的库项目覆盖先前设定的库项目。

10.2 管理库项目

对于不用的库项目，用户可以将其删除，也可以对库项目重命名。另外，使用库项目可以更新网站。

10.2.1 删除与重命名库项目

1. 删除库项目

对于不再使用的库项目可以删除。删除库项目的具体操作步骤如下：

步骤 1：启动 Dreamweaver CS3，按 F11 键打开"资源"面板。

步骤 2：单击"资源"面板中的"库"按钮，显示"库"类别。

步骤 3：在"库"类别列表框中选中要删除的库项目。

步骤 4：执行下列任一操作，弹出如图 10-9 所示的提示对话框。

方法 1：按 Delete 键。

方法 2：单击"资源"面板的"库"类别中"删除"按钮。

方法 3：单击"资源"面板右上角的按钮，从弹出的快

图 10-9 删除提示对话框

捷菜单中选择"删除"命令。

方法 4:在选择的库项目名称上右击,从弹出的快捷菜单中选择"删除"命令。

步骤 5:单击"是"按钮,在库中删除了选中的库项目。

2. 重命名库项目

若要重新命名库项目,可按如下操作进行。

步骤 1:启动 Dreamweaver CS3,打开"资源"面板,单击"库"按钮 📖。

步骤 2:在"库"列表中选择需要重命名的库项目。

步骤 3:执行下列任一操作可输入新名称即可。

方法 1:在库项目的选择状态下单击,当库项目名称变为可编辑状态时输入新名称。

方法 2:右击库项目名称,从弹出的快捷菜单中选择"重命名"命令,当库项目名称变为可编辑状态时输入新名称。

方法 3:单击面板右上角的 ≡ 按钮,从弹出的快捷菜单中选择"重命名"命令,当库项目名称变为可编辑状态时输入新名称。

输入新名称后按 Enter 键,即可完成重命名操作。

10.2.2 利用库项目更新网站

当修改库项目或更改库项目名称后,选择"修改"|"库"|"更新页面"命令,或在选择库项目上右击,从弹出的快捷菜单中选择"更新站点"命令,弹出如图 10-10 所示的"更新页面"对话框。进行相关设置后,单击"开始"按钮即可更新网站,单击"关闭"按钮放弃更新网站。

图 10-10 "更新页面"对话框

"更新页面"对话框中各选项的功能如下:

- "查看"选项组:用于选择更新库项目的范围。第 1 个下拉列表中有两个选项:
  - ➤ "整个站点":用于更新站点中的所有文件。
  - ➤ "文件使用":用于根据特定模板更新文件。
- "更新"选项组:用于选择要更新的目标。
  - ➤ "库项目":选中该复选框表示更新的目标是库文件。
  - ➤ "模板":选中该复选框表示更新的目标是模板。

• "显示记录"复选框:用于是否展开"状态"文本框。选中该复选框,显示 Dreamweaver CS3 试图更新的文件的信息,包括它们是否成功更新的信息。

10.3 模板及应用

模板是 Dreamweaver CS3 中提供的一种特殊类型的网页文档。它是一种用来产生带有固定特征和共同格式的特殊类型的文档,能让用户进行批量创建网页。

模板的编辑方法与普通网页的编辑方法一样,只是在模板网页中添加了可编辑区域。所有应用了模板的网页都具有和模板相同的版式和内容,并可在可编辑区域中输入新的内容。对模板修改后,所有应用模板的网页也会做相同的修改。

10.3.1 创建模板

模板必须创建在站点中,因此在创建模板前应先创建站点。若没有创建站点,则在创建模板时系统会提示先创建站点。

Dreamweaver 中创建模板有两种方法,一种是将现有网页另存为模板,另一种是直接创建空白模板。

1. 将现有网页另存为模板

【案例 10.1】 在本书提供的课件中有一个网页文档 left_module. htm(位置:mysite/temp)经常应用,将该文档保存为模板文档。

步骤 1:启动 Dreamweaver CS3,打开网页 left_module. htm。

步骤 2:选择"另存为"|"另存为模板"命令,打开"另存为模板"对话框。

步骤 3:设置"另存为模板"对话框,如图 10-11 所示。

① 在"站点"下拉列表框中选择保存模板的站点。

② 在"另存为"对话框中输入模板名称。

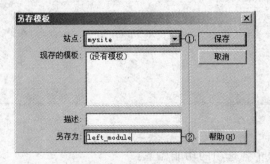

图 10-11 "另存模板"对话框

"另存模板"对话框中各选项的功能如下:

• "站点"下拉列表框:用于选择将模板应用到的站点。

• "现存的模板"列表框:列出所选站点中的所有模板。

• "描述"文本框:用于输入模板描述。

• "另存为"文本框:用于输入模板名。

步骤 4：单击"保存"按钮，弹出如图 10-12 所示的提示对话框。

步骤 5：单击"是"按钮，将文档另存为模板。

模板文件被保存在指定站点的"Templates"文件夹中，文件扩展名为".dwt"，如图 10-13 所示。

图 10-12　更新链接提示对话框　　　　　　　　图 10-13　新建的模板

2. 创建空白模板

【**案例 10.2**】　创建一个空白的 HTML 模板，以"module.html"名保存。

步骤 1：启动 Dreamweaver CS3。

步骤 2：选择"文件"|"新建"命令，打开"新建文档"对话框。

步骤 3：设置"新建文档"对话框，如图 10-14 所示。

① 在对话框的最左边选择"空模板"选项。

② 在"模板类型"列表框中选择"HTML"模板选项。

③ 在"布局"列表框中选择"无"选项。

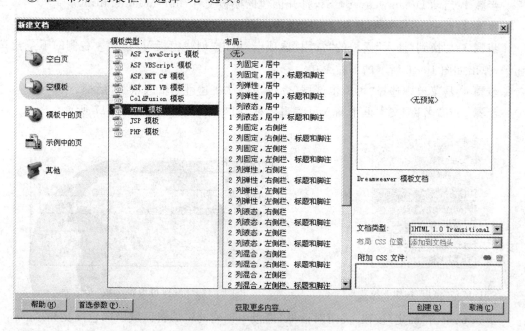

图 10-14　设置"新建文档"对话框

步骤4：单击"创建"按钮，完成模板的创建。

步骤5：选择"文件"|"保存"命令，打开如图10-15所示的提示对话框。

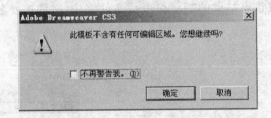

图10-15 提示对话框

步骤6：单击"确定"按钮，弹出如图10-11所示的"另存为"对话框，输入文件名"module.html"即可保存。

在完成步骤4后，可以立即对模板进行编辑，如设置可编辑区域。编辑后的模板保存时不会弹出图10-15所示的对话框。

10.3.2 模板的编辑

模板创建好后，即可对模板进行编辑。模板的编辑包括创建可编辑区域、更改可编辑区域的名称和取消可编辑区域的标记。

1. 创建可编辑区域

可编辑区域是指可以进行添加、修改和删除等操作的区域，它可以是表格、单元格、文本等对象。

【案例10.3】 将"left_module.htm"模板中的表格创建成可编辑区域。

步骤1：启动Dreamweaver CS3，打开创建的模板文件"left_module.htm"。

步骤2：选中"表格"，单击表格边框即选中表格。

步骤3：切换到"插入"面板的"常用"选项卡，单击"创建模板"按钮 右侧的下三角按钮 ，弹出如图10-16所示的下拉菜单。

步骤4：从菜单中选择"可编辑区域"命令，打开"新建可编辑区域"对话框。

步骤5：在"名称"文本框中输入可编辑名称，如"page_edit"，如图10-17所示。

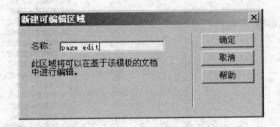

图10-16 "模板"按钮下拉菜单　　　　　图10-17 "新建可编辑区域"对话框

步骤6：单击"确定"按钮，关闭对话框，模板中创建的可编辑区域以绿色高亮显示。

步骤7：依上述步骤可在模板中的多个位置创建可编辑区域。

步骤8：单击添加的"可编辑区域"，其"属性"面板如图10-18所示。

图 10-18 "可编辑区域"的"属性"面板

步骤 9:若用户想更改"可编辑区域"名称,只需在"名称"文本框中输入相应的名称即可。

2. 取消可编辑区域

取消可编辑区域的操作步骤如下:

步骤 1:单击可编辑区域标签,选中要删除的可编辑区域。

步骤 2:选择"修改"|"模板"|"删除模板标记"命令,或按鼠标右键,从弹出的快捷菜单中选择"删除标签"命令,即可取消对该可编辑区域的标记。

10.3.3 使用网页模板

1. 使用"资源"面板中的模板创建新网页

【**案例 10.4**】 创建一个基于"left_module.htm"模板的文档,名称为"left_dzja.html",保存在"mysite/dzja"中。

步骤 1:启动 Dreamweaver CS3,新建一个 HTML 的文档,以"left_dzja.html"为名称保存。

步骤 2:选择"窗口"|"资源"菜单命令(快捷键:F11),打开"资源"面板。

步骤 3:单击"资源"面板左边图标列中的"模板"按钮,"资源"面板的列表框中显示模板资源,"left_module.htm"模板显示在此列表中,如图 10-19 所示。

步骤 4:选中"left_module.htm"模板,按住鼠标左键不放,拖动到"left_dzja.html"文档窗口中,即将该模板应用到"left_dzja.html"文档中。

2. 使用"模板新建"对话框创建新网页

在"从模板新建"对话框中可以选择任意站点的模板创建新网页,具体步骤如下:

步骤 1:启动 Dreamweaver CS3。

步骤 2:选择"文件"|"新建"菜单命令,打开"新建文档"对话框。

图 10-19 "资源"面板中的模板

步骤 3:设置"新建文档"对话框,如图 10-20 所示。

① 选择对话框左边列表中的"模板中的页"选项。

② 在"站点"列表中选择需要的站点。

③ 选择需要的模板。

步骤 4:单击对话框中的"创建"按钮,完成新网页的创建。

3. 在当前的网页文档上应用模板

在 Dreamweaver CS3 中,可以在现有文档中应用模板。具体步骤如下:

步骤 1:打开要应用模板的现有文档。

步骤 2:按 F11 键,打开"资源"面板。

步骤 3:在"资源"面板的模板列表中,选择要应用的模板。

步骤4：单击"资源"面板下面的"应用"按钮，打开"不一致的区域名称"对话框。

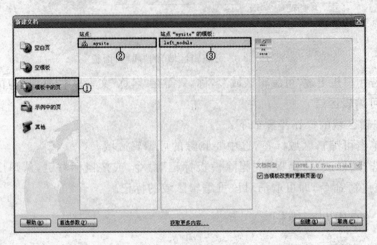

图 10-20　设置"新建文档"对话框

步骤5：设置"不一致的区域名称"对话框，如图 10-21 所示。

① 在"名称"列表中选择未解析的对象。

② 在"将内容移到新区域"下拉列表中选择要解析到哪个可编辑区域中。

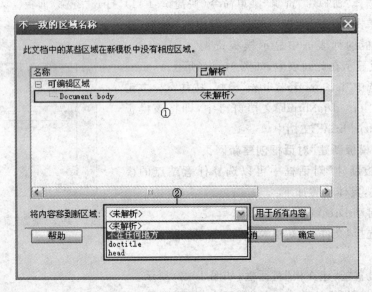

图 10-21　"不一致的区域名称"对话框

步骤6：单击"确定"按钮完成模板的应用。

10.4　管理模板

在网页中使用模板后，还可对模板进行适当的管理，如删除网页中未使用的模板、更新网页模板和将网页脱离模板等。

10.4.1　删除模板

在编辑的网页中若有未使用的模板,用户可以将其删除,删除编辑的网页中模板的具体步骤如下:

步骤 1:在 Dreamweaver CS3 编辑窗口中按 F8 键打开"文件"面板。

步骤 2:在"文件"面板中选中要删除的模板文件。

步骤 3:单击鼠标右键,从弹出的快捷菜单中选择"编辑"|"删除"命令,弹出删除提示对话框。如图 10-22 所示。

图 10-22　删除提示对话框

步骤 4:单击"是"按钮,即可删除所选定的模板文件。若用户不想删除,可单击"否"按钮取消删除。

技巧:选中要删除的模板文件,再按 Delete 键也可删除所选文件。

技巧:按 F11 键打开"资源"面板,在"资源"面板的左边图像列表中单击"资源"图标按钮,文件列表框中显示模板文件,选择模板文件,按 Delete 键或面板底部右端的"删除"按钮 🗑 也可删除所选的模板文件。

10.4.2　打开网页所附模板

在编辑使用模板创建的网页时,若需要修改模板某处的内容,则可以使用"打开附加模板"命令打开该网页所用的模板文件,进而对模板进行修改。具体步骤如下:

步骤 1:在 Dreamweaver CS3 中打开用模板创建的网页。

步骤 2:选择"修改"|"模板"|"打开附加模板"菜单命令。

步骤 3:修改模板内容。保存模板,此时立即进行更新操作,所有通过该模板创建的网页都会自动更新。

10.4.3　将网页脱离模板

如果用户想在编辑的网页中随心所欲地进行编辑而不受模板约束,可使用"从模板中分离"命令使网页脱离模板。脱离模板后的网页在更新原模板文件后不会随模板发生任何变化,因为它们之间没有任何关系。

将网页脱离模板的具体操作步骤如下:

步骤 1:在 Dreamweaver CS3 中打开需要脱离模板的网页。

步骤 2:选择"修改"|"模板"|"从模板中分离"菜单命令,取消模板标记。

提示:若用户不小心脱离错了模板,则立即按 Ctrl+Z 键进行恢复。

小　　结

库项目和模板是网页设计中不可缺少的部分,它有利于保持网站统一的界面风格,可以提高网页开发效果和质量,同时方便用户管理网站。本章主要介绍了库项目与模板的基础知识及应用。通过本章的学习,用户应能熟练地掌握创建模板的方法,从而制作出实用性强的网站模板。

习　　题

1. 填空题

(1) 使用模板可以一次更新多个页面。从模板创建的文档与该模板保持_____。可以修改模板并立即更新_____的所有文档中的设计。

(2) 在 Dreamweaver CS3 中,共有 4 种类型的模板区域,分别是_____、_____、_____和可编辑标签属性。

(3) 使用_____可以控制大的设计区域,以及重复使用完整的布局。如果要重复使用个别设计元素,则可以创建_____。

(4) 默认情况下模板会自动保存在站点中的_____文件夹中,其扩展名为_____。

2. 选择题

(1) 库文件的扩展名是_____。

  A. . dwt   B. . lbi   C. . jpg   D. . html

(2) 模板保存在_____文件夹中。

  A. temp   B. templates C. library   D. mysite

(3) 在创建可编辑区域时,不能将_____标记为可编辑的单个区域。

  A. 层   B. 多个表格单元 C. 整个表格 D. 单独的表格单元

实　　训

1. 制作一个"个人简历"模板,并根据模板创建一个网页。
2. 制作一个库项目,并应用在网页中。

第11章

表单及ASP动态网页的制作

本章将学习以下内容:

☞ 安装和配置 Web 服务器

☞ 表单的创建和使用

☞ Dreamweaver CS3 中数据库连接的建立

☞ 数据表记录的操作

网页有静态网页和动态网页之分。要创建动态网页,必须搭建一个服务器平台,微软公司的 IIS(Internet Information Server)提供了这样一个平台。利用表单,可实现访问者与网站之间的交互。一般动态网页都与数据库相关联。

11.1 安装和配置 Web 服务器

Web 页面有静态页面和动态页面之分,若要开发和测试动态 Web 页,需要一个正常工作的 Web 服务器。Web 服务器是一个软件,它响应来自浏览器的请求,将处理后的结果返回到用户浏览器中显示。

目前有许多用作 Web 服务器的软件,如 Microsoft Internet Information Server(IIS)、Netscape Enterprise Server、Apache HTTP Server 等。本节以 IIS 为例介绍 Web 服务器的安装和使用。

11.1.1 安装 IIS

IIS 是 Microsoft 公司提供的一种网页服务组件,用于 Windows 操作系统中,分别架设 Web 服务器、FTP 服务器、NNTP 服务器和 SNTP 服务器,提供网页浏览、文件传输、新闻服务和邮件传送等服务。要在 Windows XP 中安装 IIS 首先应该确保 Windows XP 是 SP1 版或更高,并且 IE 浏览器版本至少为 6.0。

【案例 11.1】 安装 IIS(Internet Information Server)信息服务器。

通过 Windows 控制面板中的"添加/删除程序"可以为计算机安装 IIS。具体步骤如下:

步骤 1:依次单击"开始"|"控制面板",打开"控制面板"窗口。

步骤 2:双击"添加或删除程序"命令图标,打开"添加或删除程序"窗口。

步骤 3:单击左窗格中的"添加/删除 Windows 组件"图标,弹出如图 11-1 所示的"Windows 组件向导"对话框。

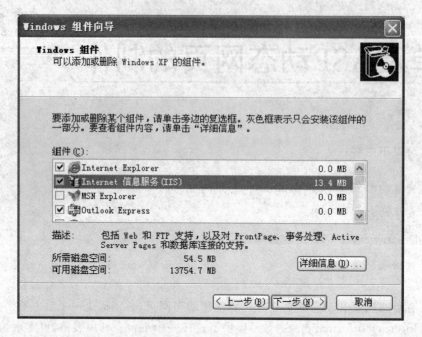

图 11-1 "Windows 组件向导"对话框

步骤 4:在"组件"列表框中选中"Internet 信息服务(IIS)"选项,单击"详细信息"按钮,弹出如图 11-2 所示的"Internet 信息服务(IIS)"对话框。

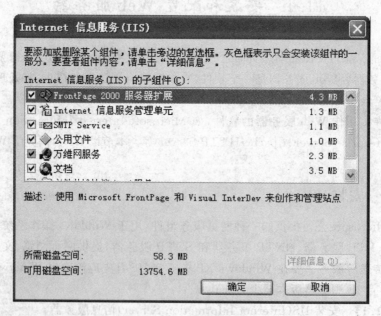

图 11-2 "Internet 信息服务(IIS)"对话框

步骤 5:在图 11-2 的对话框中选中"FrontPage2000 服务器扩展"和"Internet 信息服务

管理单元"复选项,单击"确定"按钮返回到图 11-1 所示的界面,再单击"下一步"按钮,开始
安装 Internet 信息服务组件,如图 11-3 所示。

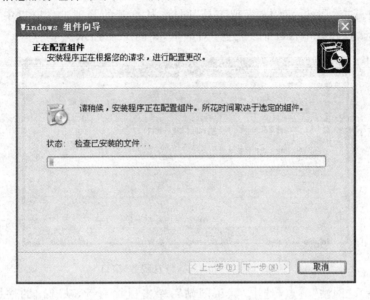

图 11-3　开始安装 Internet 信息服务组件

步骤 6:当出现如图 11-4 所示的"Windows 组件向导"对话框时,单击"完成"按钮完成
组件安装。

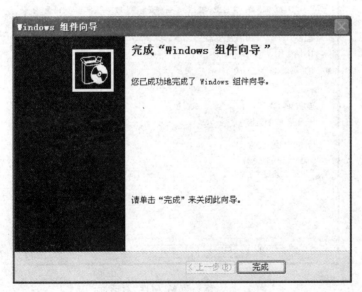

图 11-4　"Windows 组件向导"对话框

11.1.2　配置 Web 服务器

Internet 信息服务组件安装完成后,要想运行动态网页还必须配置 IIS。下面介绍 IIS
的基本配置——主目录的设置和默认的首页设置,以及 IIS 中虚拟目录的设置。

1. 主目录设置和默认的主页设置

【案例 11.2】 设置主目录和默认的主页。

步骤 1:打开控制面板,双击"管理工具"图标,从打开的管理工具窗口中双击"Internet 信息服务"图标,打开"Internet 信息服务"对话框,如图 11-5 所示。

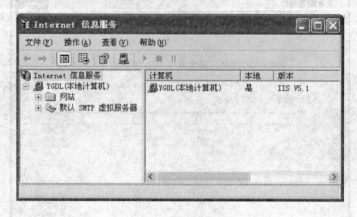

图 11-5 "Internet 信息服务"窗口

步骤 2:展开"网站"节点,选中"默认网站",单击鼠标右键,从弹出的快捷菜单中选择 "属性"命令,弹出"默认网站 属性"对话框,如图 11-6 所示。

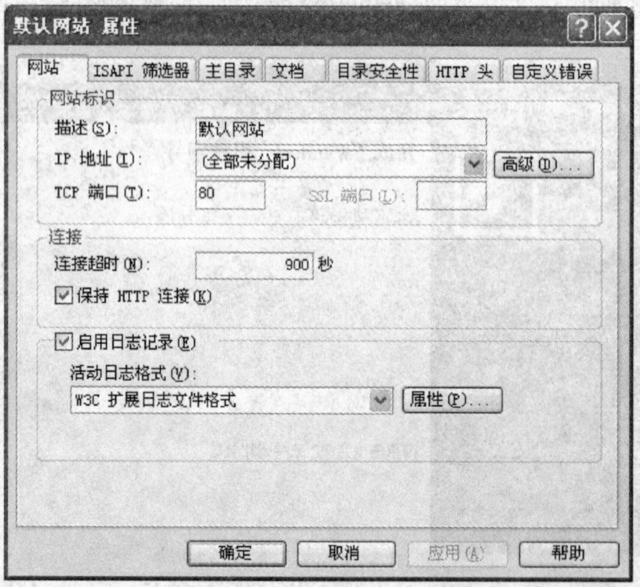

图 11-6 "默认网站 属性"对话框

步骤 3:选择"主目录"选项卡,在"本地路径"后文本框中输入网站的目录,或通过"浏 览"按钮选择网站的默认路径。根据实际要求,选中相应的复选框。本例为 D:\mysite,如 图 11-7 所示。

步骤 4:选择"文档"选项卡,为网站设置默认主页。当列表框中没有列出网站的主页 时,可单击"添加"按钮,在弹出的对话框中输入主页名即可。并将主页名移到列表框中的第一项。本例的主页名为：index. htm，如图 11-8 所示。

图 11-7　更改主目录对话框　　　　　　　图 11-8　设置网站默认主页

步骤 5：单击"确定"按钮，完成默认网站的设置。用户在地址栏内输入 127.0.0.1，就可访问默认的网页了。

若要从主目录外的目录发布信息，则可通过创建虚拟目录来进行。虚拟目录是指物理上未包含在目录中的目录，但浏览器却认为该目录包含在主目录中。

虚拟目录的创建有两种方法：一是通过 Internet 信息服务管理器设置，二是直接设置文件夹的 Web 共享属性。

【案例 11.3】　创建虚拟目录。

方法 1：通过 Internet 信息服务管理器设置。

步骤 1：打开"Internet 信息服务（IIS）"管理器，展开"网站"节点。

步骤 2：右击"默认网站"，从弹出的菜单中选择"新建"|"虚拟目录"命令，弹出如图 11-9所示的"虚拟目录创建向导"对话框。

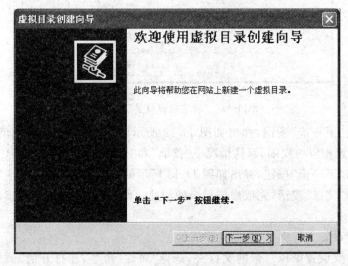

图 11-9　"虚拟目录创建向导"对话框

步骤3:单击"下一步"按钮,弹出设置"虚拟目录别名"对话框,如图11-10所示。本例的虚拟目录别名是:my_site。

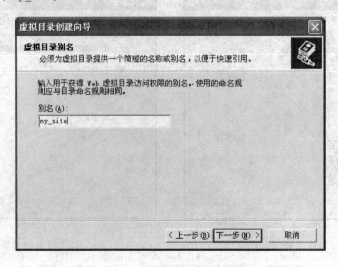

图11-10 "虚拟目录别名"对话框

步骤4:单击"下一步"按钮,在"目录"文本框中输入网站内容所在的目录,或通过"浏览"按钮指定,本例为 D:\my_site,如图11-11所示。

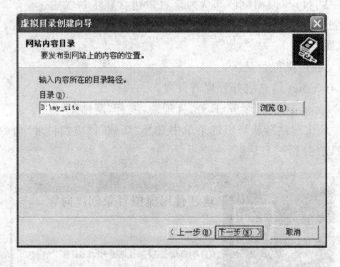

图11-11 "网站内容目录"对话框

步骤5:单击"下一步"按钮,弹出如图11-12所示的设置虚拟目录"访问权限"对话框。用户根据需要设置相应的权限,默认情况下"读取"和"运行脚本"被选中。

步骤6:单击"下一步"按钮,弹出如图11-13所示的"虚拟目录创建向导"完成对话框。

步骤7:单击"完成"按钮,完成虚拟目录的创建。此时,新建的虚拟目录出现在 Internet 信息服务管理器中。

方法2:直接设置文件夹的 Web 共享属性。

步骤1:右击要设置虚拟目录的文件夹,选择"属性"命令,在打开的"属性"对话框中选择"Web 共享"选项卡,如图11-14·所示。

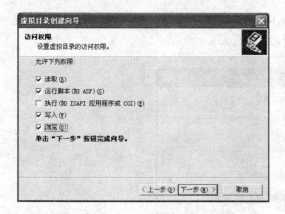

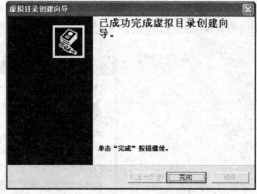

图 11-12 "访问权限"对话框　　　　　图 11-13 "虚拟目录创建向导"完成对话框

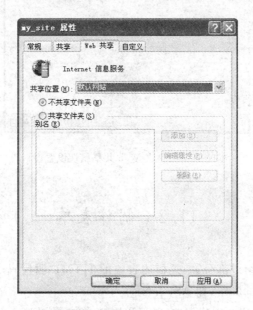

图 11-14 "Web 共享"选项卡

步骤 2: 选择"共享文件夹"单选按钮,弹出"编辑别名"对话框,如图 11-15 所示。

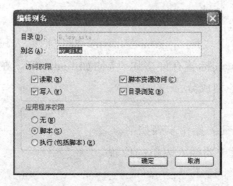

图 11-15 "编辑别名"对话框

步骤3：在别名文本框中输入别名：my_site，设置虚拟目录相应的权限，单击"确定"按钮，即可完成虚拟目录的创建。如图11-16所示。

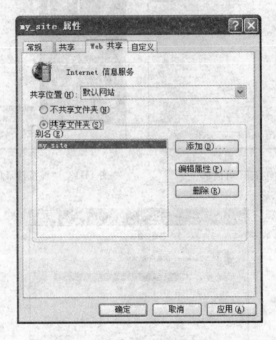

图11-16 文件夹Web共享属性设置窗口

11.2 制作表单

表单有两个重要的组成部分，一是描述表单的HTML源代码，二是用于处理用户通过客户端在表单域中输入的脚本，如ASP、.NET、JSP等。

使用Dreamweaver CS3创建表单，既可以在表单中添加对象，也可通过"行为"面板对输入信息的正确性进行验证。

11.2.1 认识表单文档

在HTML中，表单使用＜form＞…＜/form＞标记把输入域组合起来，并且说明了表单提交的方式和地点。Form标签有许多属性，比如name等。在form里还有许多不同的标签，它们组成了表单的各种成分。

1. 创建表单

向文档中插入表单的具体操作步骤如下。

步骤1：将鼠标光标置于要插入表单的位置。

步骤2：插入表单，如图11-17所示。

方法1：单击"插入"面板中"表单"选项卡下的"表单"按钮 。

方法2：选择"插入"|"表单"|"表单"菜单命令。

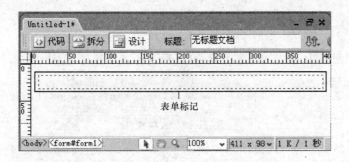

图 11-17　插入表单

"表单"属性面板如图 11-18 所示。

图 11-18　表单"属性"面板

参数说明：

- 表单名称：文本框中输入唯一的名称以标识表单，便于在脚本语言（如 JavaScript 或 VBScript）中引用或控制该表单。
- 动作：指定处理该表单的动作页或脚本的路径。既可以在文本框中直接输入，也可以通过其后的"浏览文件"按钮 🗀 选择。
- 方法：设置将表单数据传送到服务器的传送方式，有以下 3 种方式。
  ➤ POST：将表单中的所有数据封装在 HTTP 请求中，是一种可以传递大量数据的较安全的传递方式。
  ➤ GET：直接将数据追加到请求页的 URL 中。
  ➤ 默认：以浏览器默认的方式将数据传送到服务器，一般浏览器默认为 GET。
- 目标：指定一个窗口来显示应用程序或脚本程序将表单处理完成后的结果。有以下几种值：
  ➤ _blank：在未命名的新窗口中打开目标文档。
  ➤ _parent：在显示当前文档的父窗口中打开目标文档。
  ➤ _self：在提交表单所使用的窗口中打开目标文档。
  ➤ _top：在当前窗口的窗体内打开目标文档。
- MINE 类型：指定对提交给服务器进行处理的数据使用 MIME 编码类型。一般情况下选择"application/x-www-form-urlencoded"。若要创建文件上传表单，则应选择"multipart/form-data"类型。

注意：在同一个网页中可以有多个表单，但各个表单的名称应该互不相同，否则会引起引用冲突，从而不能实现某种效果。

单击"文档"工具箱中的 ⊙代码 按钮，可以看到表单代码，具体如下：

```
<form action = "" method = "post" name = "form1" id = "form1">
</form>
```

11.2.2　表单控件

单击"插入"面板中的"表单"选项卡,可以看到各表单控件,如图 11-19 所示。

图 11-19　表单控件

本节的内容将结合图 11-20 所示完成。

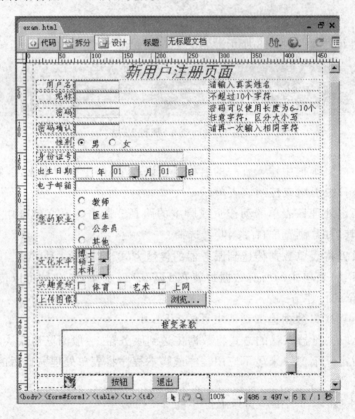

图 11-20　"新用户注册页面"

完成"新用户注册页面"初始页面的步骤如下:

步骤 1:启动 Dreamweaver CS3,新建一个 HTML 文档。

步骤 2:将鼠标光标置于编辑区域。

步骤 3:单击"插入"面板的"表单"选项卡中的"表单"按钮□,在编辑区创建一个表单。

步骤 4:选中表单,选择"插入记录"|"表格"命令,弹出"表格"对话框,在对话框中将"行数"设置为 15,"列数"设置为 3,"表格宽度"设置为 530,如图 11-21 所示。

步骤 5:单击"确定"按钮,插入表格。

步骤 6:选中标题,设置"属性"面板,如图 11-22 所示。

此时表格设置后的效果如图 11-23 所示。

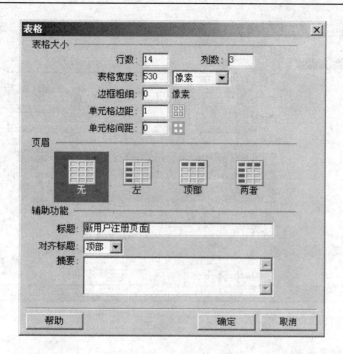

图 11-21　"表格"对话框

图 11-22　设置"属性"面板

图 11-23　初始化后的表格

步骤 7：新建一个"仅对该文档"的名为 content 的 CSS 样式，其规则定义如图 11-24 所示。

1. 插入文本域

文本域可以接受任何类型的文本输入内容。文本可以以单行、多行或密码方式显示，以密码方式显示时，输入的文本将被"＊"替代，以避免旁观者看到具体文本。

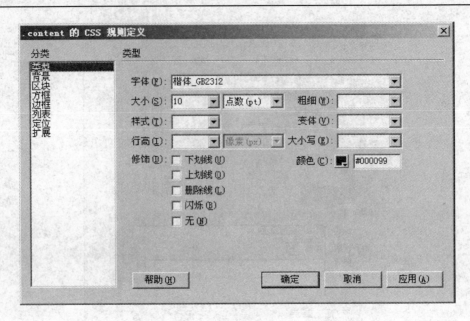

图 11-24　名为"content"CSS 样式定义

（1）插入单行文本域

步骤 1：将鼠标光标置于表格的第 1 行第 1 单元格，输入文字："用户名"，并应用 content 样式。如图 11-25 所示。

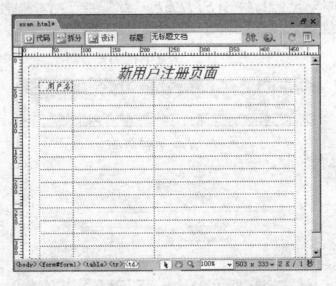

图 11-25　输入文字

步骤 2：将光标置于第 1 行第 2 列单元格中，单击"插入"面板中的"表单"选项卡下的"文本字段"按钮 ，打开如图 11-26 所示的"输入标签辅助功能属性"对话框。

参数说明：

- ID：为表单域指定脚本（JavaScript 或 VBScript）中引用的 ID。
- 标签文字：文本字段的标签说明属性。
- 样式：指定标签的排放形式。有以下 3 个可选值。

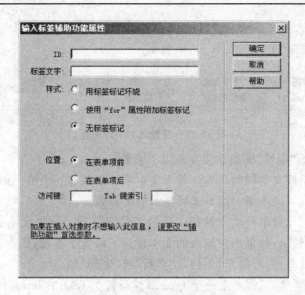

图 11-26　"输入标签辅助功能属性"对话框

> 用标签标记环绕：在表单项的两边添加 Label 标记。
> 使用"for"属性附加标签标记：使用"for"属性在表单项两侧添加 Label 标记。
> 无标签标记：不使用 Label 标记。
- 位置：设置标签文字与表单项的位置关系。
> 在表单项前：选中此项，标签文字在表单项前面。
> 在表单项后：选中此项，标签文字在表单项后面。
- 访问键：设置等效的键盘键（一个字母）便于在浏览器中与 Alt 键一起使用选择表单对象。
- Tab 键索引：为表单对象指 Tab 顺序。如果为一个对象设置 Tab 顺序，则必须为所有对象设置 Tab 顺序。

步骤 3：在"样式"栏中选"无标签标记"选项，其他默认，然后单击"确定"按钮，插入文本域，如图 11-27 所示。

图 11-27　插入的文本域

步骤 4：选中插入的文本域，在"属性"面板中将"字符宽度"设置为 10，"最多字符数"设置为 20，"类型"设置为"单行"，如图 11-28 所示。

图 11-28　设置文本字段属性

在"文本字段"的"属性"面板中主要有以下参数：

- 文本域：标识该文本域的名称。每个文本域都必须有一个唯一的名称。
- 字符宽度：设置文本域一次最多可显示的字符数。
- 最多字符数：设置单行文本域最多可输入的字符数。如果文本超过域的字符宽度，文本将滚动显示；如果用户输入的文本超过了最大字符数，则表单产生警告声。
- 类型：指定域类型，可以是"单行"、"多行"或"密码"域。
  ➤ 单行：选择"单行"将产生一个 type 属性设置为 text 的 input 标签。
  ➤ 多行：选择"多行"将产生一个 textarea 标签。
  ➤ 密码：选择"密码"将产生一个 type 属性设置为 password 的 input 标签。当用户在密码文本域中输入时，输入的文本内容显示为"＊"。
- 初始值：指定首次载入表单时文本域中显示的值。

步骤 5：在第 1 行第 3 列输入文字："请输入真实姓名"，并应用 content1 样式。

步骤 6：按照以上的方法完成第 2 行中的内容，如图 11-29 所示。

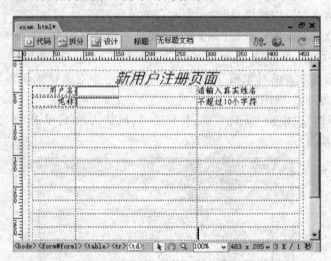

图 11-29　文本域的插入及设置

（2）插入密码域

密码域是一种特殊类型的文本域，当用户在密码域中输入文本时，秘输入的文本被替换为符号"＊"或者"·"显示，从而起到保密的作用。

插入密码域的方法与插入文本域类似，只是把文本域的"类型"设置为"密码"。具体步骤如下。

步骤 1：依照上面的步骤，在第 3 行插入密码、文本域及文字说明，并应用相应的样式。

步骤 2：选中文本域，设置"属性"面板中各参数，如图 11-30 所示。

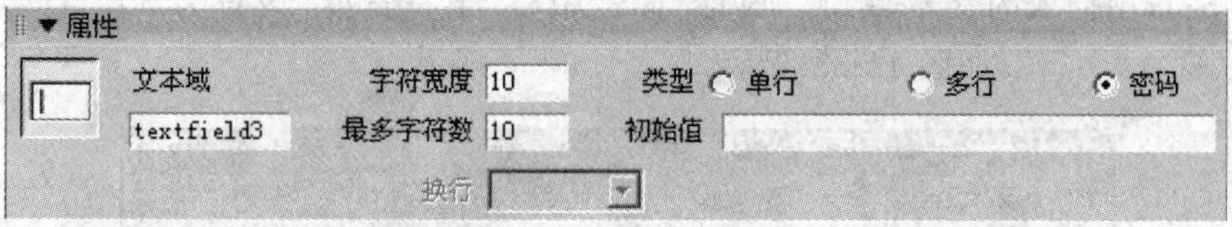

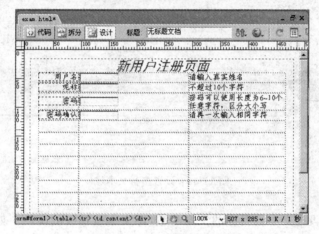

图 11-30　设置"属性"面板

步骤 3：用同样的方式，完成第 4 行的输入。如图 11-31 所示。

图 11-31　插入密码域

2. 插入多行文本域

多行文本域也是一种允许访问者自己输入内容的表单对象，只不过允许访问者输入更多的内容。

插入多行文本域的方法如下。

步骤 1：将光标置于第 13 行，并选中此行单元格。

步骤 2：选择"修改"|"表格"|"合并单元格"命令，合并此行单元格。

步骤 3：单击"插入"面板中的"表单"选项卡下的文本区域按钮，插入文本区域，如图 11-32所示。

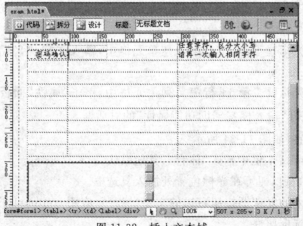

图 11-32　插入文本域

步骤 4：在插入的文本域上面插入文字："接受条款"，并对其使用 content 样式，居中。

步骤 5：选中插入的文本域，在"属性"面板中将"字符宽度"设置为 50，"行数"设置为 10，"类型"选择"多行"，如图 11-33 所示。

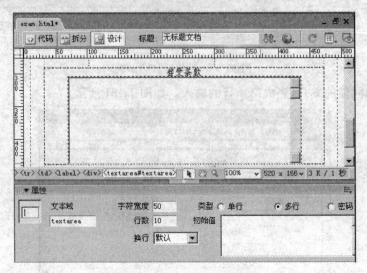

图 11-33　设置多行文本域

参数说明：

- 行数：用来设置文本编辑区的文本行数，即文本编辑区的高度。如果文本行数超过该值，浏览器会自动为文本编辑区添加垂直滚动条。
- 换行：该属性用来控制文本编辑区中文字自动换行的方式。有以下几个值。
  - ➢ 关：当编辑区的文本太长而超出文本的编辑区设定的宽度时，会自动为文本编辑添加水平滚动条，通过拖动滚动条可浏览文字。
  - ➢ 虚拟：当编辑区的文本太长而超出文本的编辑区设定的宽度时，会自动为文本编辑的文本进行换行，实际上并没添加换行符号。
  - ➢ 实体：当编辑区的文本太长而超出文本的编辑区设定的宽度时，会自动为文本编辑的文本进行换行，此即在文本相应位置添加换行符号。

3．插入复选框

复选框的作用是用来单独标记一个选项是否被选中，用户可以从复选框组中选择多个选项。

步骤 1：将鼠标光标置于第 11 行第 1 列单元格中，输入文字："兴趣爱好"，并应用名为"content"的 CSS 样式。

步骤 2：将鼠标光标置于第 11 行第 2 列单元格中，单击"属性"面板上的"表单"选项卡下的复选按钮 ，打开"输入标签辅助功能属性"的对话框。

步骤 3：输入标签，如图 11-34 所示。

① 在"标签文字"文本框中输入"体育"，其他默认。

② 单击"确定"按钮，即可在光标位置处插入复选框。

步骤 4：选中插入的复选框按钮右边的文字"体育"，应用 content1 的 CSS 样式。

步骤 5：设置复选框属性。

① 选中插入的复选框按钮,其"属性"面板如图 11-35 所示。

② 在"类"下拉列表框中选择"content1"的 CSS 样式。

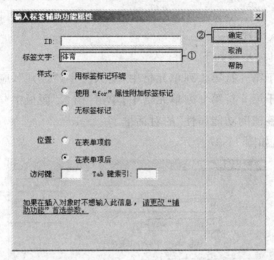

图 11-34 复选框的"输入标签辅助功能属性"对话框

图 11-35 复选框的"属性"面板

参数说明:

- 复选框名称:设置复选框名称。
- 选定值:设置复选框被选中时的取值。
- 初始状态:用来设置复选框的初始状态,有以下两个选项:
  - ➢ 已勾选:选中该单选按钮则表示复选框的初始状态是被选中的。
  - ➢ 未选中:选中该单选按钮则表示复选框的初始状态未被选中。

步骤 6:按照以上的方法插入其他的复选框,并输入相应的文字,如图 11-36 所示。

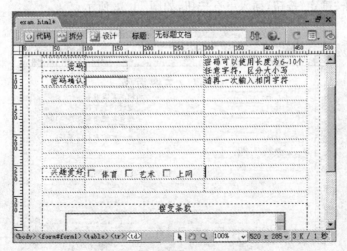

图 11-36 添加复选框的效果

4. 插入单选按钮和单选按钮组

（1）插入单选按钮

单选按钮主要用于标记一个选项是否被选中。在文档中用户可以添加多个单选按钮。用户浏览网页时只能从中选择一个。

插入单选按钮的具体步骤如下。

步骤 1: 将光标置于第 5 行第 1 列单元格中，输入文字:"性别"，应用 content 样式。

步骤 2: 将光标置于第 5 行第 2 列单元格中，单击"插入"面板中"表单"选项卡下的单选按钮，弹出"输入标签辅助功能属性"的对话框。

步骤 3: 输入标签，如图 11-37 所示。

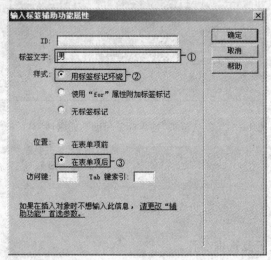

图 11-37 输入标签

① 在"标签文字"文本框中输入文字"男"。

② 选中"样式"栏中"用标签标记环绕"单选项。

③ 在"位置"栏中选中"在表单项后"单选项。

步骤 4: 单击"确定"按钮，插入单选按钮，如图 11-38 所示。

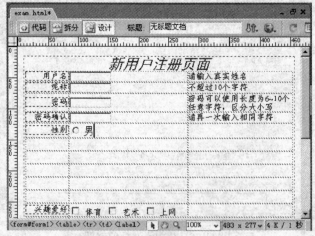

图 11-38 插入单选按钮

步骤 5：选中插入的单选按钮，在"属性"面板中选中"初始状态"栏中"已勾选"单选按钮，如图 11-39 所示。

图 11-39　单选按钮的"属性"面板

参数说明：

- 单选按钮：设置单选按钮的名称。
- 选定值：设置单选按钮的值，在表单被提交时，服务器端的程序将对单选按钮的值进行处理。
- 初始状态：设置单选按钮的初始状态，有以下两个选项：
  ➢ 已勾选：单选按钮的初始状态是被选中的。
  ➢ 未选中：单选按钮的初始状态未被选中。

步骤 6：依照上面步骤，在插入的单选按钮后插入另一单选按钮，文字："女"，并对此单元格应用样式 content1，效果如图 11-40 所示。

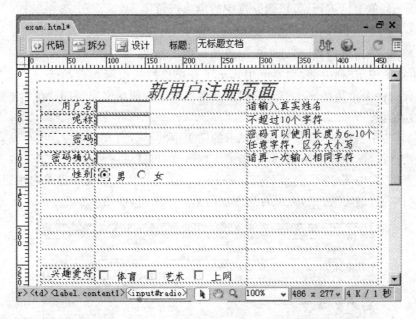

图 11-40　插入单选按钮并设置属性的效果

（2）插入单选按钮组

可以使用单选按钮组完成单选按钮的插入。

步骤 1：将光标置于第 9 行第 1 列单元格中，输入文字："您的职业"，应用 content 样式。

步骤 2：将光标置于第 9 行第 2 列单元格中，单击"插入"面板中"表单"选项卡下的单选按钮组，弹出"单选按钮组"的对话框。

步骤 3：设置单选按钮组，如图 11-41 所示。

① 单击按钮，在列表框中增加一个标签。

② 选中标签,改名为"教师",依此方法,增加"医生"、"公务员"、"其他"标签。

③ 在"布局,使用"栏中选中"换行符(
标签)"单选项。

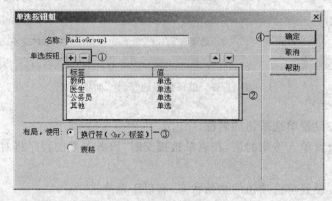

图 11-41 "单选按钮组"对话框

参数说明:

- 名称:指定单选按钮组的名称。
- 添加 ➕:单击该按钮,可以增加一个单选按钮项。
- 删除 ➖:单击该按钮,可以删除选中的单选按钮项。
- 上移 ▲:单击该按钮,将选中的单选按钮项上移。
- 下移 ▼:单击该按钮,将选中的单选按钮项下移。
- "单选按钮组"列表框:列表框中列出了此单选按钮组所包含的所有单选按钮,每一行代表一个单选按钮。"标签"列用来设置单选按钮的文字说明,"值"用来设置单选按钮的值。
- 布局,使用:设置单选按钮组在显示的网页中的换行方式。
  ➢ 换行符:选中该按钮,表示单选按钮在网页中直接换行。
  ➢ 表格:选中该选项,表示 Dreamweaver CS3 自动插入表格安排单选按钮的换行。

步骤 4:单击"确定"按钮,可以看到添加的单选按钮组,如图 11-42 所示。

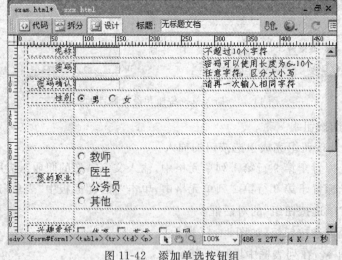

图 11-42 添加单选按钮组

步骤 5：选中"其他"单选按钮,在"属性"面板的"初始状态"栏中选中"已勾选"单选按钮。

步骤 6：预览效果。保存网页,按 F12 键,在打开的 IE 浏览器中即可查看到"其他"单选按钮被选中。

5. 列表/菜单

在网页中,列表允许访问者选择多个选项,而菜单只允许访问者选择其中的一项。列表和菜单的添加方法相同,只是在"属性"面板中选择的类型不同。如图 11-43 是列表和菜单。

插入列表/菜单的具体步骤如下。

步骤 1：将光标置于第 10 行第 1 列单元格中,输入文字:"文化水平",应用 content 样式。

步骤 2：将光标置于第 10 行第 2 列单元格中,单击"插入"面板中"表单"选项卡下的"列表/菜单"按钮,在弹出的"输入标签辅助功能属性"对话框中,选中"无标签标记",然后单击"确定"按钮,插入"列表/菜单"控件,如图 11-43 所示。

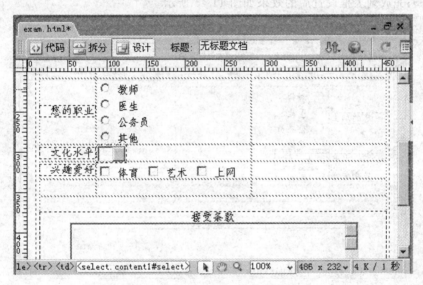

图 11-43　插入"列表/菜单"控件

步骤 3：单击"属性"面板中的列表值按钮 列表值 ,弹出"列表值"对话框。

步骤 4：设置列表框,如图 11-44 所示。

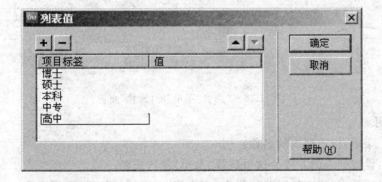

图 11-44　"列表值"对话框

① 在"项目标签"栏中输入菜单显示的文本:"博士"。

② 单击 ✚ 按钮,在"项目标签"栏中添加菜单显示的文本:硕士。依此方法,添加"本科"、"中专"和"高中"菜单文本。

③ 单击"确定"按钮,完成列表框的设置。

参数说明:

- ✚:单击该按钮,可以为列表添加一个新选项。
- ━:单击该按钮,可以删除列表框中选中的选项。
- ▲ 或 ▼:单击向上或向下的箭头按钮,可以为列表的选项排序。
- 项目标签:用来设置某选项所显示的文本。
- 值:用来设置选项的值。

步骤 5:完成列表框设置后的效果如图 11-45 所示。

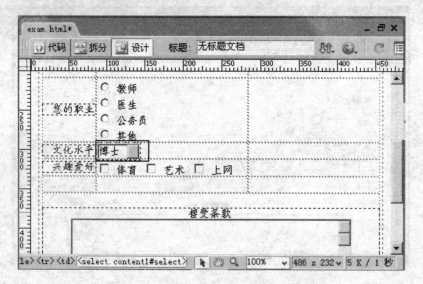

图 11-45 插入"列表/菜单"按钮效果

步骤 6:选中插入的菜单按钮,其"属性"面板如图 11-46 所示。

图 11-46 "列表/菜单"的"属性"面板

参数说明:

- 列表/菜单:指定列表的名称。
- 类型:设置列表的方式。这里选择"菜单"单选按钮。
- 列表值:单击"列表值"按钮,弹出"列表值"对话框,用于设定列表值。
- 初始化时选定:设置列表在浏览器中显示的初始值。

步骤 7：在"属性"面板中选中"类型"栏的"列表"单选按钮，"高度"文本框中输入 3，如图 11-47 所示。

图 11-47　"列表"的"属性"面板

参数说明：

- 高度：用来设置列表的高度，即可选项数。
- 选定范围：若选中"允许多选"复选框，则列表中可以多选，否则，只允许单选。

其他参数与"菜单"属性面板中的参数意义相同。

步骤 8：查看效果。步骤 7 设置后的效果如图 11-48 所示。

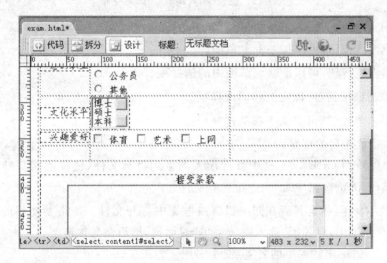

图 11-48　插入"列表"效果

6. 跳转菜单

"跳转菜单"是文档中的弹出菜单，菜单上的选项，菜单上的选项通常链接到另外一些页面（也可以是本网站的网页）。

创建跳转菜单的具体步骤如下。

步骤 1：将光标定位在文档中要插入跳转菜单的位置。

步骤 2：单击"插入"面板中"表单"选项卡下的跳转菜单按钮 ，弹出"插入跳转菜单"对话框。

步骤 3：设置对话框，如图 11-49 所示。

① 在对话框的"文本"文本框中输入"新浪"。

② 在"选择时，转到 URL："文本框中输入：www.sina.com.cn。

③ 单击"添加"按钮，添加其他菜单项。

④ 单击"确定"按钮，完成"跳转菜单"控件的插入。

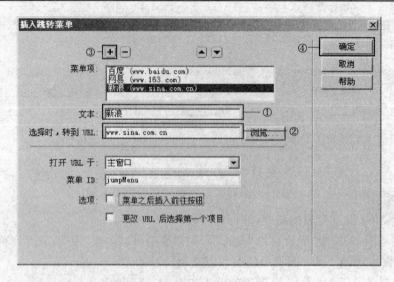

图 11-49 设置"插入跳转菜单"对话框

参数说明：
- ⊞：单击该按钮，可添加一个菜单项。
- ⊟：单击该按钮，可以删除菜单项中的选择项。
- ▲：单击该按钮，可以向上移动选择项。
- ▼：单击该按钮，可以向下移动选择项。
- 文本：指定项目的标题。
- 选择时，转到 URL：文本框中直接输入浏览到目标文件（链接的网页地址），或者单击其后的浏览按钮 浏览... 选择目标文件。
- 打开 URL 于：指定是否在同一窗口或框架中打开文件。如果要使用的目标框架未出现在菜单中，可关闭"插入跳转菜单"对话框，然后命名该窗架。
- 菜单 ID：指定跳转菜单的名字，便于引用。为英文。
- 菜单之后插入前往按钮：选中此复选框，则插入"转到"按钮，而不是菜单选择提示，否则为菜单选择提示。
- 更改 URL 后选择第一个项目：选中此复选框，则插入"选择其中一项"作为第一个菜单项用于提示，否则不出现"选择其中一项"菜单项。

7. 图像域

图像域就是将按钮以图像的形式显示出来，也可以起到提交表单的作用。使用图像域可以使网页丰富多彩，并可以增加网页的整体美感。

创建图像域的具体步骤如下。

步骤 1：将光标定位到表格的最后 1 行的第 1 列。

步骤 2：单击"插入"面板中的"表单"选项卡下的图像域按钮 🖼，打开"选择图像源文件"对话框，选择图像源文件，如图 11-50 所示。

步骤 3：单击"确定"按钮，插入图像域，如图 11-51 所示。

步骤 4：选中插入的图像域，其"属性"面板如图 11-52 所示。

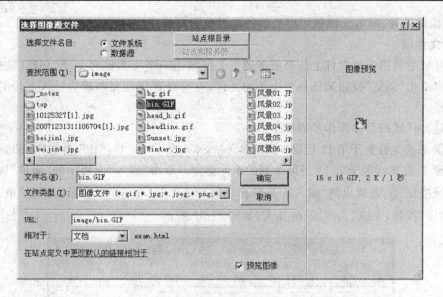

图 11-50 "选择图像源文件"对话框

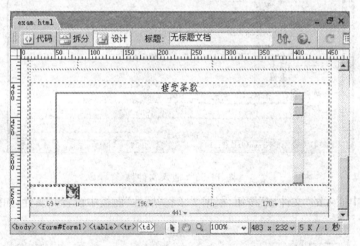

图 11-51 插入图像域

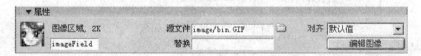

图 11-52 图像域"属性"面板

参数说明：

- 图像区域：指定图像域的名称。
- 源文件：显示图像域的源文件。单击其后的浏览按钮选定一个新图像文件可替代原来的图像。
- 替换：设置图像域的替代文本，当浏览器无法正常显示图像域图像时，可以显示此替代文本。
- 对齐：对齐下拉列表用来设置图像域的对齐方式，有"默认值"、"顶部"、"居中"、"底部"、"左对齐"和"右对齐"6 个选项。

- 编辑图像:单击此按钮可以启动外部图像编辑器,对图像进行编辑。

8. 文件域

文件域主要用于将文件上传至服务器。文件域由一个文本框和一个"浏览"按钮组成,用户可以单击"浏览"按钮来选择要上传的文件,也可以直接在文本框中输入上传的文件名及其路径。

创建文件域的具体操作步骤如下。

步骤 1:将光标置于第 11 行第 1 列的单元格,输入文字:"上传图像",并应用 content 样式。

步骤 2:将光标置于第 11 行第 2 列的单元格中。单击"插入"面板中的"表单"选项卡下的文件域按钮 ,在弹出的"输入标签辅助功能特性"对话框中选"无标签标记"单选项,再单击"确定"按钮,完成"文件域"的插入,如图 11-53 所示。

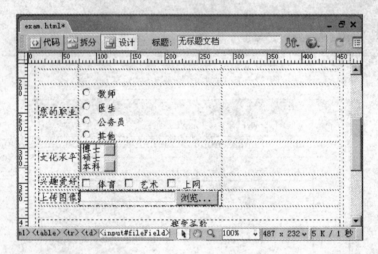

图 11-53　插入文件域

步骤 3:选中插入的"文件域"按钮,根据要求在"属性"面板中设置其属性,如图 11-54 所示。

图 11-54　文件域"属性"面板

参数说明:

- 文件域名称:指定文件域名称。
- 字符宽度:设置文件域中文本框部分显示的字符数。
- 最多字符数:设置文件域文本框输入的最大字符数。

9. 按钮

按钮的作用是当用户单击后执行某项任务。在文档中应用的按钮可分为 3 类:提交按钮、复位按钮和常规按钮。

插入按钮的操作步骤如下。

步骤 1:将光标定位在表格的最后一行的第 2 列的单元格中。

步骤 2:单击"插入"面板中的"表单"选项卡下的按钮图标 ,在弹出的对话框中单击

"确定"按钮,完成按钮的插入。插入的按钮在默认方式下显示为"提交"按钮,如图 11-55 所示。

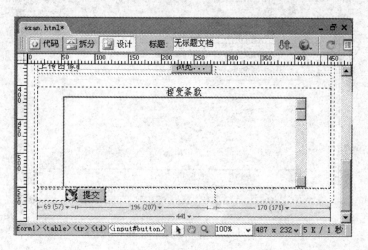

图 11-55　插入按钮

步骤 3:选中插入的按钮,在其"属性"面板上的"值"文本框中输入"提交"并回车,如图 11-56 所示,按钮上的文本将变为"确认"。

图 11-56　按钮"属性"面板

参数说明:

- 按钮名称:指定按钮的名称。
- 值:用于设置按钮上显示的文本。
- 动作:设置单击按钮后的动作。有以下 3 个选项。
  - ➤ 提交表单:将按钮设置为提交类型的按钮,当用户单击按钮时,将提交表单。
  - ➤ 重设表单:将按钮设置为复位类型的按钮,当用户单击按钮时,表单中填写的内容将会恢复为初始值。
  - ➤ 无:将按钮设定为常规按钮,按钮可以被程序调用,当单击按钮后可以执行相应的程序。

步骤 4:依照上面的步骤,在创建的按钮后再创建一个按钮,"动作"栏中选中"无"单选按钮,"值"文本框中输入"退出"文本。

步骤 5:选中插入的两个按钮,在"属性"面板中选对"居中对齐"按钮,并应用样式 content1,如图 11-57 所示。

步骤 6:按照上面的步骤,填充各单元格的内容,完成本节的案例。

步骤 7:保存并浏览网页。

10. Spry 验证文本域

在交互式网页中,为了提高用户输入的速度,保证用户提交的数据的唯一性,通常对一些关键数据先进行验证。Dreamweaver CS3 中使用 Spry 验证文本域检查文本框中接收的内容是否符合网页设计者的要求。

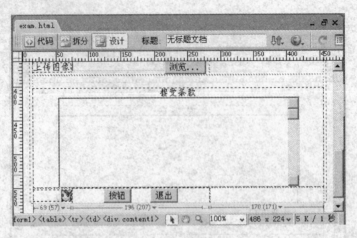

图 11-57	插入按钮并设置效果

【案例 11.4】	验证"新用户注册"邮箱的正确性。

步骤 1：将光标定位在第 8 行第 2 列的单元格中。

步骤 2：单击"插入面板"的"表单"选项卡中"Spry 文本域"按钮，插入"Spry 文本域"控件，如图 11-58 所示。

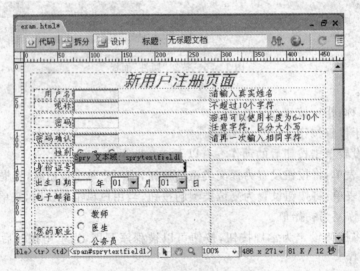

图 11-58	插入"Spry 文本域"控件

步骤 3：选中插入的"Spry 文本域"控件。

步骤 4：设置"Spry 文本域"的"属性"面板，如图 11-59 所示。

① 在"类型"下拉列表中选择"电子邮件地址"选项。

② 在"预览状态"下拉列表中选择"无效格式"选项。

③ 在"验证于"栏中选中 onChange 复选框。

参数说明：

• Spry 文本域：指定脚本引用 Spry 文本域名称。

• 类型:为验证文本域组件指定不同的验证类型,共 14 种,具体如下:

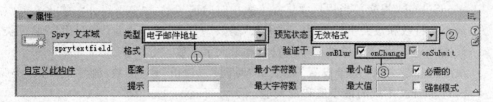

图 11-59　设置"Spry 文本域"的"属性"面板

➤ 无:无特殊格式。

➤ 整数:文本域只接受数字。

➤ 电子邮件:文本域接受正确的邮件格式地址。

➤ 日期:格式可变。可以从"属性"面板的"格式"弹出菜单中进行选择日期样式("mm"表示月,"dd"表示日,"yy"表示年),如图 11-60 所示。

➤ 时间:格式可变。可以从"属性"面板的"格式"弹出菜单中进行选择时间样式("tt"表示 am/pm 格式,"t"表示 a/p 格式),如图 11-61 所示。

➤ 信用卡:格式可变。可以从"属性"面板的"格式"弹出菜单中进行选择。可以选择接受所有信用卡,或者指定特种类的信用卡(Visa、MasterCard)。文本域不接受包含空格的信用卡号,如"6222 0232 1231 5412021",如图 11-62 所示。

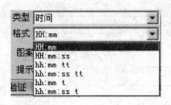

图 11-60　日期格式　　　　　图 11-61　时间格式　　　　　图 11-62　信用卡格式

➤ 邮政编码:格式可变。用户既可以从"属性"面板的"格式"下拉列表中选择一种格式,如图 11-63 所示,也可以自定义格式。

➤ 电话号码:文本域接受美国和加拿大格式。

➤ 社会安全号码:文本域接受 000-00-0000 格式的社会安全号码。

➤ 货币:文本域接受 1 000 000.00 或 1.000.000 00 格式的货币。

➤ 实数/科学记数法:以科学记数法表示的浮点值。

➤ IP 地址:格式可变,可以从"属性"面板的"格式"弹出菜单中进行选择,如图 11-64 所示。

➤ URL:格式为 http://xxx.xxxx.xxx 或 ftp://xxx.xxxx.xxx 的 URL。

➤ 自定义:可用于指定自定义验证类型和格式。

• 验证于:用于指定验证发生的时间,包括站点访问者在组件外部单击时、输入内容时或尝试提交表单时。有 3 个选项值,具体如下:

➤ onBlue(模糊):当用户在文本域的外部单击时验证。

➤ onChange(更改)：当用户更改文本域中的文本时验证。

➤ onSubmit(提交)：当用户尝试提交表单时验证。

- 最小字符数和最大字符数：用于"无"、"整数"、"电子邮件地址"和"URL"验证类型，设置 Spry 验证文本域的最小字符数和最大字符数。
- 最小值和最大值：用于设置"整数"、"时间"、"货币"和"实数/科学记数法"类型的 Spry 验证文本域的最小值和最大值。
- 必要的：选定该复选框，则要求用户在组件发布到 Web 页之前输入内容。
- 强制模式：如果选择该复选框，可以禁止用户在验证文本域组件中输入无效字符。

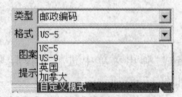
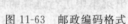

图 11-63　邮政编码格式

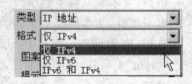

图 11-64　IP 地址格式

步骤 5：预览效果。按 Ctrl＋S 键保存网页，按 F12 键浏览网页。在打开网页的"电子邮箱"文本框中，只有输入了正确的电子邮件格式，才能进行后面的操作，否则将提示电子邮件的格式无效。如图 11-65 所示。

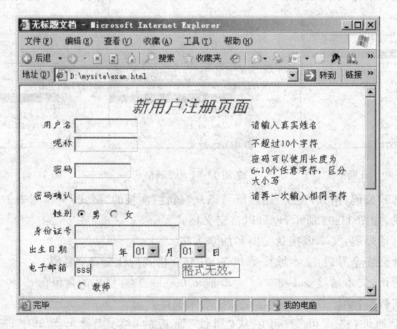

图 11-65　输入无效的电子邮件格式预览效果

11. Spry 验证文本区域

Spry 验证文本区域可以实现对文本域中的内容进行验证的功能，如论坛中的留言不允许输入内容为空等。

创建 Spry 文本区域与 Spry 文本域大致相同，这里不重复介绍。

12. Spry 验证复选框

在网页中,要求用户必须选择某个选项时,此时就可以通过添加 Spry 验证复选框来验证用户是否进行了选择。如在注册时,必须同意服务条款。

步骤 1:将鼠标光标定位到要添加 Spry 验证复选框的位置,如"接受条款"下面。

步骤 2:单击"Spry 验证复选框"按钮 ✅,打开"输入标签辅助功能属性"对话框。

步骤 3:设置"输入标签辅助功能属性"对话框,如图 11-66 所示。

① 在打开对话框的"标签文字"文本框中输入"同意服务条款"文本。

② 在"样式"栏选中"用标签记环绕"单选按钮。

③ 在"位置"栏选中"在表单项后"单选按钮。

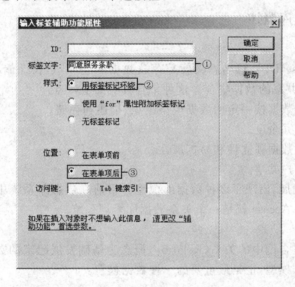

图 11-66 "输入标签辅助功能属性"对话框

步骤 4:单击"确定"按钮,返回到 Dreamweaver CS3 编辑窗口。

步骤 5:选中输入的"同意服务条款"文本,应用 content1 样式,效果如图 11-67 所示。

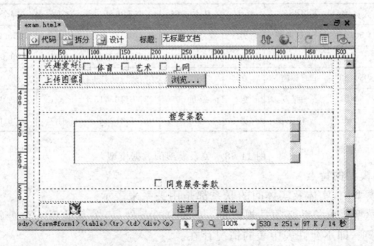

图 11-67 添加的 Spry 验证复选框

步骤 6：预览效果。保存网页，按 F12 键，在打开的 IE 浏览器中，如果该复选框未选中，则单击"注册"或"退出"按钮时会弹出提示选中复选框。

11.3 网站数据库

许多网站都保存着注册用户的信息，这时需使用数据库。Access 数据库作为 Microsoft 公司的 Office 办公组件中的一员，成为小型桌面数据库的代表。因此本书以 Access 为例，简单地介绍与 Web 页面制作相关的数据库知识。

11.3.1 数据库概述

1. 数据库

数据库(DataBase,DB)，顾名思义就是存放数据的仓库，是长期储存在计算机内的、有组织的、相关联且可共享的数据集合。这种集合具有如下特点：

(1) 数据库中的数据按一定的数据模型组织、描述和存储。

(2) 具有较小的冗余度。

(3) 具有较高的数据独立性和易扩展性。

(4) 可被各种用户共享。

随着数据库的发展，出现了多种数据库模型。目前在数据库系统中占主导地位的是关系模型数据库系统。Access 就是一个关系数据库管理系统。

2. 关系模型

关系模型是以集合论中的关系(Relation)概念为基础发展起来的数据模型。它是目前使用最为广泛的数据模型，也是最重要的一种数据模型。

(1) 数据结构

关系模型是一种以二维表的形式表示实体数据和实体之间关系的数据模型，它由行和列组成。如图 11-68 所示的工作人员数据表是一个典型的关系模型。

人员编号	姓名	性别	基本工资	个人电话	工种	押金
50101	刘华德	男	600.00	027-65177762	临时工	1000.00
50102	叶倩	女	700.00	027-51168501	正式工	800.00
50103	林霞	女	600.00	027-51168420	临时工	1000.00
50104	张友	男	700.00	027-51168415	正式工	800.00
50105	代正德	男	900.00	027-51168440	临时工	1000.00

图 11-68 关系模型的数据模型

(2) 关系模型的特点

① 关系模型中，实体及实体间的联系都是用关系来表示。

② 关系模型要求关系必须是规范的，最基本的条件是：关系的每一个分量必须是一个不可分的数据项，即不允许表中表的情况存在。

3. 关系模型中的术语

(1) 关系(Relation)：一个关系就是一张没有重复行、重复列的二维表。每个关系都有一个关系名。在 SQL Server 中,一个关系就是一个表文件。

(2) 关系模式(Relation Schema):对关系的描述,一般表示为:

关系名(属性 1,属性 2,属性 3,…,属性 n)

例如:学生(学号,姓名,性别,出生日期,政治面貌,籍贯,班级代码)。

关系既可以用二维表格描述,也可以用数学形式的关系模式来描述。一个关系模式对应一个关系的数据结构,也就是表的数据结构。

(3) 记录(Record):二维表(一个具体的关系)中的每一行(除了表头的那一行)称为关系的一个记录,又称行(Row)或元组(Tuple)。

(4) 属性(Attribute)和属性值(Attribute Value):二维表中的一列称为属性。每列用一个名称来标识,称为属性名,在关系数据库中称为数据项或字段。各列的顺序可以任意交换,但不能重名。二维表中的若干列,其中至少包括两列以上(含两列),我们称之为属性集。属性都有某一特定的值,这个值称为属性值。同一属性名下的各个属性值必须来自同一个域,是同一类型的数据。

(5) 域(Domain):属性的取值范围称为域。例如学生表中的出生日期只能是 1988 年 1 月 1 日后。

(6) 分量(element):元组中的一个属性称为分量,即元组中的一个属性值。

(7) 关键字(Key)或码:关系中能唯一区分、确定不同元组的属性或属性组合的某个属性组即为该关系的关键字或码。单个属性组成的关键字称为关键字,多个属性组合的关键字称为组合关键字。关系中的元组由关键字的值来唯一确定,关键字的属性值不能取“空值”。

(8) 候选关键字或候选码(Candidate Key):关系中能够成为关键字的属性或属性组合可能不是唯一的。凡在关系中能够唯一区分、确定不同元组的属性或属性组合的属性组都称为候选关键字或候选码。

(9) 主关键字(Primary Key)或主码:在候选关键字中选定一个作为关键字,称为该关系的主关键字或主码。关系中主关键字是唯一的。

(10) 非主属性或非码属性:关系中不组成码的属性均称为非主属性(Non-Prime Attribute)或非码属性(Non-primary Key)。

(11) 外部关键字或外键(Foreign Key):关系中某个属性或属性组合并非关键字,但却是另一个关系的主关键字,则称此属性或属性组合为本关系的外部关键字或外键。关系之间的联系是通过外部关键字来实现的。

(12) 从表与主表:从表与主表是指外键相关的两个表,以外键为主键的表称为主表(主键表),外键所在的表称为从表(外键表)。

4. 关系数据库

关系数据库(Relation Database)主要是由若干个依照关系模型设计的数据表文件的集合。一张二维表称为一个数据表,数据表包括数据及数据间的关系。

(1) 一个关系数据库由若干个数据表、视图、存储过程等组成,而数据表又由若干个记录组成,每一个记录是由若干个以字段属性加以分类的数据项组成的。

(2) 在关系数据库中,每一个数据表都具有相对的独立性,这一独立性的唯一标志是数据表的名字,称为表文件名。

(3) 在关系数据库中,有些数据表之间是具有相关性的。

11.3.2 用 Access 创建网站数据库

1. Access 中的基本对象

Access 数据库中的对象有表、查询、窗体、报表、宏及模块等对象。限于篇幅，在这里只介绍表对象。

表是 Access 数据库中最常用的对象，是同一类数据的集合体，也是 Access 数据库中保存数据的地方，如图 11-69 所示。

图 11-69　数据表

用户可以根据需要添加、编辑或查看表中的数据，也可以筛选或排序记录、更改表的外观，添加、删除列来更改表的结构，通过定义多键建立表与表中的联系。

2. 创建数据库

本书采用 Access2003。创建数据库的具体步骤如下。

步骤 1：启动 Access2003，弹出"Microsoft Access"对话框。

步骤 2：在对话框中选择"空 Access 数据库"单选按钮，单击"确定"按钮，弹出"文件新建数据库"对话框。

步骤 3：设置"文件新建数据库"对话框，如图 11-70 所示。

图 11-70　"文件新建数据库"对话框

① 在"保存位置"下拉列表中选择"本地站点"（D:\mysite）的"database"文件夹。

② 在"文件名"文本框中输入"data"。

步骤 4：单击"创建"按钮，创建数据库。并打开"数据库"窗口对话框，如图 11-71 所示。

3. 设计表

在 Access 中，可以使用向导创建表，也可以使用设计器创建表。在这里只简单地介绍使用设计器创建表的过程。

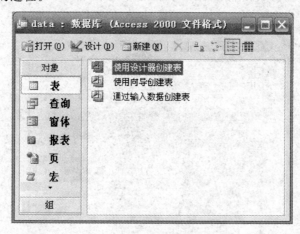

图 11-71　"数据库"窗口

【案例 11.5】　在数据库"data"中创建数据表"用户","用户"表结构如表 11-1 所示。

表 11-1　"案例"中的数据表

字段名	字段类型	宽度	主键否
用户名	文本	10	是
口令	文本	6	否

步骤 1:在"数据库"窗口(如图 11-71 所示)中双击"使用设计器创建表",打开一个"Access"设计器。

步骤 2:在第一行的"字段名称"列中输入"用户名","数据类型"下拉列表框中选择"文本","常用"选项卡的"字段大小"文本框中输入"10",如图 11-72 所示。

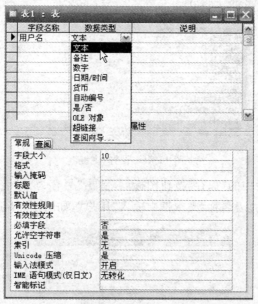

图 11-72　设置字段名称并选择数据类型

步骤 3：执行相同的操作，将"口令"字段添加到表中，"字段大小"为"6"，如图 11-73 所示。

图 11-73　添加其余字段

步骤 4：右击"用户名"前方框，弹出快捷菜单，选择"主键"命令，如图 11-74 所示。

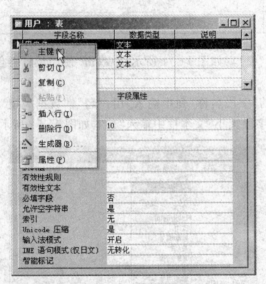

图 11-74　设置"主键"

步骤 5：单击工具栏中的"保存"按钮图标，弹出"另存为"对话框。

步骤 6：在对话框的"表名称"文本框中输入"用户"，如图 11-75 所示。

图 11-75　保存表

步骤 7:双击“用户”表名,打开该表,在表中添加记录,如图 11-76 所示。

用户 : 表

用户名	口令	用户类别
admin	1231	一般用户
xyl	1251	一般用户
xzmn	asjhl	一般用户
向隅	super	超级用户

记录: 5　共有记录数: 5

图 11-76　添加记录

步骤 8:单击工具栏中的“保存”按钮图标,保存记录。

4. 表中记录的基本操作

(1) 向“用户”数据表中插入记录

```
Insert into 用户(用户名,口令,用户类别) Values('张维 11','adx12','一般用户')
```

(2) 更改“用户”数据表中记录

将用户名为“admin”的“用户类别”更改为“超级用户”。

```
Update 用户 set 用户类别 = '超级用户' where 用户名 = 'admin'
```

(3) 删除“用户”数据表中记录

删除用户名为“向隅”的记录。

```
Delete from 用户 where 用户名 = '向隅'
```

(4) 数据表中数据查询

① 显示所有用户

```
Select * from 用户;
```

查询结果如图 11-77 所示。

② 显示“用户类别”为“一般用户”的“用户名”和“口令”。

```
select 用户名,口令 from 用户 where 用户类别 = '一般用户';
```

查询结果如图 11-78 所示。

③ 查看有哪些用户类别。

```
select distinct 用户类别 from 用户;
```

查询结果如图 11-79 所示。

用户名	口令	用户类别
admin	1231	一般用户
xyl	1251	一般用户
xzmn	asjhl	一般用户
向隅	super	超级用户

图 11-77　显示所有记录

用户名	口令
admin	1231
xyl	1251
xzmn	asjhl

图 11-78　显示指定列

用户类别
超级用户
一般用户

图 11-79　去掉重复列

限于篇幅,Access 数据库的具体使用,可参考相关书籍。

11.4 Dreamweaver＋ASP 制作动态网页

Dreamweaver 不仅作可以制作静态网页,而且能制作动态网页,在 Dreamweaver CS3 中连接数据库也非常方便。

11.4.1 在网页中连接数据库

在动态网页中,通常使用 ODBC 连接到数据库,该驱动程序负责完成用户与数据库之间的交互。在 Dreamweaver CS3 中建立网页与数据库间的连接包含两个步骤:首先定义系统 DSN(Data Source Name,数据源名称),然后建立系统 DSN 连接。

1. ODBC

ODBC(Open Database Connectivity,开放数据库互联)是微软公司提出的开放式数据库互联标准接口,也是微软公司推出的一种工业标准。由于 ODBC 对数据库应用程序具有良好的适应性和可移植性,目前已经广泛地应用在数据库的程序设计和开发中。ODBC 可以跨平台访问各种个人计算机、小型机以及主机系统。

ODBC 采用 SQL 作为标准查询语言来访问所连接的数据源,通过 ODBC 数据库开发人员可以很方便地实现在自己的应用程序中同时访问多个不同的数据库管理系统(DBMS)。ODBC 显著特点是:用统一的方法去处理不同的数据源。

ODBC 体系结构由应用程序、ODBC 驱动程序管理器、驱动程序和数据源 4 部分组成,如图 11-80 所示。

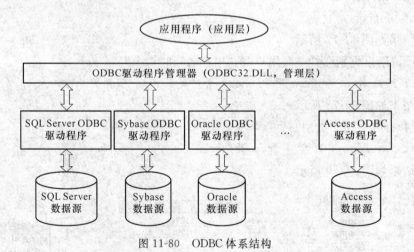

图 11-80　ODBC 体系结构

(1) 应用程序

ODBC 应用程序是指由数据库开发人员采用 ODBC 技术访问数据库的应用程序,它可以是用 Visual Basic、Delphi、PowerBuilder 等开发工具开发的应用程序,也可以是其他 ODBC 数据库应用程序。ODBC 应用程序执行处理并调用 ODBC 函数。其主要任务是:

- 连接数据源与向数据库发送 SQL 语句。
- 为 SQL 语句的执行结果分配存储空间,并定义其读取的数据格式。

- 检索结果并处理错误。
- 提交或回滚 SQL 语句的事务处理。
- 断开连接的数据源。

（2）ODBC 驱动程序管理器

ODBC 驱动程序管理器是一个驱动程序库，负责应用程序和驱动程序间的通信。由于 ODBC 应用程序不能直接调用 ODBC 驱动程序，它必须由 ODBC 驱动管理器调用相应的 ODBC 程序，加载到内存中，并将后面的 SQL 请求传送给正确的 ODBC 驱动程序。这样，无论是连接到 SQL Server 还是其他的数据库，都能保证 ODBC 函数总是按同一种方式调用，为程序的跨平台开发和移植提供了极大的方便。

（3）驱动程序

ODBC 驱动程序负责发送 SQL 请求给关系数据库管理系统，并且把结果返回给 ODBC 驱动管理器，然后再由 ODBC 驱动程序器把结果传递给 ODBC 应用程序。

ODBC 驱动程序接收来自 ODBC 驱动程序管理器中传过来的对 ODBC 函数的调用请求，并将从数据源上得到的结果返回给驱动程序管理器。

（4）数据源

数据源（Data Source Name，DSN）是连接数据库驱动程序与数据库管理系统（DBMS）的桥梁，它为 ODBC 驱动程序指定数据库服务器名称、登录名称和密码等参数。数据源分为文件数据源、系统数据源和用户数据源 3 种，最常用的是系统数据源。

在 Windows 系列的操作系统中，用户可以使用 ODBC 管理器程序来创建数据源。

2. 定义系统 DSN

Windows XP/2000/2003 中定义系统 DSN 是通过"ODBC 数据源管理器"进行的。

【案例 11.6】　为案例 11.5 中建立的数据库"data"创建名为"stu"的数据源。

步骤 1：选择"开始"|"控制面板"菜单命令，打开"控制面板"窗口。双击"管理工具"图标，打开"管理工具"窗口。

步骤 2：在"管理工具"窗口中双击"数据源（ODBC）"，打开"ODBC 数据源管理器"对话框，切换到"系统 DSN"选项卡，如图 11-81 所示。

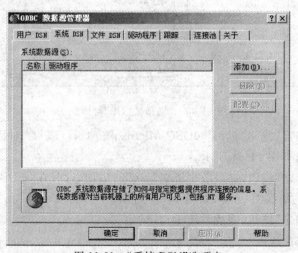

图 11-81　"系统 DSN"选项卡

步骤3：在对话框中单击"添加"按钮，弹出"创建数据源"对话框，在对话框中的"名称"列表框中选择"Driver do Microsoft Access(＊.mdb)"选项，如图11-82所示。

图11-82　"创建新数据源"对话框

步骤4：单击"完成"按钮，弹出"ODBC Microsoft Access 安装"对话框。在对话框中单击"选择"按钮，弹出"选择数据库"对话框。

步骤5：选择数据库，如图11-83所示。

① 在"驱动器"下拉列表框中选择"d:"（本地站点目录所在的磁盘）。

② 在"目录"列表框中选择"d:\mysite\database"（数据库所在的目录）。

③ 在"数据名"列表框中选择"data.mdb"。

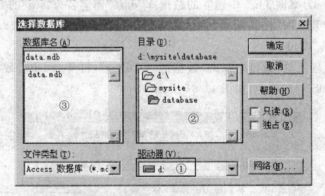

图11-83　"选择数据库"对话框

步骤6：单击"确定"按钮，返回"ODBC Microsoft Access 安装"对话框。在"数据源名"文本框中输入"stu"，如图11-84所示。

步骤7：单击"确定"按钮，完成数据源名"stu"的添加，这时在"ODBC 数据源管理器"对话框可以看到添加的数据源"stu"，如图11-85所示。

步骤8：单击"确定"按钮，完成系统 DSN 的定义。

3. 建立系统 DSN 连接

要实现动态网页中应用程序完成对数据库中的数据操作，首先必须建立网页与数据库的连接。

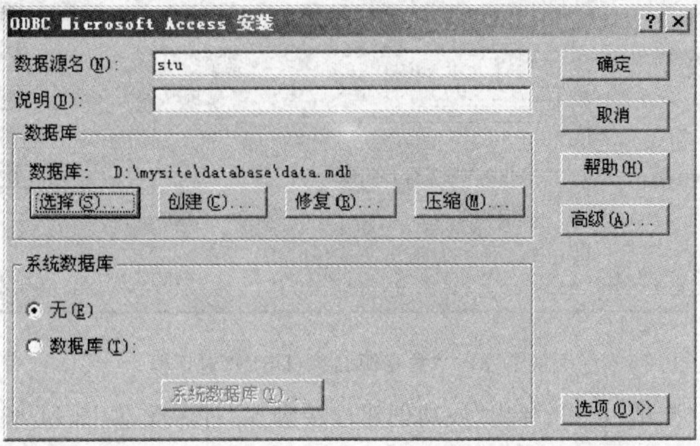

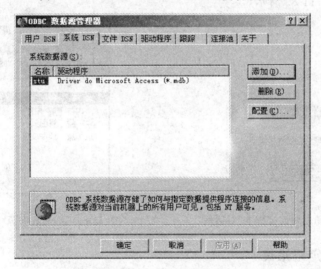

图 11-84　"ODBC Microsoft Access 安装"对话框

图 11-85　"ODBC 数据源管理器"对话框

【**案例 11.7**】　创建"denji. asp"网页(本地站点的 exam 文件夹中)与数据库 data 的连接。

步骤 1：启动 Dreamweaver CS3,打开保存在本地站点 exam 文件夹中名为"denji. asp"网页。

步骤 2：选择"窗口"|"数据库"命令,打开"数据库"面板,如图 11-86 所示。

步骤 3：在"数据库"面板中单击 ⊞ 按钮,从弹出的快捷菜单中选择"数据源名称(DSN)"选项,打开"数据源名称(DSN)"对话框。

步骤 4：在对话框的"连接名称"文本框中输入"stu",在"数据源名称(DSN)"下拉列表框中选择"stu",如图 11-87 所示。

图 11-86　"数据库"面板

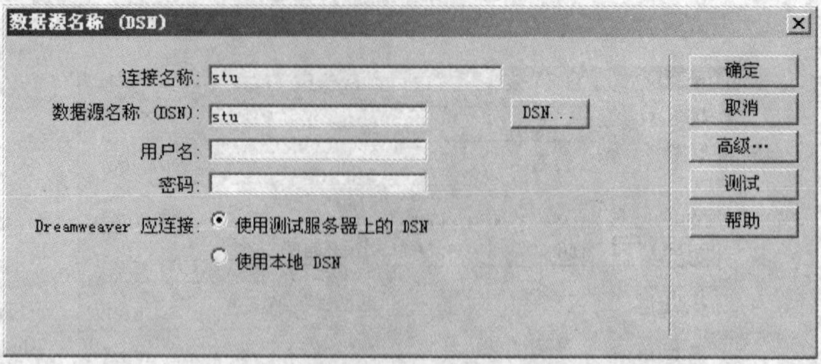

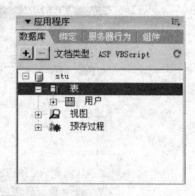

图 11-87 "数据源名称（DSN）"对话框

步骤 5：单击"测试"按钮，弹出"成功创建连接脚本"对话框，如图 11-88 所示。

步骤 6：单击"确定"按钮，返回到"数据源名称（DSN）"对话框，再单击"确定"按钮，此时"数据库"面板如图 11-89 所示。

图 11-88 "成功创建连接脚本"对话框

图 11-89 添加数据源"stu"后的面板

11.4.2 绑定记录集

1. 创建记录集

记录集是通过使用查询得到的数据库中相关记录的子集。记录集由查询来定义。创建记录集(查询)的操作步骤如下。

步骤 1：选择"窗口"|"绑定"菜单命令，打开"绑定"面板，在面板中单击 ➕ 按钮，弹出下拉菜单，如图 11-90 所示。

步骤 2：选择"记录集(查询)"菜单命令，从弹出的对话框中单击"简单…"按钮，打开"记录集"对话框。

步骤 3：设置"记录集"对话框，如图 11-91 所示。

① 在"名称"文本框中输入记录集名称，这里使用默认值。

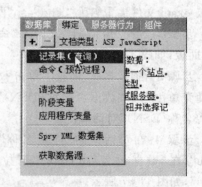

图 11-90 选择"记录集(查询)"选项

② 在"连接"下拉列表框中选择"stu"选项。

③ 在"表格"下拉列表框中选择"用户"选项。

④ 在"列"栏中选择"选定的"单选按钮。

⑤ "筛选"和"排序"下拉列表框选择"无"。

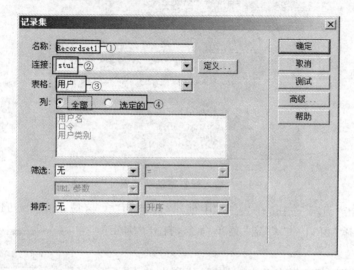

图 11-91 "记录集"对话框

步骤 4: 单击"确定"按钮,完成记录集的创建,如图 11-92 所示。

"记录集"对话框中的参数意义说明如下:

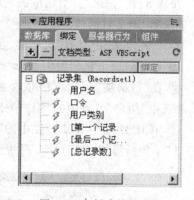

- "名称":用于输入新记录集名称。

- "连接":定义一个已经建立好的数据库连接,如果下拉列表框中没有可用的连接出现,则可单击其右侧的"定义"按钮建立一个连接。

- "表格":用于选中一个已经连接到数据库中的表。

- "列":若选中使定表中的所有列,则选择"全部"单选按钮,否则选中"选定的"单选按钮。

- "筛选"和"排序":对记录集中的数据设置过滤条件和排序依据(升序或降序)。

图 11-92 创建的记录集

2. 绑定记录

【案例 11.8】　在网页中显示用户表中有哪些用户。

步骤 1: 启动 Dreamweaver CS3,新建一个"ASP VBScript"文档,并以"example10_7. asp"保存在本地站点中。

步骤 2: 单击"插入"面板中的"表单"选项卡,切换到该选项卡。

步骤 3: 单击"表单"按钮，在编辑区创建一个"表单"区域。

步骤 4: 将鼠标光标置于表单中,单击"表单"选项卡中的"列表/菜单"按钮，弹出"输入标签辅助功能属性"对话框,并设置其对话框,如图 11-93 所示。

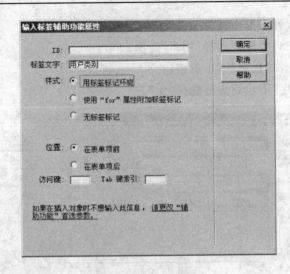

图 11-93 "输入标签辅助功能属性"对话框

步骤 5:单击"确定"按钮,在"表单"中创建"列表/菜单"区域,如图 11-94 所示。

步骤 6:选择"窗口"|"绑定"菜单命令,打开"绑定"面板。

步骤 7:在"绑定"面板中单击➕按钮,从弹出的下拉菜单中选择"记录集(查询)"命令,打开"记录集"对话框。

步骤 8:在"记录集"对话框的右侧单击"高级"按钮,打开"记录集"定义对话框。

步骤 9:定义"记录集"对话框,如图 11-95 所示。

① 在"连接"下拉列表中选择"stu"选项。

② 在"数据项"列表框中依次展开"表格"|"用户"节点,并选中"用户"节点中的"用户类别"选项。

图 11-94 创建的"列表/菜单"区域

③ 单击"添加到 SQL:"栏中的"select"按钮,"SQL"列表框中出现 SQL 语句。在"SE-LECT"子句后添加"DISTINCT"短语。

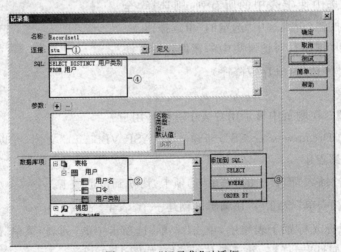

图 11-95 "记录集"对话框

步骤 10：单击"确定"按钮,退出"记录集"对话框。

步骤 11：在编辑窗口选中名为"用户类别"的"列表/菜单"区域,单击"属性"面板中"动态"按钮 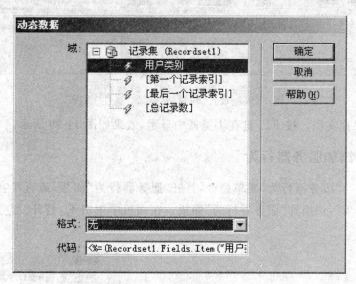,打开"动态列表/菜单"对话框,单击对话框中"选取值等于"文本框后的"绑定到动态源"按钮,打开"动态数据"对话框。

步骤 12：在"域"列表框中展开"记录集"节点,选中"用户类别"选项,如图 11-96 所示。

图 11-96　"动态数据"对话框

步骤 13：单击"确定"按钮,关闭"动态数据"对话框,此时"动态列表/菜单"对话框如图 11-97 所示。

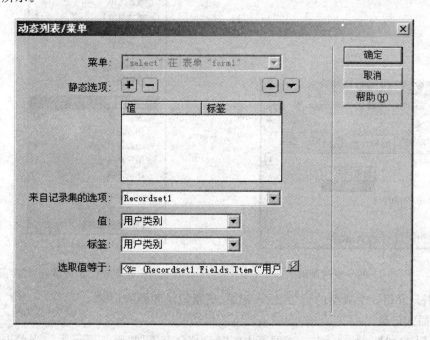

图 11-97　"动态列表/菜单"对话框

步骤 14：单击"确定"按钮，关闭"动态列表/菜单"对话框。

步骤 15：在"属性"面板的"类型"栏中选择"列表"单选按钮，"高度"文本框中输入"3"，如图 11-98 所示。

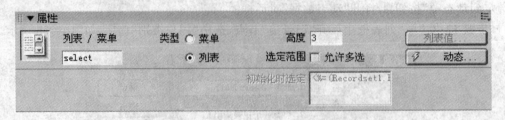

图 11-98　设置"列表/菜单"的"属性"面板

步骤 16：保存文档。按 F12 键在浏览器中显示，效果如图 11-99 所示。

11.4.3　添加服务器行为

选择"窗口"|"服务器行为"菜单命令，打开"服务器行为"面板，或直接在"数据库"面板单击"服务器行为"，切换到"服务器行为"面板。在面板中单击 ➕，打开"服务器行为"菜单，如图 11-100 所示。

图 11-99　案例效果

图 11-100　"服务器行为"面板

本书只介绍 3 个典型的行为：插入记录、更新记录和删除记录。

1. 插入记录

【案例 11.9】　为"denji. asp"网页中的"行为"命令添加"服务器行为"，当单击"行为"按钮时，能将输入的内容添加到"用户"数据表中。

步骤 1：启动 Dreamweaver CS3，打开"denji. asp"网页。

步骤 2：选择"窗口"|"服务器行为"菜单命令，打开"服务器行为"面板。在面板中单击 💠，从弹出的菜单中选择"插入记录"命令，打开"插入记录"对话框。

步骤 3：设置"插入记录"对话框，如图 11-101 所示。

① 在"连接"下拉列表框中选择"stu"选项（数据源）。

② 在"插入到表格"中选择"用户"选项，即将表单中的数据添加到"用户"表中。

③ 在"获取值自"下拉列表框中选择"form1"选项，即指定提交的是哪一个表单。

④ 在"表单元素"列表框中选择第一行，然后在"列"列表框中选择"用户名"。

⑤ 依照④为"表单元素"中其他项添加相应的内容。

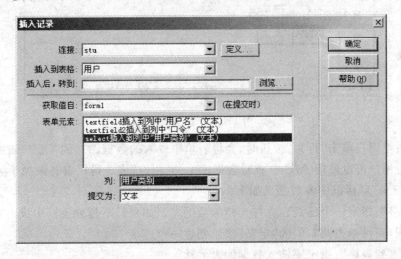

图 11-101 "插入记录"对话框

步骤 4：单击"确定"按钮，完成"插入记录"行为的添加。添加"插入行为"后在表单中显示 标记。如图 11-102 所示。

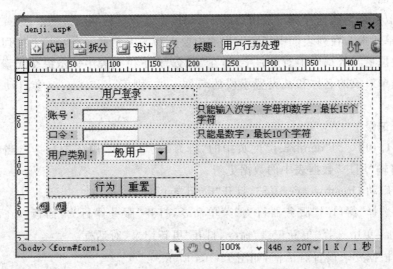

图 11-102 网页中添加"插入记录"行为后的效果

步骤 5：保存网页，按 F12 键在浏览器中浏览，效果如图 11-103 所示。

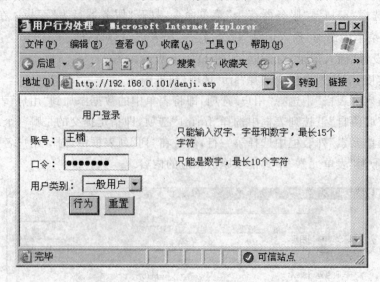

图 11-103　案例效果

步骤 6：当用户单击"行为"按钮时，会将表单中输入的数据添加到"用户"表中。

步骤 7：用户可以使用 Access 查看数据库中的"用户"表。可以看到添加了数据。

"插入记录"对话框中参数意义如下：

- "连接"：指定一个已经建立好连接的数据库。如果其下拉列表框中没有可选的连接出现，则可单击其右侧的"定义"按钮创建一个连接。
- "插入到表格"：指定要插入数据的表名称。
- "插入后，转到"：指定插入数据后的行为，可以在文本框中直接输入一个文件名或单击"浏览"按钮，在打开的对话框中选择一个文件名。若没有输入，则插入记录后刷新页面。
- "获取值自"：选择存放记录内容的 HTML 表单。
- "表单元素"：在列表框中指定数据库中要更新的表元素。在"列"下拉列表中选择表单数据更新数据库中对应表字段，在"提交为"下拉列表中显示提交元素的类型。如果表单对象的名称和被设置字段的名称一致，则 Dreamweaver 会自动地建立对应关系。

2. 更新记录

【**案例 11.10**】为"denji.asp"网页中的"行为"命令添加"服务器行为"，当单击"行为"按钮时，能将输"用户"数据表中的数据更新。

步骤 1：启动 Dreamweaver CS3，打开"denji.asp"网页。

步骤 2：选择"窗口"|"服务器行为"菜单命令，打开"服务器行为"面板。在面板中单击，从弹出的菜单中选择"更新记录"命令，打开"更新记录"对话框。

步骤 3：根据要求设置对话框，如图 11-104 所示。

步骤 4：单击"确定"按钮，完成设置。

步骤 5：在编辑窗口中选择账号后的"文本域"，在其"属性"面板中单击"初始值"后的

"绑定到动态源"按钮 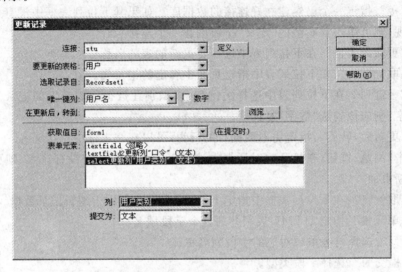，打开"动态数据"对话框。在"域"列表中选择"用户名"选项，如图 11-105 所示。

图 11-104　"更新记录"对话框

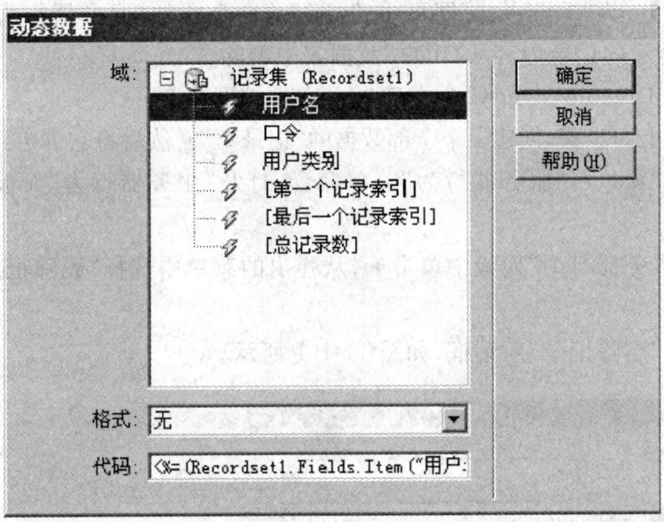

图 11-105　"动态数据"对话框

步骤 6：单击"确定"按钮，其文本域"属性"面板如图 11-106 所示。

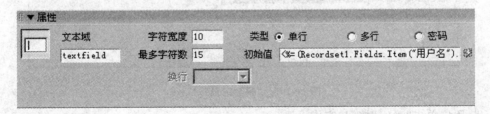

图 11-106　文本域"属性"面板

步骤7：保存网页。按 F12 键在浏览器中浏览。

"更新记录"对话框中参数意义如下：

- "连接"：指定一个已经建立好连接的数据库。如果其下拉列表框中没有可选的连接出现，则可单击其右侧的"定义"按钮创建一个连接。
- "要更新的表格"：在下拉列表中选择要更新的表的名称。
- "选取记录自"：在下拉列表中指定页面中绑定的记录集。
- "唯一键列"：在下拉列表中选择关键列，以识别在数据库表单上的记录。如果值是数字，则应该勾选"数字"复选框。
- "在更新后，转到"：指定更新数据后的行为，可以在文本框中直接输入一个文件名或单击"浏览"按钮，在打开的对话框中选择一个文件名。若没有输入，则更新记录后刷新页面。
- "获取值自"：在下拉列表框中指定 HTML 表单以便用于编辑记录数据。
- "表单元素"：指定 HTML 表彰井的各个字段域名称。
  - ➤ "列"：选择与表单域对应的字段列名称。
  - ➤ "提交为"：选择字段类型。

3．删除记录

【**案例 11.11**】 为"denji.asp"网页中的"行为"命令添加"服务器行为"，当单击"行为"按钮时，能将当显示的记录内容从"用户"数据表中删除。

步骤1：启动 Dreamweaver CS3，打开"denji.asp"网页。

步骤2：依照上面步骤，创建一个全部数据的"记录集"。然后将它绑定到表单中对应域。

步骤3：选择"窗口"|"服务器行为"菜单命令，打开"服务器行为"面板。将"更新记录"行为删除。

步骤4：在"服务器行为"面板中单击➕，从弹出的菜单中选择"删除记录"命令，打开"删除记录"对话框。

步骤5：设置"删除记录"对话框，如图 11-107 所示。

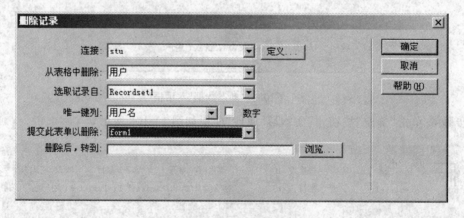

图 11-107 "删除记录"对话框

步骤6：单击"确定"按钮，完成设置。

步骤7：保存网页。按 F12 键在浏览器中浏览。

"删除记录"对话框中参数意义如下：
- "连接"：指定一个已经建立好连接的数据库。如果其下拉列表框中没有可选的连接出现，则可单击其右侧的"定义"按钮创建一个连接。
- "从表格中删除"：在下拉列表框中选择要删除记录的表。
- "选取记录自"：在下拉列表中选择使用的记录集的名称。
- "唯一键列"：在下拉列表中选择关键列，以识别在数据库表单上的记录。如果值是数字，则应该勾选"数字"复选框。
- "提交此表单以删除"：在下拉列表中选择提交删除操作的表单名称。
- "删除后，转到"：指定删除数据后的行为，可以在文本框中直接输入一个文件名或单击"浏览"按钮，在打开的对话框中选择一个文件名。若没有输入，则更新记录后刷新页面。

ASP 的具体使用，读者可参考其他相关书籍。

小   结

网页有静态网页和动态网页之分，要创建动态网页，必须先搭建动态 Web 服务器平台。微软公司的 IIS(Internet Information Server)提供了这样一个平台。使用前需先安装 IIS 并配置，Windows 中是通过添加 Windows 组件完成 IIS 安装的。利用表单，可实现访问者与网站之间的交互。一般动态网页都与数据库相关联。

习   题

1. 填空题

(1) ASP 的全称是_____。

(2) ASP 可以创建和运行动态的、交互的 Web 服务器应用程序，使用户能够利用_____和_____结合，创建功能强大、与平台无关的网络应用程序。

(3) ASP 代码的格式是_____。

2. 选择题

(1) _____在 Web 网页中用来给访问者填写信息，使网页具有交互功能。

  A. 表格   B. 表单   C. 图像区域   D. 列表/菜单

(2) 表单中的所有元素都有必须在_____，所以要首先创建表单。

  A. 同一层中   B. 同一区域中   C. 同一表格中   D. 表格

(3) 在_____中用户输入密码信息。

  A. 列表/菜单   B. 文本域   C. 隐藏域   D. 复选框

(4) 在_____中，当选择一个选项后，直接跳转到指定的网页。

  A. 按钮   B. 跳转菜单   C. 列表/菜单   D. 复选框

（5）在表单中制作"性别"这一项时，一般使用_____。

    A. 文本域   B. 复选框   C. 单选按钮   D. 单选按钮组

实 训

创建一个 Access 数据库，并根据图 11-108 所示中的内容创建一个数据表。添加数据源，设计图 11-108 所示的网页，使之能完成注册工作。

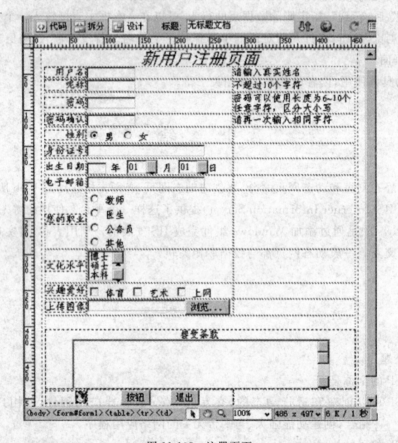

图 11-108 注册页面

开发和管理网站

本章将学习以下内容：

☞ 申请免费的域名和网站空间

☞ 站点的测试和发布

☞ 站点的管理与维护

只有将网站发布到 Internet 上，才能让浏览者通过访问 Internet 看到制作的网页，因此首先需要申请域名和网站存放空间。在发布之前需先对网页进行测试，以保证发布到 Internet 上的网站能正常运行。发布后，还需要对网站进行维护和管理，如更新网站内容等。

12.1 域名及网站空间的申请

要将制作好的网站上传到 Internet 上，必须有自己的域名和主页空间。主页空间有收费和免费两种形式。一般个人网站可选择免费空间，而企业和公司等应选择收费的主页空间，因为它们运行较为稳定。通常在申请主页空间的同时会获得相应的域名。

12.1.1 申请免费主页空间

Internet 上提供免费空间的服务商比较多，如果网站数据比较重要，则应尽量选择信誉比较好的服务商，这些服务商通常比较正规，服务质量比较可靠。各个服务商提供的申请操作基本相同。申请网站空间时应考虑以下问题：

（1）网站所占的空间大小及以后更新站点时可能需要的最大空间。

（2）是否支持 CGI，ASP 及.NET 等程序。它们通常用来制作计数器或留言板等组件，或处理其他交互式表单。

（3）文件上传方式。大部分网站都允许使用 FTP 的方式上传文件，有的只支持 Web 上传。

下面以在"www.5944.net"上申请免费主页空间为例介绍申请主页空间。

【案例 12.1】 在"www.5944.net"上申请一个主页空间。

步骤 1：打开浏览器，在其地址栏中输入"http://www.5944.net"，按 Enter 键打开

"www.5944.net"网页,如图 12-1 所示。

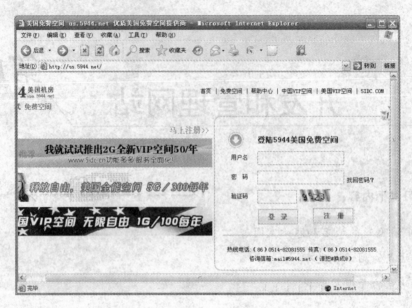

图 12-1　进入"www.5944.net"网页

　　步骤 2:单击"注册"按钮,打开"注册"网页。根据表单给出项目填充资料,如"用户名"、"密码"、"电子邮件"等内容,如图 12-2 所示。

图 12-2　填写注册资料

步骤 3：单击"注册"按钮，弹出如图 12-3 所示表示注册成功对话框。

图 12-3　注册成功提示对话框

步骤 4：单击"确定"按钮，弹出个人申请空间信息，如图 12-4 所示。

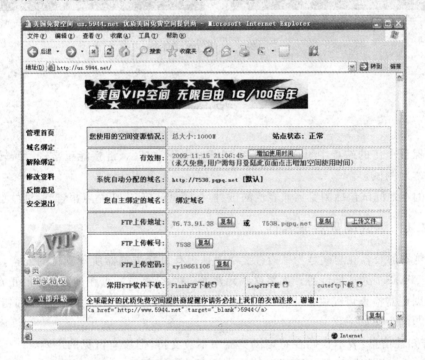

图 12-4　个人申请空间信息

12.1.2　查询及申请域名

在申请免费的个人主页空间时，提供免费个人主页的机构都会同时提供一个免费的域名及相应的免费空间，如图 12-4 中所示，免费域名为 7538.pqpq.net。通常的免费域名是二级域名，服务没有保证，若是企业、专业性等网站，应该申请专用的域名，个人网站可视情况而定。

怎样知道自己申请的域名可用呢？可以使用网络命令"ping"进行简单的测试。如图 12-5 所示是使用 ping 命令的结果，当显示图 12-5 中左边的信息时表示申请的域名可用，而显示右边的信息表示申请的域名不可用。

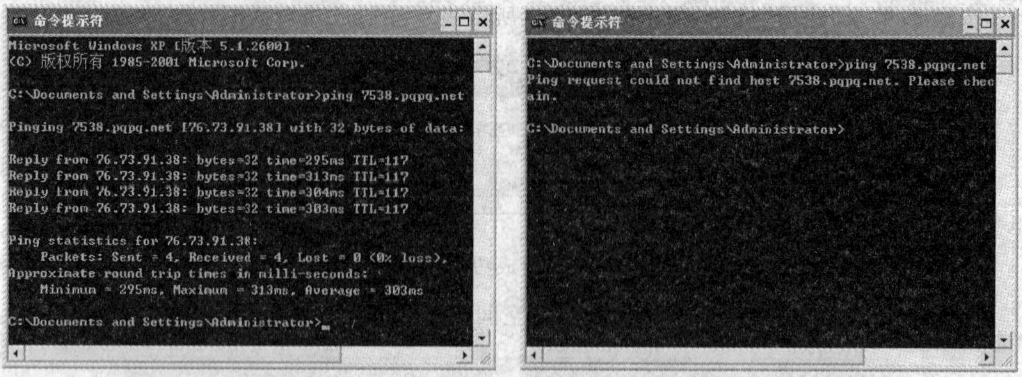

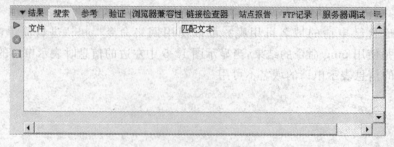

图 12-5 使用"ping"命令

12.2 站点的测试

为了保证上传的站点中页面内容能在浏览器中正常显示、链接能正常进行跳转,还需对站点进行本地测试。

站点的本地测试包括浏览器兼容性测试、检查网页链接、生成站点报告、验证站点等内容。

12.2.1 测试浏览器兼容性

对浏览器的兼容性测试是为了检查文档中是否有目标浏览器所不支持的元素,如页面中的 AP Div、JavaScript 或插件等。如果这些元素不存在,会影响网页在浏览器中的正常显示。

目标浏览器检查可提供以下 3 个级别的潜在问题信息:告知性信息、警告和错误。这 3 个级别问题的含义如下:

- 告知性信息:表示代码在特定浏览器中不被支持,但没有可见的影响。
- 警告:表示某段代码将不能在特定浏览器中正确显示,但不会导致任何严重的显示问题。
- 表示代码可能在特定浏览器中导致严重的、可见的问题,如导致页面的某些部分消失。

检查浏览器兼容性的具体操作步骤如下。

步骤 1:打开站点中的一个文档作为要检查的目标对象。

步骤 2:选择"窗口"|"结果"菜单命令,打开"结果"面板(快捷键:F7),如图 12-6 所示。

图 12-6 "结果"面板

步骤 3：在"结果"面板中选择"浏览器兼容性检查"选项卡，单击面板左侧的"检查浏览器兼容性"下拉按钮 ，从弹出的下拉菜单中选择"设置"命令，弹出设置"目标浏览器"对话框，选中要检查兼容性的浏览器，如图 12-7 所示。

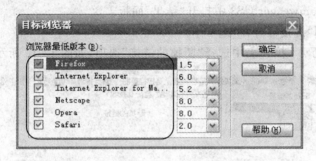

图 12-7　设置"目标浏览器"对话框

步骤 4：单击"确定"按钮，完成设置。

步骤 5：单击面板左侧的"浏览器兼容性检查"下拉按钮 ，从弹出的下拉菜单中选择"检查浏览器兼容性"命令，如图 12-8 所示，这时开始检查网页在浏览器下的兼容性。

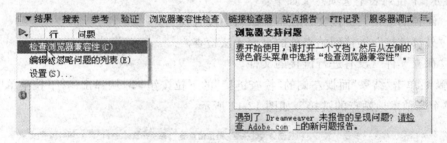

图 12-8　选择"检查浏览器兼容性"命令

步骤 6：检查完毕后显示检查结果，告之用户哪些文档中存在错误，哪些文档值得注意，并标出错误的代码。若没有错误时，会在面板下方显示"未检测到任何问题"，如图 12-9 所示。

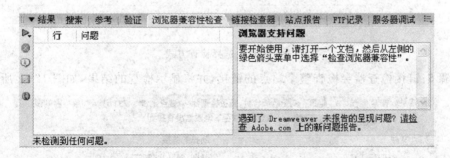

图 12-9　"浏览器兼容性检查"结果

步骤 7：单击"结果"面板组左侧的"浏览报告"按钮 ，将会在浏览器中显示检查报告。

步骤 8：单击"结果"面板左侧的"保存报告"按钮 ，可对检查结果进行保存。

12.2.2　检查网页链接

测试链接可以针对单个网页,也可以针对整个站点。检查网页链接的具体步骤如下:

步骤 1:在 Dreamweaver CS3 中打开"结果"面板。

步骤 2:切换到"链接检查器"选项卡。

步骤 3:在"显示"下拉列表中选择"断掉的链接"选项,如图 12-10 所示。

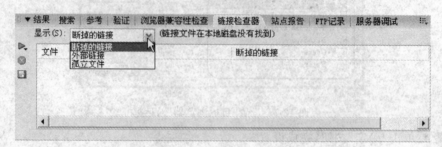

图 12-10　选择"断掉的链接"选项

"显示"下拉列表中选项意义如下:

- "断掉的链接":链接文件在本地磁盘中没有找到。
- "外部链接":链接到站点外的页面无法检查。
- "孤立文件":没有进行链接的文件。

步骤 4:单击"结果"面板左侧的"检查链接"的下拉按钮 ▶ ,从弹出的"下拉菜单"中选择"检查整个当前本地站点的链接",如图 12-11 所示。

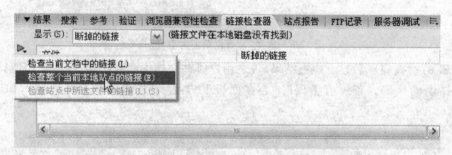

图 12-11　选择检查方式

步骤 5:链接检查器会检查整个站点的链接,并将显示检查的结果,如图 12-12 所示。

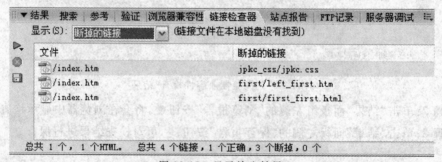

图 12-12　显示检查结果

步骤 6：在"断掉的链接"列表框中，选择一个无效的链接，单击右侧激活的"浏览"按钮，可以为无效的链接重新指定链接文件，如图 12-13 所示。

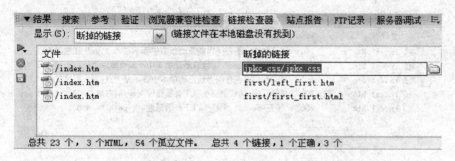

图 12-13　重新指定链接文件

步骤 7：如果多个文件都有相同的中断链接，当用户对其中的一个链接文件进行修改后，系统会弹出如图 12-14 所示的提示对话框，询问是否修改余下的引用该文件的链接，单击"是"按钮完成其他链接的修复。

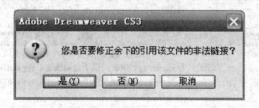

图 12-14　提示对话框

12.2.3　验证站点

为了保证用户不误用不标准的标签或错误的代码，通常在上传站点时先对站点进行验证。Dreamweaver CS3 中站点的验证是在"结果"面板中进行的，验证的对象可以是当前文档、整个站点或选定的文件。

【案例 12.2】　验证"mysite"站点。

步骤 1：启动 Dreamweaver CS3。

步骤 2：打开"结果"面板，切换到"验证"选项卡。

步骤 3：单击"结果"面板左侧的"验证"按钮，弹出下拉菜单，如图 12-15 所示。

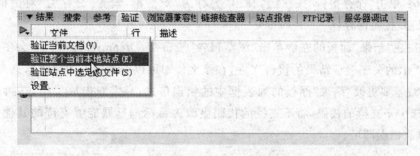

图 12-15　选择验证对象

步骤 4:选择"验证整个当前本地站点"菜单命令,生成验证站点的检查报告,如图 12-16 所示。

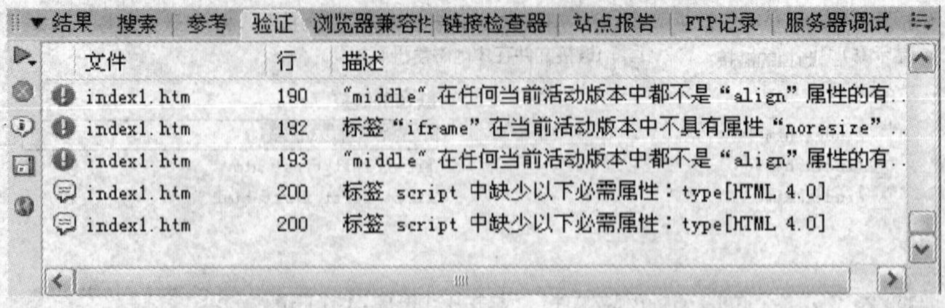

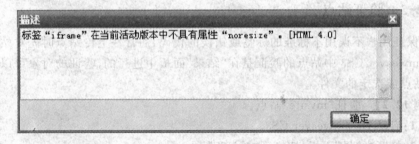

图 12-16　生成验证站点的检查报告

步骤 5:选择生成的一项报告,单击"更多信息"按钮⑨,如图 12-17 所示,弹出"描述"对话框,在该对话框中可以看到具体信息的描述,如图 12-18 所示。

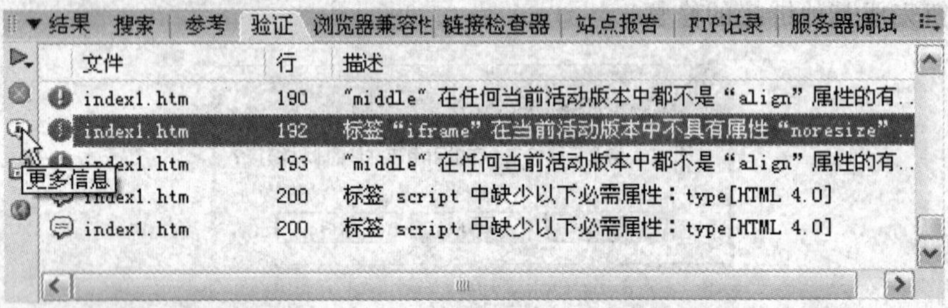

图 12-17　单击"更多信息"命令

图 12-18　查看"描述"

步骤 6：单击"保存报告"按钮▣,弹出"另存为"对话框,设置"另存为"对话框,设置好后单击"保存"按钮保存。

步骤 7:在"结果"面板的左侧单击"浏览报告"按钮⑨,Dreamweaver CS3 会生成一个如图 12-19 所示的关于验证结果的报告文件,在该文件中可以查看检查的整体信息。

步骤 8:若要更改"结果"面板的列表框中的错误信息,只需双击该文档,在拆分视图下系统自动选中不支持的代码,将不支持的代码更改为目标浏览器能够支持的其他代码或将其删除,修改错误即可。

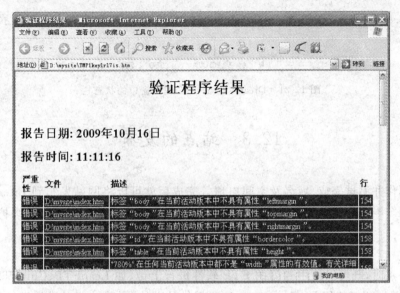

图 12-19　报告验证程序结果

12.2.4　设置下载速度

使用 Dreamweaver CS3 进行网页设计时,其编辑窗口右下角显示的是网页文档的大小及下载所需的时间,默认情况下载速度是以 56 Kbit/s 的连接速度计算的。用户可以使用 Dreamweaver CS3 提供的"首选参数"命令设置连接速度估计页面下载的时间。

设置连接速度预估计页面下载时间的具体步骤如下:

步骤 1:启动 Dreamweaver CS3。

步骤 2:选择"编辑"|"首选参数"命令,打开"首先参数"对话框。

步骤 3:在此对话框中"分类"列表中选择"状态栏"选项,在"连接速度"的下拉列表中选择一个速度值,如图 12-20 所示。

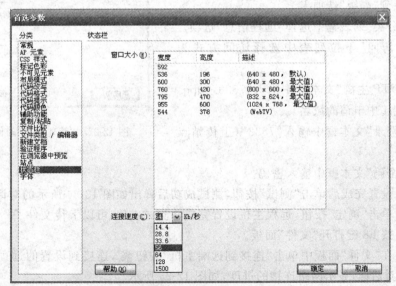

图 12-20　"首选参数"对话框

步骤 4：单击"确定"按钮，此时 Dreamweaver CS3 的编辑窗口的状态栏显示如图 12-21 所示。

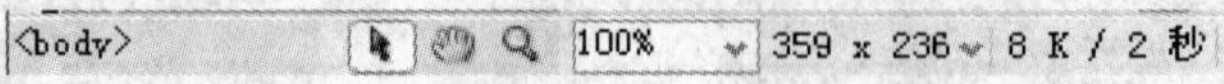

`<body>`　　　　　100%　359 x 236 ～ 8 K / 2 秒

图 12-21　Dreamweaver CS3 编辑窗口的状态栏

12.3　站点的发布

网站制作并测试完成、域名及空间申请等完成后就可以将网站发布到 Internet 上供浏览者访问了。本节介绍如何将站点上传到指定的 Web 服务器中以及网站的维护和管理。

12.3.1　上传站点

发布站点时，既可以使用专门的 FTP 软件进行上传，如 LeapFTP、CuteFTP 及 Flash-FXP 等，也可以直接使用 Dreamweaver CS3 提供的上传/下载功能对网站进行发布，另外，还可以直接在浏览器中进行上传或下载。

使用 Dreamweaver CS3 发布站点，首先需配置远程主机信息，然后再进行上传。在上传前还需测试远端主机是否连接正常。

【**案例 12.3**】　使用 Dreamweaver CS3 上传到申请的免费空间中。

步骤 1：启动 Dreamweaver CS3。

步骤 2：选择"站点"|"管理站点"菜单命令，打开"管理站点"对话框，选择需要管理的站点"mysite"，如图 12-22 所示。

步骤 3：单击"编辑"按钮，弹出"mysite 的站点定义为"对话框。

步骤 4：设置 FTP 对话框，如图 12-23 所示。

① 切换到"高级"选项卡。

② 在"分类"列表框中选择"远程信息"选项。

③ 在"访问"下拉列表中选择访问方式为"FTP"。

④ 在"FTP 主机"文本框中输入"7538.pqpq.net"（即案例 1 中申请的域名）。

⑤ 在"登录"文本框中输入"7538"（上传站点的账号）。

图 12-22　"管理站点"对话框

⑥ 在"密码"文本框中输入密码。

步骤 5：设置完成后单击"测试"按钮，测试成功后弹出如图 12-24 所示的对话框。

步骤 6：单击"确定"按钮，远程主机设置完成并测试成功，可以上传文件了。

步骤 7：按 F8 键打开"文件"面板。

步骤 8：在"文件"面板中单击"连接到远端主机"按钮 ，连接到设置的远程主机，并弹出连接提示对话框，显示网络连接的进度，如图 12-25 所示。

图 12-23　设置 FTP 对话框

图 12-24　测试成功提示对话框

图 12-25　连接远端主机提示信息

步骤 9：远端主机连接成功后，"连接到远端主机"按钮 （圆点为黑色）会变为"从远端主机断开"按钮 （圆点变为绿色）。

步骤 10：单击"上传文件"按钮 ，弹出如图 12-26 所示的提示对话框，询问是否确定要上传整个站点。

步骤 11：单击"确定"按钮，本地站点文件就开始被上传到远程服务器中，单击"详细"左

侧的按钮 ▶，显示上传详细信息，如图 12-27 所示。

图 12-26　上传提示对话框

图 12-27　上传文件

步骤 12：当文件传输完成后，在"文件"面板底端显示"文件活动已完成"文字，如图 12-28 所示。

步骤 13：在"文件"面板右上角的下拉列表中选择"远程视图"选项，可以查看上传的文件和文件夹，如图 12-29 所示。

图 12-28　"文件"面板

图 12-29　"文件"面板的"远程视图"

12.3.2 管理与维护网站

站点的内容只有随时更新,才能吸引人去浏览。因此,站点需要随时进行管理和维护。Dreamweaver CS3 提供了对站点进行管理和维护的功能,用户使用这些功能可对站点进行维护和管理。

1. 使用同步功能

由于本地站点文档和远程站点文档都可以进行编辑,因此可能出现文件不一致的情况,这时用户可以使用 Dreamweaver CS3 提供的同步功能保证本地站点和远端站点中的文件是同一文件。

在进行网站同步之前,先要确定哪些文件是新文件。进行网站同步的具体操作步骤如下:

步骤 1:启动 Dreamweaver CS3,选择"站点"|"同步站点范围"菜单命令,打开"同步文件"对话框。

步骤 2:设置"同步文件"对话框,如图 12-30 所示。

① 保持"同步"下拉列表框中的选项不变。

② 在"方向"下拉列表框中选择"获得和放置较新的文件"选项。

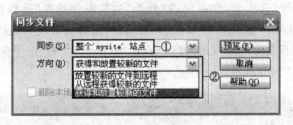

图 12-30 设置"同步文件"对话框

"同步文件"对话框中各选项参数意义如下:

- "同步"下拉列表框:设置同步内容,有以下选项:
  - ➤ "整个站点":选中此项,同步整个网站。
  - ➤ "仅选中的本地文件":选中此项,只同步选定的文件。
  - ➤ "仅选中的远程文件":选中此项,同步的是远程视图中选中的文件。
- "方向"下拉列表框:设置同步方式,有以下选项:
  - ➤ "放置较新的文件到远程":上传修改日期新于其远程副本的所有本地文件。
  - ➤ "从远程获得较新的文件":下载修改日期新于其本地副本的所有文件。
  - ➤ "获得和放置较新的远程选件":将所有文件的最新版本放在本地和远程站点上。

步骤 3:单击"预览"按钮,开始检查文件是否为最新文件,检查完毕后,弹出如图 12-31 所示的 Synchronize 对话框,其中列出了需要上传和下载的较新文件。

步骤 4:单击"确定"按钮,完成同步更新。

2. 取出和存回文件

一些专业网站是由一个团队完成的。为了保证每个网页文件在同一时刻只能由一个维护人员对其修改,Dreamweaver CS3 提供了存回和取出功能确保维护人员之间的协同合作问题。

图 12-31　Synchronize 对话框

（1）设置存回和取出

步骤 1：选择"站点"|"管理站点"菜单命令，打开"管理站点"对话框。

步骤 2：在列表框中选择一个站点，如 Mysite，单击"编辑"按钮，弹出"mysite 的站点定义为"对话框。

步骤 3：单击"高级"选项卡，在左侧的"分类"列表框中选择"远程信息"信息选项，在右侧的"远程信息"栏中选中"启用存回和取出"复选框，这时会出现其他选项。

步骤 4：选中"打开文件之前取出"复选框，在"取出名称"和"电子邮件地址"文本框中输入相应的内容，如图 12-32 所示。

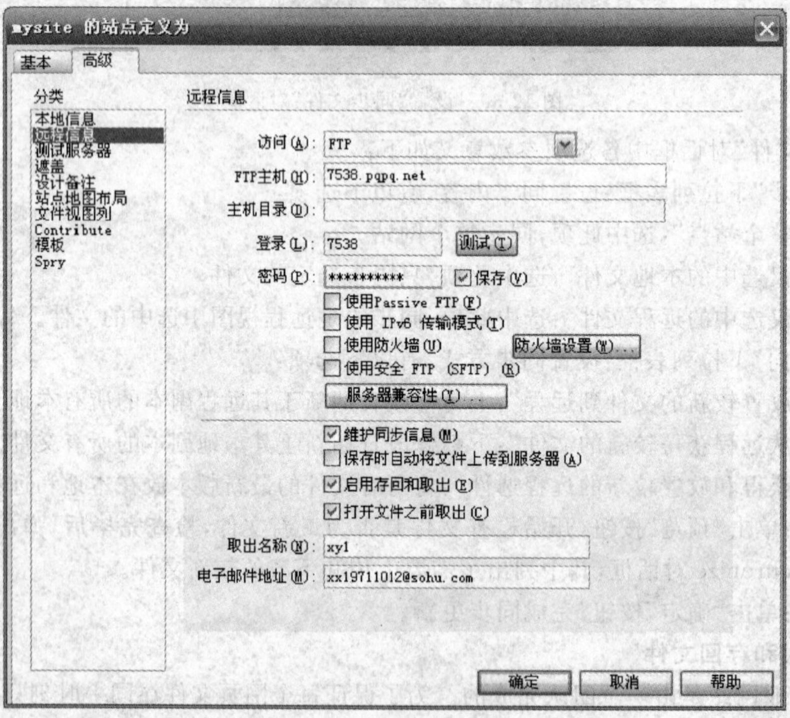

图 12-32　设置"启用存回和取出"

步骤 5：单击"确定"按钮，启用"存回"和"取出"功能。

（2）使用"存回"和"取出"功能

在站点定义对话框中设置了"存回"和"取出"功能后，"文件"面板中的"取出文件"按钮和"存回文件"按钮就被激活了，用户可以利用这两个按钮进行存回或取出文件操作。

① 从远程文件夹中取出文件，其操作步骤如下：

步骤 1：在"文件"面板中选择要从远端站点取出的文件。

步骤 2：单击"文件"面板工具栏上的"取出文件"按钮，弹出如图 12-33 所示的对话框。

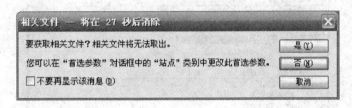

图 12-33　取回相关文件对话框

步骤 3：单击"是"按钮，相关文件随选定文件一起下载取出。如果不下载相关文件，则单击"否"按钮。

步骤 4：文件取出后，会在本地站点的文件旁边显示一个对钩标记，若是自己取出的，对钩标记呈绿色，如果是别人取出的，对钩标记呈红色。

② 将文件存回远程文件夹，其操作步骤如下：

步骤 1：在"文件"面板中选择已经取出的或新文件。

步骤 2：单击"文件"面板工具栏上的"存回文件"按钮，弹出如图 12-34 所示的对话框。

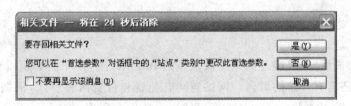

图 12-34　存回相关文件对话框

步骤 3：单击"是"按钮，将相关文件随选定文件一起存回。若单击"否"按钮，会禁止存回相关文件。

3. 使用站点报告

利用 Dreamweaver CS3 的站点报告功能可提高站点开发人员和维护人员之间的合作效率。在使用站点报告前，用户必须事先定义一个远端站点链接来运行工作流程报告。

运行报告检查站点的具体步骤如下：

步骤 1：启动 Dreamweaver CS3。

步骤 2：选择"站点"|"报告"命令，打开如图 12-35 所示的"报告"对话框。

步骤 3：根据需求，选择要报告的类别和运行的报告类型，然后单击"运行"按钮，即可创建报告。

"报告在"下拉列表框用于选择报告的内容。有以下几个选项：
- 整个当前本地站点：选中此项表示要对当前的整个站点进行相关报告。
- 当前文档：选中此项表示要对当前打开或选择的文档进行报告。
- 站点中的已选文件：选中此项表示要对当前站点中选择的文件进行报告。
- 文件夹…：选中此项表示要对某一文件夹中的文件进行报告。选择该项后，会出现一个文本框，可直接在文本框中输入文件夹的地址；也可单击"浏览"按钮 ，在打开的对话框中选择一个文件夹。

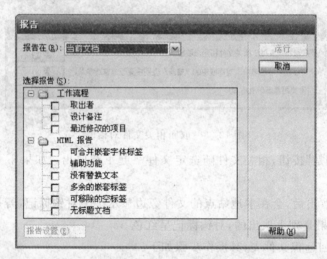

图 12-35 "报告"对话框

小　　结

网站开发完成后，先要经过测试才能发布到 Internet 上，发布前必须拥有网站空间。为了让用户访问，还需有自己的域名。网站空间有免费和付费两种形式，根据不同的需要，可选择一种方式。发布到 Internet 上既可以使用一些发布程序，如 CuteFTP 软件，也可以使用 Dreamweaver CS3 中自带的发布命令 FTP。网站发布后需要管理和维护，最重要的是更新，只有不断地更新，网站才有活力。

通过本章的学习，读者应掌握网站的发布和网站的管理及维护等内容。

习　　题

1. 填空题

(1) _____是指将文件的编辑权还给网站，表示其他人可以对此网页进行编辑；_____是指从网站中取得文件的编辑权。

(2) 如果取出一个文件后，决定不对其进行编辑，或者决定放弃所进行的更改，则应该执行_____命令。

2. 选择题

(1) 常用于上传、下载的软件有_____。

　　　　A. CuteFTP　　B. LeapFTP　　　　C. FlashFXP　　　　D. 以上都是

(2) 目标浏览器检查可提供_____信息。

　　A. 错误　　　　　B. 警告　　　　　C. 告知性信息　　　D. 以上都是

(3) 要使上传或下载文件弹出提示对话框,应在"首选参数"对话框的_____分类选项中进行设置。

　　A. 站点　　　　　B. 验证程序　　　C. 辅助功能　　　　D. 常规

实　　训

　　在网上搜索一个能提供免费空间服务商的网站,并申请一个空间,然后将自己创建的本地站点上传到远程站点中,并对其进行远程管理。

参 考 文 献

[1] 周峰,王征. Dreamweaver CS3 中文版经典实例教程. 北京:电子工业出版社, 2008.

[2] 何秀芳. Dreamweaver CS3 Flash CS3 Fireworks CS3 网页制作从入门到精通. 北京:人民邮电出版社,2008.

[3] 孙印杰,牛玲,陈莹,等. Dreamweaver CS3 中文版应用教程. 北京:电子工业出版社,2008.

[4] 卓越科技. 零起点 Dreamweaver CS3 网页设计培训教程. 北京:电子工业出版社, 2009.

[5] 赵丰年,武远明. HTML&DHTML 实用教程. 北京:北京理工大学出版社,2007.

[6] 李建民. Dreamweaver 网页制作标准教程. 北京:北京理工大学出版社,2006.

[7] 周雅静. Dreamweaver 8.0 基础教程. 北京:北京理工大学出版社,2007.

[8] 陈源,姚幼敏,周军. Dreamweaver 网页设计与制作. 北京:北京理工大学出版社, 2007.

[9] 丛书编委会. 网页制作案例与实训教程. 北京:中国电力出版社,2008.

[10] 丛书编委会. ASP. NET2.0 动态网站开发案例教程. 北京:中国电力出版社,2008.

[11] 王文,等. Web 程序设计案例教程. 北京:清华大学出版社,北京交通大学出版社,2009.

[12] 本书编委会. Dreamweaver CS3 网页制作. 北京:清华大学出版社,2008.

[13] 本书编委会. 无师通 Dreamweaver CS3 网页制作. 北京:电子工业出版社,2009.